Python Data Analysis Matrix Mathematics

파이썬 데이터계산 행렬수학

| 김종률 지음 |

경문사

차 례

5. 선형대수(Linear Algebra)

6. pandas Dataframe

7. 딥러닝 입문

파이썬은 배우기 쉽다.
아니다. 배우는 것이 아니라 해보는 것이다.
틈틈이 연습해서 만들어 낸 내용을 나열했다.
이것들을 배운다기보다는 참고용으로 쓸 수 있길 바란다.

1. 수의 연산 리스트와 함수

• for if while 문

```
import math
from math import *
import numpy as np
```

•• 수의 연산

```
2+3
Out[2]: 5

7-3
Out[3]: 4

5*7
Out[4]: 35
```

2**3　　　a**b　　a^b

Out[5]: 8

6/2　　　a/b　　$\frac{a}{b}$

Out[6]: 3.0

11//4　　　// 몫　　과　　% 나머지

Out[7]: 2

```
11%4
Out[8]: 3
```

등식 부등식 == !=

2==5
Out[9]: False

2==2
Out[10]: True

2!=3
Out[11]: True

2!=2
Out[12]: False

크다, 크거나 작다, 작다, 작거나 같다 > >= < <=

3>2
Out[13]: True

3>=2
Out[14]: True

3>=3
Out[15]: True

2<5
Out[16]: True

5<=5
Out[17]: True

and 와 or

and 는 두 명제가 둘 다 참일 때만 참

or 는 두 명제가 둘 중 하나만 참이어도 참

```
6%2==0 and 6%3==0
Out[18]: True

6%2==0 and 6%4==0
Out[19]: False

6%2==0 or 6%4==0
Out[20]: True
```

•• range

range()

range(3)   0,1,2   시작은 0부터 3 이전에 끝남(하나씩 증가하다가)
range(1,5+1)   1,2,3,4,5   시작은 1부터 5+1 이전에 끝남(하나씩 증가하다가)
range(1,5+1,2)   1,3,5   시작은 1부터 5+1 이전에 끝남(2씩 증가하다가)

다음을 실행해보자

```
for k in range(10):
    print(k, end=',')

0,1,2,3,4,5,6,7,8,9,

for k in range(1,11):
    print(k, end=',')

1,2,3,4,5,6,7,8,9,10,

for k in range(1,11,2):
    print(k, end=',')
```

```
1,3,5,7,9,
```

```
numbers=range(1,101, 10)
for num in numbers:
    print(num, end=',')
```

```
1,11,21,31,41,51,61,71,81,91,
```

```
numbers=range(1,101, 10)
for k in numbers:
    print(k, end=',')
```

```
1,11,21,31,41,51,61,71,81,91,
```

```
for k in numbers:
        print(k, end=',    ')
```

```
1,    11,    21,    31,    41,    51,    61,    71,    81,    91,
```

0에 1을 더하고(1) 1에 2를 더하고(3) 거기에 3을 더하고(6) 거기에 4를 더하고(10)....

```
c=0
for k in range(1,11):
    c=c+k
    print(c, end=',  ')
```

```
1,  3,  6,  10,  15,  21,  28,  36,  45,  55,
```

```
c=0
for k in range(1,11):
    c+=k
    print(c, end=',  ')
```

```
1,  3,  6,  10,  15,  21,  28,  36,  45,  55,
```

0에 1을 빼고(-1) -1에 2를 빼고(-3) 거기에 3을 빼고(-6) 거기에 4를 빼고(-10)....

```
c=0
```

```
for k in range(1,11):
    c=c-k
    print(c, end=',  ')
```

-1, -3, -6, -10, -15, -21, -28, -36, -45, -55,

```
c=0
for k in range(1,11):
    c-=k
    print(c, end=',  ')
```

-1, -3, -6, -10, -15, -21, -28, -36, -45, -55,

1에 1을 곱하고(1) 1에 2를 곱하고(2) 거기에 3을 곱하고(6) 거기에 4를 곱하고(24)....

```
c=1
for k in range(1,11):
    c=c*k
    print(c, end=',  ')
```

1, 2, 6, 24, 120, 720, 5040, 40320, 362880, 3628800,

```
c=1
for k in range(1,11):
    c*=k
    print(c, end=',  ')
```

1, 2, 6, 24, 120, 720, 5040, 40320, 362880, 3628800,

1에 1을 나누고(1) 1에 2를 나누고(0.5) 거기에 5을 나누고(0.1) 거기에 10를 나누고(0.01)

```
c=1
for k in [1,2,5,10]:
    c=c/k
    print(c, end=',  ')
```

1.0, 0.5, 0.1, 0.01,

```
c=1
for k in [1,2,5,10]:
    c/=k
    print(c, end=', ')
```

1.0, 0.5, 0.1, 0.01,

•• for 반복문

python

```
sum=0
for k in range(11):
    sum=sum+k

print(sum)
55
```

설명

for k in range(11) 은 k가 0,1,2,3,4,5,6,7,8,9,10 즉 0부터 10까지 하나씩 가져온다는 의미이다.

sum +=k 는

sum=sum+k 이다 (sum 과 k를 더해서 sum에 넣는다)

1단계 맨 위의 sum=0이고 k=0부터 시작하므로 sum=sum+k =0+0=0

2단계 1단계의 sum=0 이고 k=1 이 오니까 sum=sum+k =0+1

3단계 2단계의 sum==(0+1) 이고 k=2 이 오니까 sum=sum+k =(0+1)+2

4단계 3단계의 sum==(0+1+2) 이고 k=3 이 오니까 sum=sum+k =(0+1+2)+3

......

11단계 sum=sum+k =(0+1+2+...+9)+10 즉 0부터 10까지 더하는 것이다.

•• if 문

```
k=0
if k>0:
    print('+')
elif k<0:
    print('-')
else:
    print('0')
```

0

다음은 for문 안에 if 문을 결합한 것이다.

k를 2로 나누어떨어지면 (k%2==0) (k, 2)를 print하고

k를 3로 나누어떨어지면 (k%3==0) (k, 3)를 print하고

그 외는 (k%2!=0 and k%3!=0) (k, 0)를 print한다. (3 !=0 은 $3 \neq 0$)

python

```
for k in [1,3,5,8,9]:
    if k%2==0:
        print((k,2))
    elif k%3==0:
        print((k,3))
    else:
        print((k,0))

(1, 0)
(3, 3)
(5, 0)
(8, 2)
(9, 3)
for k in [1,3,5,8,9]:
    if k%2==0:
```

```
        print((k,2))
    if k%3==0:
        print((k,3))
    if k%2!=0 and k%3!=0:
        print((k,0))

(1, 0)
(3, 3)
(5, 0)
(8, 2)
(9, 3)
```

k%2==0 or k%3==0
2로 나누어떨어지거나 3으로 나누어떨어지거나 둘 중 하나만 참이어도 참

```
for k in range(1,11):
    if k%2==0 or k%3==0:
        print(k, end=',')
```

2,3,4,6,8,9,10,

k%2==0 or k%3==0
2로 나누어떨어지고 3으로 나누어떨어져야 둘 다 참이어야 참

```
for k in range(1,11):
    if k%2==0  and k%3==0:
        print(k, end=',')
```

6,

•• while 문

```
k=0
while k<6:
    k=k+1
    print(k, end=',')
```

1,2,3,4,5,6,

while k<6:   k<6 이면 아래 각 줄을 순차적으로 실행하고
다시 while 로 와서 k<6 이면 반복. 즉 k=1<6 아래 각 줄을 순차적으로 실행...

```
k=0
while True:
    k=k+1
    if k==2 or k==4:
        continue
    if k>5:
        break
    print(k, end=',')
```

1,3,5,

while True: True 이면 항상 아래 각 줄을 순차적으로 실행
continue 는 그 아래 줄을 실행하지 않고 while 문으로 이동
break 는 거기서 멈추고 종료함

python

```
k=0
sum=0
while k<10:
    k=k+1
    sum=sum+k

print(sum)
55



k=0
sum=0
while True:
    k=k+1
    if k==5:
        continue
    if k>10:
        break
    sum=sum+k

print(sum)
50
```

설명

sum=sum+k (if k>10: break 때문에)는 0부터 10까지 더하는데
5를 빼고(if k==5: continue 즉 k가 5일 때 sum=sum+k을 실행하지 않으므로)
더한다.

즉

k=5 일 때 continue란 아래의 sum=sum+k 연산을 거치지 않고
위로 가서 while True: 는 항상 참이므로 k+=1를 수행한다.

k>10이면 break는 while문을 멈춘다
그러므로 5를 제외하고 1부터 10까지 더하는 sum=50을 출력한다.

k가 10보다 같거나 작을 때가지 반복하는데
k=k+1 (k와 1를 더해서 k에 넣는다)
1단계 맨 위의 k=1이고 k=k+1이므로 k=1+1=2
2단계 1단계의 k=2이고 k=k+1이므로 k=2+1=3
3단계 2단계의 k=3이고 k=k+1이므로 k=3+1=4
4단계 3단계의 k=4이고 k=k+1이므로 k=4+1=5
......
마지막단계 이전단계의 k=9이고 k=k+1이므로 k=9+1=10
10을 출력한다.

3부터 9까지 빼고 1부터 10 까지 합을 구하는 파이선 while 문을 쓰시오(if 포함)

python

```
k=0
sum=0
while True:
    k=k+1
    if k>10:
        break
    if k >=3 and k <=9 :
        continue
    sum=sum+k
print(sum)
13
```

• python 함수

함수 이름을 치면 return 옆에 있는 값을 출력한다
변수 있는 함수 (아래의 a,b는 변수)

```
def sum(a,b):
    return a+b
sum(2,3)
Out[2]: 5

def mul(a,b):
    return a*b
mul(2,3)
Out[3]: 6
```

변수 없는 함수

```
def summation():
    sum=0
    for k in range(11):
        sum=sum+k
    return sum


summation()
Out[5]: 55

s=summation()
s
Out[7]: 55
```

빈 리스트 이름 temp에 숫자 0,1,2를 순서대로 채워 넣자.

```
temp=[]
temp.append(0)
```

```
temp
Out[8]: [0]

temp.append(1)
temp
Out[9]: [0, 1]

temp.append(2)
temp
Out[10]: [0, 1, 2]
```

for 문을 사용하여 보자

```
temp=[]
for k in range(11):
    temp.append(k)

temp
Out[11]: [0, 1, 2, 3, 4, 5, 6, 7, 8, 9, 10]
```

함수를 만들어 보자.

```
def even():
    t=[]
    for k in range(1,11):
        if k%2==0:
            t.append(k)
    return t
even()
Out[12]: [2, 4, 6, 8, 10]


def odd():
    t=[]
    for k in range(1,11):
        if k%2==1:
```

```
            t.append(k)
    return t
odd()
Out[13]: [1, 3, 5, 7, 9]

def two_or_three():
    t=[]
    for k in range(1,11):
        if k%2==0 or k%3==0:
            t.append(k)
    return t
two_or_three()
Out[14]: [2, 3, 4, 6, 8, 9, 10]
```

numerical python np.을 사용해보자

```
a=[k for k in range(1,11)]
b=np.array(a)
b
Out[15]: array([ 1,  2,  3,  4,  5,  6,  7,  8,  9, 10])

def count( ):
    t=[]
    for k in range(1,101):
        if (k%3==0 or k%4==0) and k>90:
            t.append(k)
            c=len(t)
    return c, t
count()
Out[16]: (5, [92, 93, 96, 99, 100])

def count(p):
    t=[]
    for k in range(1,p):
        if (k%3==0 or k%4==0) and 1050>k>950:
            t.append(k)
```

```
            c=len(t)
    return c, np.array(t)
count(2000)
Out[17]:
(50, array([ 951,  952,  954,  956,  957,  960,  963,  964,  966,  968,  969,
         972,  975,  976,  978,  980,  981,  984,  987,  988,  990,  992,
         993,  996,  999, 1000, 1002, 1004, 1005, 1008, 1011, 1012, 1014,
        1016, 1017, 1020, 1023, 1024, 1026, 1028, 1029, 1032, 1035, 1036,
        1038, 1040, 1041, 1044, 1047, 1048]))
```

```
def fun_1():
    t=[]
    k=0
    while k<6:
        k=k+1
        t.append(k)
    return t
fun_1()
Out[18]: [1, 2, 3, 4, 5, 6]
```

```
def fun_2():
    t=[]
    k=0
    while True:
        k=k+1
        if k==2 or k==4:
            continue
        if k>5:
            break
        t.append(k)
    return t
fun_2()
Out[19]: [1, 3, 5]
```

```
def fun_22():
    t=[]
    k=0
    while True:
        k=k+1
        if k==2 or k==4:
            continue
        if k>5:
            break
        continue
        t.append(k)
    return [k,t]
fun_22()
Out[20]: [6, []]

def fun_222():
    t=[]
    k=0
    while True:
        k=k+1
        if k==2 or k==4:
            continue
        t.append(k)
        if k>5:
            break
    return t
fun_222()
Out[21]: [1, 3, 5, 6]


def fun_3():
    k=0
    sum=0
    while k<10:
        k=k+1
```

```
        sum=sum+k
    return sum
fun_3()
Out[22]: 55


def fun_4():
    k=0
    sum=0
    while True:
        k=k+1
        if k==5:
            continue
        if k>10:
            break
        sum=sum+k
    return sum
fun_4()
Out[23]: 50

def fun_5():
    k=0
    sum=0
    while True:
        k=k+1
        if k>10:
            break
        if k >=3 and k <=9 :
            continue
        sum=sum+k
    return sum
fun_5()
Out[24]: 13
```

```python
def make_list(b):
    k=0
    temp=[]
    while k<b:
        temp.append(k)
        k=k+1
    return temp

make_list(10)
Out[25]: [0, 1, 2, 3, 4, 5, 6, 7, 8, 9]
```

설명:

함수를 정의 한다

이름은 make_list(b): 그리고 b는 변수이다

make_list(10) 은 리스트 temp를 출력한다.

[0, 1, 2, 3, 4, 5, 6, 7, 8, 9]를 리스트라고 한다.

temp=[] 는 비어 있는 리스트(이름 temp)이고 k=0<10 (k<b) 이므로

temp.append(0)하면 temp=[0] 이 되고 1=0+1 (k=k+1) 즉 k=1이 된다.

while문을 반복하면 k=1<10 (k<b) 이므로

temp.append(1)하면 temp=[0,1] 이 되고 2=1+1 (k=k+1) 즉 k=2이 된다.

…

9을 temp에 넣고 k=10이 되면 k<10 이 성립하지 않으므로 (while k<b 일 때 실행) 멈추게 된다.

python

```
def make_list_2(a,b):
    k=0
    temp=[]
    while a+k<b:
        temp.append(a+k)
        k=k+1
    return temp

make_list_2(3,10)
Out[26]: [3, 4, 5, 6, 7, 8, 9]
```

python

```
def make_list_3(a,b,c):
    k=0
    temp=[]
    while a+c*k<b:
        temp.append(a+c*k)
        k=k+1
    return temp

make_list_3(0,15,2)
Out[27]: [0, 2, 4, 6, 8, 10, 12, 14]

make_list_3(0,15,3)
Out[28]: [0, 3, 6, 9, 12]

make_list_3(1,15,3)
Out[29]: [1, 4, 7, 10, 13]
```

make_list_3(a,b,c) 변수가 3개 a,b,c인 함수를 정의
make_list_3(0,15,2) a=0 이고 c=2이므로
0, 2, 4, 6, 8, 10, 12, 14 (a+k*2<15)을 temp에 넣고 그 결과를 출력한다.

예 make_list_3(1,15,3)
1+0, 1+3, 1+6, 1+9, 1+12 (a+k*3<15)을 temp에 넣고 그 결과를 출력한다.

참은 1 거짓은 0으로 간주 세 개의 명제의 참 거짓의 경우의 수

```
def logic():
    t=[]
    for k in reversed(range(2)):
        for j in reversed(range(2)):
            for m in reversed(range(2)):
                t.append(k)
                t.append(j)
                t.append(m)
    return t
logic()
Out[31]: [1, 1, 1, 1, 1, 0, 1, 0, 1, 1, 0, 0, 0, 1, 1, 0, 1, 0, 0, 0, 1, 0, 0, 0]
```

(numerical python   np.array(c)   a.reshape(8,3) 사용해보자.)

```
a=np.array(logic())
a
Out[32]:
array([1, 1, 1, 1, 1, 0, 1, 0, 1, 1, 0, 0, 0, 1, 1, 0, 1, 0, 0, 0, 1, 0,
       0, 0])
b=a.reshape(8,3)
b
Out[33]:
array([[1, 1, 1],
       [1, 1, 0],
       [1, 0, 1],
       [1, 0, 0],
       [0, 1, 1],
       [0, 1, 0],
       [0, 0, 1],
       [0, 0, 0]])
```

•• import math
(math 모듈을 가져온다)

math 모듈에서 다음 2개의 수학 명령어 (수학 함수)를 불러온다
from math import pow, sqrt

sqrt(3)
1.7320508075688772

pow(2,3)
8.0

from math import *
일 때 math 모듈에서 모든 수학 명령어 (수학 함수)를 불러온다

```
from math import *

sqrt(2)
Out[5]: 1.4142135623730951

pi
Out[6]: 3.141592653589793

e
Out[7]: 2.718281828459045

e**2
Out[8]: 7.3890560989306495

3**2
Out[9]: 9

log(2)
Out[10]: 0.6931471805599453
```

```
sqrt(4)
Out[11]: 2.0


pow(2,3)
Out[13]: 8.0

sin(pi)
Out[14]: 1.2246467991473532e-16

cos(0)
Out[15]: 1.0

1.2246467991473532e-16*(10**16)
Out[16]: 1.2246467991473533

asin(1)
Out[17]: 1.5707963267948966

pi/2
Out[18]: 1.5707963267948966
```

asin(x) 는 sin 역함수 sin^{-1}(x)
acos(x) 는 cos 역함수 cos^{-1}(x)

다음과 같이 시작 하면 편리하다.

python

```python
import math
from math import *
import numpy as np
import pandas as pd
from scipy.stats import norm
import matplotlib.pyplot as plt
```

import numpy as np (numerical python 사용 ---예 np.sin(x))
import pandas as pd (pandas dataframe 사용---excel 과 유사)
from scipy.stats import norm (통계 사용)
import matplotlib.pyplot as plt (그림그리는 것 사용)

•• 지수함수 로그함수

$y = a^x \quad (a > 1,\ 0 < a < 1) \qquad y = 2^x$ **와** $y = \left(\frac{1}{2}\right)^x$

```
x=np.linspace(-5,5,100)
y=list(map(lambda x: 2**x,x))
plt.plot(x,y),plt.grid(True)
```

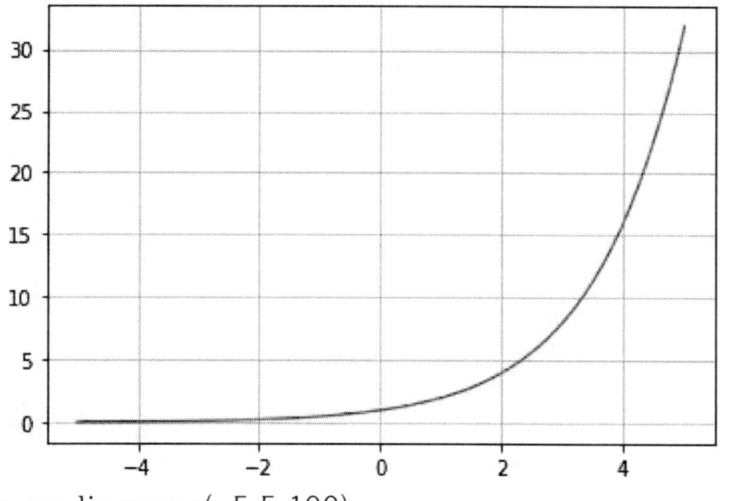


```
x=np.linspace(-5,5,100)
y=list(map(lambda x:(1/2)**x,x))
plt.plot(x,y),plt.grid(True)
```

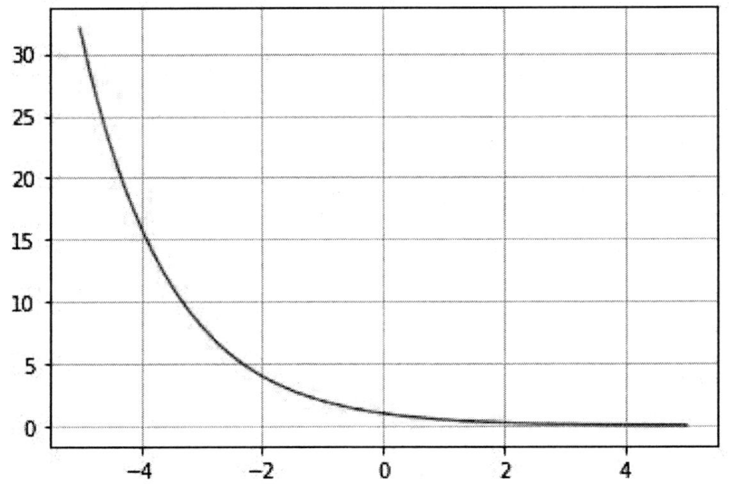

$y = \ln x \quad (x > 0) \quad , y = \log_{\frac{1}{2}} x$

```
x=np.linspace(0.5,10,100)
y=list(map(lambda x:log(x),x))
plt.plot(x,y),plt.grid(True)
```

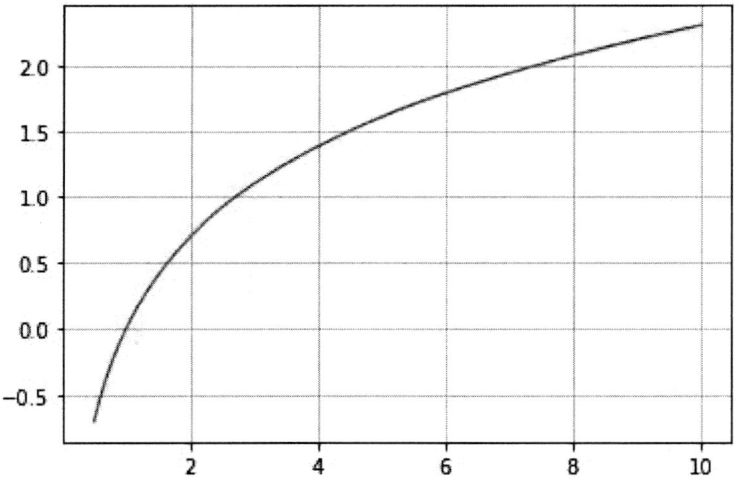


```
x=np.linspace(0.5,10,100)
y=list(map(lambda x:log(x,1/2),x))
plt.plot(x,y),plt.grid(True)
```

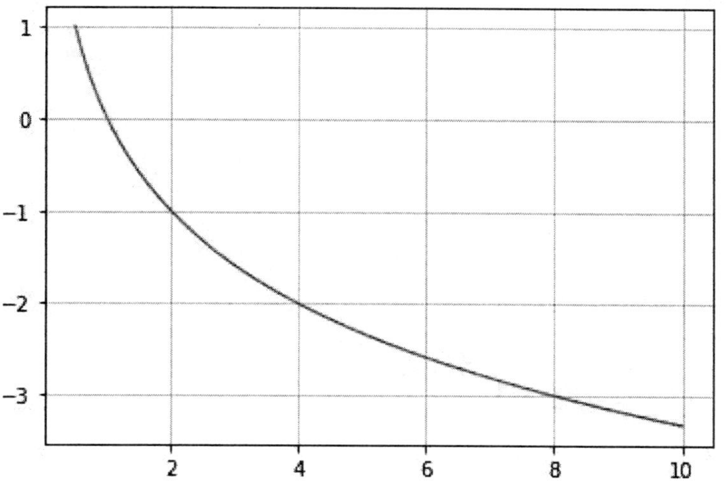

지수함수의 성질

$a^x \bullet a^y = a^{x+y} \qquad \frac{a^x}{a^y} = a^{x-y}$

$(a^x)^y = a^{xy} = (a^y)^x \quad a^x \bullet b^x = (ab)^x$

$\left(\frac{a}{b}\right)^x = \frac{a^x}{b^x}$

$a^0 = 1 \qquad a^{-p} = \frac{1}{a^p} \qquad a^{\frac{p}{q}} = \sqrt[q]{a^p}$

지수함수의 역함수가 로그함수

전단사함수 $f : X \to Y$ 에 대하여
역함수 $f^{-1} : Y \to X$ 가 다음 조건을 만족하는 존재한다
$f^{-1}(f(x)) = x$ 모든 $x \in X$ 그리고 $f(f^{-1}(y)) = y$ 모든 $y \in Y$
그러므로 다음이 성립한다.

$a^{\log_a x} = x, \qquad \log_a a^x = x$

로그함수의 성질

다음을 보이시오

$\log_a x + \log_a y = \log_a xy$

$\log_a x = t$ 로 $\log_a y = s$ 로 놓는다.

그러면

$a^t = x$ 이고 $a^s = y$ 이다. 지수함수 성질을 이용하면

$xy = a^t \cdot a^s = a^{t+s}$ 이다. 양변에 로그를 취하면

$\log_a xy = \log a^{t+s} = t + s = \log_a x + \log_a y$.

마찬가지로

$\log_a \dfrac{x}{y} = \log_a x - \log_a y$.

다음을 보이시오

$\log_a x^r = r \log_a x$

$\log_a x^r = t$ 로 놓는다.

그러면

$x^r = a^t$ 이고 $x = a^{\frac{t}{r}}$ 이다. 양변에 로그를 취하면

$\log_a x = \log_a a^{\frac{t}{r}} = \dfrac{t}{r}$

$r \log_a x = t = \log_a x^r$.

다음을 보이시오

$\log_a b = \dfrac{\log_c b}{\log_c a}$

$\log_a b = t$ 로 놓는다.

그러면

$b = a^t$ 이다. 양변에 로그를 취하면

$\log_c b = \log_c a^t = t \log_c a$

그러므로

$$\log_a b = t = \frac{\log_c b}{\log_c a}$$

$$(\log_a b = \frac{\log_c b}{\log_c a},\ \log_a e = \frac{\log_e e}{\log_e a} = \frac{1}{\ln a})$$

미분의 정의로 지수함수의 미분을 구해보자.

$y = f(x) = a^x \quad (a \neq 1,\ a > 0)$

$$f'(x) = \lim_{h\to 0} \frac{a^{(x+h)} - a^x}{h} = \lim_{h\to 0} \frac{a^x a^h - a^x}{h} = \lim_{h\to 0} a^x \frac{a^h - 1}{h} = a^x \lim_{h\to 0} \frac{a^h - 1}{h}$$

$t = a^h - 1$로 놓자. $a^h = t+1$의 양변에 $\log_a$ 를 적용하면 $h = \log_a(1+t)$이다.

$$f'(x) = \lim_{h\to 0} \frac{a^{(x+h)} - a^x}{h} = a^x \lim_{h\to 0} \frac{a^h - 1}{h}$$

$$= a^x \lim_{h\to 0} \frac{t}{\log_a(1+t)} = a^x \frac{1}{\lim_{h\to 0} \frac{\log_a(1+t)}{t}}$$

$$= a^x \frac{1}{\lim_{h\to 0} \log_a(1+t)^{\frac{1}{t}}} = a^x \frac{1}{\log_a \lim_{h\to 0} (1+t)^{\frac{1}{t}}}$$

$$= a^x \frac{1}{\log_a e} = a^x \log_e a = a^x \ln a$$

미분의 정의로 로그함수의 미분을 구해보자.

$y = f(x) = \log_a x$

$$f'(x) = \lim_{h \to 0} \frac{\log_a(x+h) - \log_a x}{h} = \lim_{h \to 0} \frac{\log_a \frac{x+h}{x}}{h}$$

$$= \lim_{h \to 0} \frac{\log_a\left(1 + \frac{h}{x}\right)}{h} = \lim_{h \to 0} \log_a \left(1 + \frac{h}{x}\right)^{\frac{1}{h}}$$

$$= \log_a \lim_{h \to 0} \left(\left(1 + \frac{h}{x}\right)^{\frac{x}{h}} \right)^{\frac{1}{x}} = \log_a e^{\frac{1}{x}} = \frac{1}{x} \log_a e = \frac{1}{x \ln a}$$

미분의 정의를 사용하여 다음을 보였다.

$$(a^x)' = a^x \ln a, \quad (\log_a x)' = \frac{1}{x \ln a}$$

미분방정식으로 본 수 e의 정의

다음 미분방정식을 만족하는 실수 $b > 1$를 구하자

$(b^x)' = b^x$,

결론은 $b = \lim_{h \to 0} (1+t)^{\frac{1}{t}}$ 이고 $\log_e b = \ln b = 1$

$$b^x = f'(x) = \lim_{h \to 0} \frac{b^{(x+h)} - b^x}{h} = \lim_{h \to 0} \frac{b^x b^h - b^x}{h} = \lim_{h \to 0} b^x \frac{b^h - 1}{h} = b^x \lim_{h \to 0} \frac{b^h - 1}{h}$$

$t = b^h - 1$로 놓자. $b^h = t+1$의 양변에 $\log_b$ 를 적용하면 $h = \log_b(1+t)$이다.

$$f'(x) = \lim_{h \to 0} \frac{b^{(x+h)} - b^x}{h} = b^x \lim_{h \to 0} \frac{b^h - 1}{h}$$

$$= b^x \lim_{h \to 0} \frac{t}{\log_b(1+t)} = b^x \frac{1}{\lim_{h \to 0} \frac{\log_b(1+t)}{t}}$$

$$= b^x \frac{1}{\lim_{h \to 0} \log_b (1+t)^{\frac{1}{t}}} = b^x \frac{1}{\log_b \lim_{h \to 0} (1+t)^{\frac{1}{t}}}$$

$$= b^x \frac{1}{\log_b e} = b^x \log_e b = b^x \ln b$$

파이썬에서는 밑을 생략하고 쓰면 즉 $\log a$ 는 $\log_e a = \log a = \ln a$ 을 의미한다.

$$\log(a, b) = \log_b a = \frac{\log_e a}{\log_e b} = \frac{\ln a}{\ln b} = \frac{\log a}{\log b}$$

python

```
log(2)
0.6931471805599453

log(3)
1.0986122886681098

log(2)/log(3)
0.6309297535714574

log(2,3)
0.6309297535714574
```

구분구적법과 면적의 근사값 python for 문

다음 극한값을 적분을 통해 구할 수 있다.

$$\lim_{n\to\infty}(1+2+3+\cdots n)\frac{1}{n^2}=\lim_{n\to\infty}\sum_{k=1}^{n}\frac{k}{n}\frac{1}{n}$$

에서 $dx=\frac{1}{n}$, $x=\frac{k}{n}$라 놓고 다음을 적분한다. 적분구간은 항상 0에서 1로 한다.

$$\int_0^1 x\,dx=\left[\frac{1}{2}x^2\right]_0^1=\frac{1}{2}$$

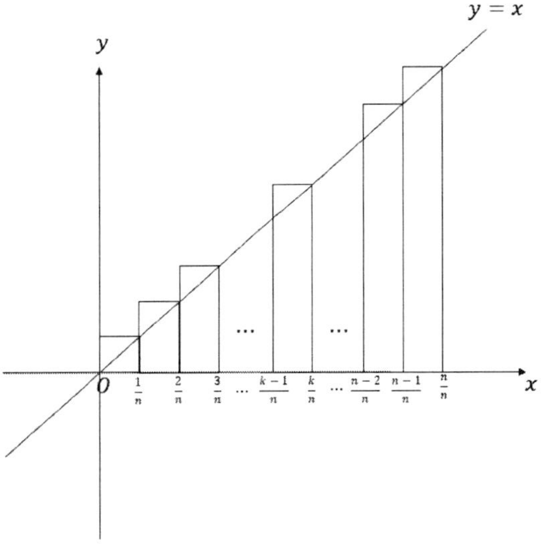

파이선 for 문을 사용하여 다음 근사값을

$\sum_{k=1}^{100}\frac{k}{n}\frac{1}{n}$구해보자.

$y=x$ 그래프와 $x=1$, $x=0$이 이루는

나중에 사다리꼴구분구적법으로 변환합니다.(오차개선)

면적의 근사값을 구하는 파이선 for 문을 쓰시오

$$\int_0^1 x\,dx$$

python

```
sum=0
n=1000
for k in range(1,1001):
    sum=sum+(k/n)*(1/n)


sum
0.5005000000000002
```

일반적인 형태

다음과 같은 일반식을 쓸 수 있다.

구분구적법

$$\lim_{n\to\infty}\sum_{k=1}^{n} f\left(a+k\frac{b-a}{n}\right)\frac{b-a}{n}=\int_a^b f(x)\,dx=(b-a)\int_0^1 f(a+(b-a)x)\,dx$$

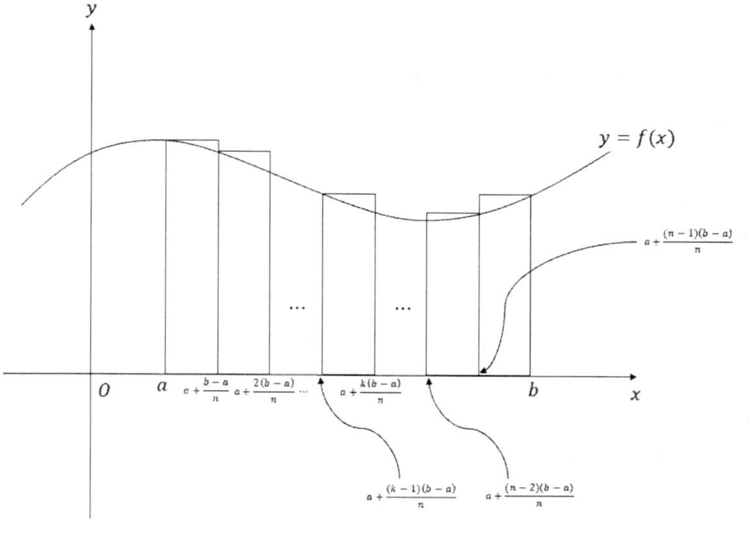

$\lim_{n\to\infty}\sum_{k=1}^{n} f\left(a+k\frac{b-a}{n}\right)\frac{b-a}{n}$ 에서 $dx=\frac{1}{n}$, $x=\frac{k}{n}$ 라 놓고 다음을 적분한다. 적분구간은 0에서 1로 한다.

$$(b-a)\int_0^1 f(a+(b-a)x)\,dx$$

다음과 같이 치환하면

$a+(b-a)x=t$, $\quad (b-a)\,dx=dt$

$x=0 \Rightarrow t=a$, $\quad x=1 \Rightarrow t=b$

$(b-a)\int_0^1 f(a+(b-a)x)\,dx = \int_a^b f(t)\,dt = \int_a^b f(x)\,dx$

파이선 for 문을 사용하여 다음 근사값을

$\sum_{k=1}^{100} f\left(a+k\frac{b-a}{n}\right)\frac{b-a}{n}$ 구해보자.

python

```
from math import *
def integral(f,a,b):
    sum=0
    n=100000
    for k in range(1, 100000+1):
        sum =sum+f(a+(b-a)*(k/n))*((b-a)/n)
    return sum

f=lambda x:x**2
integral(f,0,1)
Out[46]: 0.33333833334999746

f=lambda x:x**3
integral(f,0,1)
Out[47]: 0.2500050000249989
```

이변수 실수함수 구분구적법과 면적의 근사값 python for 문

$z = f(x,y) = x^2 + y^2 + 1$ 그래프와

$x = 1,\ x = 0$ 그리고 $y = 1,\ y = 0$이 이루는

체적 근사값을 구하는 파이선 for 문을 쓰시오

$$\int_0^1 \int_0^1 x^2 + y^2 + 1 \ dy \ \ dx = \frac{5}{3}$$

python

```
n=1000
sum=0
for k in range(1, 1000+1):
    for j in range(1, 1000+1):
        sum +=((k/n)**2+(j/n)**2 +1)*(1/n)*(1/n)
sum
1.6676670000000053
5/3
1.6666666666666667
```

python

```
def integral2(f,a,b,c,d):
    sum=0
    n=1000
    for k in range(1, 1000+1):
        for j in range(1, 1000+1):
            sum =sum+ f( a+(b-a)*(k/n),+(d-c)*(j/n))*((b-a)/n)*((d-c)/n)
    return sum

f=lambda x,y:x**2+y**2+1
integral2(f,0,1,0,1)
Out[50]: 1.6676670000000053

f=lambda x,y:sin(x)+cos(y)
integral2(f,0,pi,0,2*pi)
Out[51]: 12.566360278932008
```

• 사다리꼴 적분 이중적분

python

```
def integral_trapezoid(f,a,b):
    sum=0
    n=10000
    for k in range(1, 10000+1):
        sum =sum+ ( ( f( a+(b-a)*((k-1)/n)) + f( a+(b-a)*(k/n)) )/2
)*((b-a)/n)
    return sum

f=lambda x:x**2
integral_trapezoid(f,0,1)
Out[48]: 0.33333333500000084

f=lambda x:x**3
integral_trapezoid(f,0,1)
Out[49]: 0.2500000025



f=lambda x:sin(x)
integral_trapezoid(f,pi/4,pi/2)
Out[32]: 0.7071067808230688

cos(pi/4)
Out[33]: 0.7071067811865476

def integraltra_trapezoid_2(f,a,b,c,d):
    sum=0
    n=1000
    for k in range(1, 1000+1):
        for j in range(1, 1000+1):
            sum =sum+ f( ( ( a+(b-a)*((k-1)/n)) + ( a+(b-a)*(k/n)) )/2,
( ( c+(d-c)*((j-1)/n)) + ( c+(d-c)*(j/n)))/2 )*((b-a)/n)*((d-c)/n)
```

```
    return sum



f=lambda x,y:sin(x)+cos(y)
integraltra_trapezoid_2(f,0,pi,0,2*pi)
Out[23]: 12.566375782073132

f=lambda x,y:x+y
integraltra2(f,0,1,0,1)
Out[55]: 0.9999999999999853
```

다음 파이선 결과 근사값을 쓰시오

python

```
def integral_trapezoid(f,a,b):
    sum=0
    n=1000000
    for k in range(1, 1000000+1):
        sum =sum+ ( ( f( a+(b-a)*((k-1)/n)) + f( a+(b-a)*(k/n)) )/2
)*((b-a)/n)
    return sum

f=lambda x:(1-(x)**2)**(1/2)

2*integral_trapezoid(f,-1,1)
Out[44]: 3.1415926502636293

pi
Out[45]: 3.141592653589793
```

• 클래스

```
import math
from math import *
import numpy as np
```

예

```
def sum_list():
    a=[1,2]
    b=[2,3]
    return a+b

g=sum_list()

def sum_list2(g, c):
    h=g+c
    return h

sum_list2(g, [4,5,6,7])
Out[2]: [1, 2, 2, 3, 4, 5, 6, 7]
```

아래와 같이 클래스로 만들어보자.

```
class sum_list():
    def __init__(self):
        self.a=[1,2]
        self.b=[2,3]
    def sum_1(self):
        self.out=self.a+self.b
        return self.out
    def sum_2(self,c):
        out=self.sum_1()+c
        return out
```

```
s=sum_list()
s.sum_2([4,5,6,7])
Out[7]: [1, 2, 2, 3, 4, 5, 6, 7]

s.out
Out[8]: [1, 2, 2, 3]

s.sum_1()
Out[9]: [1, 2, 2, 3]
```

예

```
class sum_list():
    def __init__(self):
        self.c=None
    def sum_1(self,a,b):
        self.a=a
        self.b=b
        self.out=self.a+self.b
        return self.out
    def sum_2(self,c):
        out=self.sum_1(self.a,self.b) +c
        return out
s=sum_list()
s.sum_1([1,2],[3,4])
Out[12]: [1, 2, 3, 4]

s.sum_2([10,20])
Out[13]: [1, 2, 3, 4, 10, 20]

s.a
Out[14]: [1, 2]
s.b
Out[15]: [3, 4]
s.out
Out[16]: [1, 2, 3, 4]
```

•• 딕셔어리 만들기

딕셔어리는 key와 value로 구성되어있다. 즉 아래와 같이 value를 key로 불러올 수 있다.

```
def make_dic():
    dic = { }
    dic['t']=12
    dic['s']=34
    return dic

make_dic()
Out[2]: {'t': 12, 's': 34}

dic=make_dic()
dic.values()
Out[4]: dict_values([12, 34])
dic.keys()
Out[5]: dict_keys(['t', 's'])

dic['t']
Out[6]: 12
dic['s']
Out[7]: 34

def forward(dic, x):
    d1,d2=dic['t'], dic['s']
    x1=x+d1
    y=x1+d2
    return y

forward(dic, 100)
Out[9]: 146
```

```
class sum_list():
    def __init__(self):
        self.a={'a':[1]}
        self.b=[3]
        self.c=[5]
    def sum_1(self):
        out=self.a['a']+self.b
        return out
    def sum_2(self):
        out=self.sum_1() +self.c
        return out
    def sum_3(self, d):
        out=self.sum_2()+d
        s.a['a']=out
        return out

s=sum_list()
s.sum_3([0,0])
Out[2]: [1, 3, 5, 0, 0]

s.a['a']
Out[3]: [1, 3, 5, 0, 0]

s.sum_3([0,0])
Out[4]: [1, 3, 5, 0, 0, 3, 5, 0, 0]

s.a['a']
Out[5]: [1, 3, 5, 0, 0, 3, 5, 0, 0]

s.sum_3([0,0])
Out[6]: [1, 3, 5, 0, 0, 3, 5, 0, 0, 3, 5, 0, 0]

s.a['a']
Out[7]: [1, 3, 5, 0, 0, 3, 5, 0, 0, 3, 5, 0, 0]
```

```
s.sum_3([0,0])
Out[8]: [1, 3, 5, 0, 0, 3, 5, 0, 0, 3, 5, 0, 0, 3, 5, 0, 0]
s.a
Out[9]: {'a': [1, 3, 5, 0, 0, 3, 5, 0, 0, 3, 5, 0, 0, 3, 5, 0, 0]}
s.b
Out[10]: [3]
```

```
class sum_list():
    def __init__(self):
        self.a={'a':[1]}
        self.b=[3]
        self.c=[5]
    def sum_1(self):
        out=self.a['a']+self.b
        return out
    def sum_2(self):
        self.out=self.sum_1() +self.c
        return self.out
    def sum_3(self, d):
        out=self.sum_2()+d
        s.a['a']=out
        return out
s=sum_list()

t,u=[],[]
for k in range(5):
    t.append(np.array(s.sum_3([0,0])))
    u.append(np.array(s.out))
t
Out[27]:
[array([1, 3, 5, 0, 0]),
 array([1, 3, 5, 0, 0, 3, 5, 0, 0]),
 array([1, 3, 5, 0, 0, 3, 5, 0, 0, 3, 5, 0, 0]),
 array([1, 3, 5, 0, 0, 3, 5, 0, 0, 3, 5, 0, 0, 3, 5, 0, 0]),
 array([1, 3, 5, 0, 0, 3, 5, 0, 0, 3, 5, 0, 0, 3, 5, 0, 0, 3, 5, 0, 0])]
```

```
u
Out[28]:
[array([1, 3, 5]),
 array([1, 3, 5, 0, 0, 3, 5]),
 array([1, 3, 5, 0, 0, 3, 5, 0, 0, 3, 5]),
 array([1, 3, 5, 0, 0, 3, 5, 0, 0, 3, 5, 0, 0, 3, 5]),
 array([1, 3, 5, 0, 0, 3, 5, 0, 0, 3, 5, 0, 0, 3, 5, 0, 0, 3, 5])]
```

예

```
class sum_list():
    def setdata(self,a,b):
        self.a=a
        self.b=b
    def sum_1(self,a,b):
        self.out=self.a+self.b
        return self.out
    def sum_2(self, c):
        out=self.sum_1(self.a, self.b)+c
        return out

a = [1,2,3]
b = [4,5,6]
s=sum_list()
s.setdata(a,b)
s.sum_2([0,0])
Out[49]: [1, 2, 3, 4, 5, 6, 0, 0]

s.a
Out[50]: [1, 2, 3]
s.b
Out[51]: [4, 5, 6]
s.out
Out[52]: [1, 2, 3, 4, 5, 6]
```

•• 클래스 연습

```
import math
from math import *
import numpy as np


class enter:
    def __init__(self):
        self.a=[]
    def setdata(self,x):
        self.enter=x
    def show(self,k):
        self.setdata([k])
        if k in self.enter:
            print("%s  입장." % k)
            self.a.append(k)
        return self.a

e=enter()
e.show(1)
1 입장.
Out[1]: [1]

e.show(4)
4 입장.
Out[2]: [1, 4]

e.show(10)
10 입장.
Out[3]: [1, 4, 10]

e.a
Out[4]: [1, 4, 10]
class enter:
```

```
    def __init__(self):
        self.b=[]
        self.a=[1, 3, 6, 9, 7, 10]
    def setdata(self):
        self.en=[1, 2, 3, 12, 4, 5, 6]
    def show(self):
        self.setdata()
        for k in self.en:
            if k in self.a:
                print("%s  입장." % k)
                self.b.append(k)
        return self.b


e=enter()
e.a
Out[6]: [1, 3, 6, 9, 7, 10]

e.setdata()
e.en
Out[7]: [1, 2, 3, 12, 4, 5, 6]

e.show()
1 입장.
3 입장.
6 입장.
Out[8]: [1, 3, 6]

e.b
Out[9]: [1, 3, 6]
```

밥먹은 사람 안먹은 사람 체크 1

```
import math
from math import *
import numpy as np
class find_2:
    def __init__(self):
        self.a=[1,2,3,4,5,6,7,8,9]
    def setdata(self,x):
        self.enter=x
    def eat(self):
        self.setdata(x)
        for j in self.enter:
            if j in self.a:
                print("%s 맛있게 드세요!" %  j)
            else:
                print("등록되지 않은 번호입니다.")
            for k in range(len(self.a)):
                if self.a[k]==j:
                    self.a[k]='먹음'
    def show(self):
            return self.a

f=find_2()
x=[1,2,3,12,4,5,6]
f.eat()
1 맛있게 드세요!
2 맛있게 드세요!
3 맛있게 드세요!
등록되지 않은 번호입니다.
4 맛있게 드세요!
5 맛있게 드세요!
6 맛있게 드세요!

f.show()
Out[8]: ['먹음', '먹음', '먹음', '먹음', '먹음', '먹음', 7, 8, 9]
```

```
class find_22:
    def __init__(self):
        self.f=find_2()
        self.a=self.f.a
        self.c=[1,2,3,4,5,6,7,8,9]
    def setdata(self,y):
        self.enter_2=y
    def eat(self):
        self.f.eat()
        for j in self.enter_2:
            if j in self.c and j in self.a:
                print("%s 맛있게 드세요!" % j)
            if j not in self.a and j in self.c:
                print("%s 먹은사람." % j)
            if j not in self.c:
                print("등록되지 않은 번호입니다.")
            for k in range(len(self.a)):
                if self.a[k]==j:
                    self.a[k]='먹음'
    def show(self):
        return self.a


x=[1,2,3,12,4,5,6]
y=[1,3,6,9,7,10]
g=find_22()
g.setdata(y)
g.eat()
1 맛있게 드세요!
2 맛있게 드세요!
3 맛있게 드세요!
등록되지 않은 번호입니다.
4 맛있게 드세요!
5 맛있게 드세요!
6 맛있게 드세요!
```

```
1 먹은사람.
3 먹은사람.
6 먹은사람.
9 맛있게 드세요!
7 맛있게 드세요!
등록되지 않은 번호입니다.
g.show()
Out[16]: ['먹음', '먹음', '먹음', '먹음', '먹음', '먹음', '먹음', 8, '먹음']
```

밥먹은 사람 안먹은 사람 체크 2

```
class find_2:
    def __init__(self):
        self.a=[1,2,3,4,5,6,7,8,9]
    def setdata(self,x):
        self.enter=x
    def eat(self):
        for j in self.enter:
            if j in self.a:
                print("%s 맛있게 드세요!" %  j)
            else:
                print("등록되지 않은 번호입니다.")
            for k in range(len(self.a)):
                if self.a[k]==j:
                    self.a[k]='먹음'
        def show(self):
            return self.a

f=find_2()

class find_22:
    def __init__(self):
        self.f=find_2()
        self.a=self.f.a
        self.c=[1,2,3,4,5,6,7,8,9]
    def setdata(self,y):
        self.enter_2=y
```

```
    def eat(self):
        self.f.setdata(x)
        self.f.eat()
        for j in self.enter_2:
            if j in self.c and j in self.a:
                print("%s 맛있게 드세요!" % j)
            if j not in self.a and j in self.c:
                print("%s 먹은사람." % j)
            if j not in self.c:
                print("등록되지 않은 번호입니다.")
            for k in range(len(self.a)):
                if self.a[k]==j:
                    self.a[k]='먹음'
    def show(self):
        return self.a
x=[1,2,3,12,4,5,6]
y=[1,3,6,9,7,10]
g=find_22()
g.setdata(y)
g.eat()
1 맛있게 드세요!
2 맛있게 드세요!
3 맛있게 드세요!
등록되지 않은 번호입니다.
4 맛있게 드세요!
5 맛있게 드세요!
6 맛있게 드세요!
1 먹은사람.
3 먹은사람.
6 먹은사람.
9 맛있게 드세요!
7 맛있게 드세요!
등록되지 않은 번호입니다.

g.show()
Out[26]: ['먹음', '먹음', '먹음', '먹음', '먹음', '먹음', '먹음', 8, '먹음']
```

밥먹은 사람 안먹은 사람 체크 3

```
class find_2:
    def __init__(self):
        self.a=[1,2,3,4,5,6,7,8,9]
    def setdata(self,x):
        self.enter=x
    def eat(self):
        for j in self.enter:
            if j in self.a:
                print("%s 맛있게 드세요! " %  j)
            else:
                print("등록되지 않은 번호입니다.")
            for k in range(len(self.a)):
                if self.a[k]==j:
                    self.a[k]='먹음'
    def show(self):
        return self.a

class find_22:
    def __init__(self):
        self.f=find_2()
        self.a=self.f.a
        self.c=[1,2,3,4,5,6,7,8,9]
    def setdata(self,x):
        self.enter_2=x
    def eat(self,k):
        self.f.setdata([k])
        self.f.eat()
    def eatcheck(self,k):
        self.setdata([k])
        for j in self.enter_2:
            if j in self.c and j in self.a:
                print("%s 맛있게 드세요!" % j)
            if j not in self.a and j in self.c:
```

```
            print("%s 먹은사람." % j)
        if j not in self.c:
            print("등록되지 않은 번호입니다.")
        for k in range(len(self.a)):
            if self.a[k]==j:
                self.a[k]='먹음'
    def show(self):
        return self.a


g=find_22()
g.eat(1)
1 맛있게 드세요!
g.eat(2)
2 맛있게 드세요!
g.eat(3)
3 맛있게 드세요!
g.eat(11)
등록되지 않은 번호입니다.
g.eatcheck(1)
1 먹은사람.
g.eatcheck(4)
4 맛있게 드세요!
g.eatcheck(9)
9 맛있게 드세요!
g.eatcheck(9)
4 먹은사람.
g.show()
Out[29]: ['먹음', '먹음', '먹음', '먹음', 5, 6, 7, 8, '먹음']
```

밥먹은 사람 안먹은 사람 체크 4

```
class find_2:
    def __init__(self):
        self.a=[1,2,3,4,5,6,7,8,9]
    def setdata(self,x):
        self.enter=x
    def eat(self):
        for j in self.enter:
            if j in self.a:
                print("%s 맛있게 드세요!" %  j)
            else:
                print("등록되지 않은 번호입니다.")
            for k in range(len(self.a)):
                if self.a[k]==j:
                    self.a[k]='먹음'
    def show(self):
        return self.a

f=find_2()

class find_22:
    def __init__(self):
        self.f=find_2()
        self.a=self.f.a
        self.c=[1,2,3,4,5,6,7,8,9]
    def eat_1(self):
        self.f.setdata([1,4,5])
        self.f.eat()
    def setdata(self,x):
        self.enter_2=x
    def eatcheck(self):
        self.setdata([1,3,4,6,9,10])
        for j in self.enter_2:
            if j in self.c and j in self.a:
```

```
                print("%s 맛있게 드세요! " % j)
            if j not in self.a and j in self.c:
                print("%s 먹은사람." % j)
            if j not in self.c:
                print("등록되지 않은 번호입니다.")
            for k in range(len(self.a)):
                if self.a[k]==j:
                    self.a[k]='먹음'
    def show(self):
        return self.a

g=find_22()
g.eat_1()
1 맛있게 드세요!
4 맛있게 드세요!
5 맛있게 드세요!

g.a
Out[17]: ['먹음', 2, 3, '먹음', '먹음', 6, 7, 8, 9]
g.eatcheck()
1 먹은사람.
3 맛있게 드세요!
4 먹은사람.
6 맛있게 드세요!
9 맛있게 드세요!
등록되지 않은 번호입니다.

g.show()
Out[19]: ['먹음', 2, '먹음', '먹음', '먹음', '먹음', 7, 8, '먹음']
```

밥먹은 사람 안먹은 사람 체크 5

```
class find_2:
    def __init__(self):
        self.a=[1,2,3,4,5,6,7,8,9]
    def setdata(self):
        self.enter=[1,2,3,12,4,5,6]
    def eat(self):
        self.setdata()
        for j in self.enter:
            if j in self.a:
                print("%s 맛있게 드세요!" %  j)
            else:
                print("등록되지 않은 번호입니다.")
            for k in range(len(self.a)):
                if self.a[k]==j:
                    self.a[k]='먹음'
    def show(self):
        return self.a

f=find_2()

class find_22:
    def __init__(self):
        self.f=find_2()
        self.a=self.f.a
        self.c=[1,2,3,4,5,6,7,8,9]
    def setdata(self,x):
        self.enter_2=x
    def eat(self):
        self.f.eat()
        for j in self.enter_2:
            if j in self.c and j in self.a:
                print("%s 맛있게 드세요!" % j)
            if j not in self.a and j in self.c:
```

```
                print("%s 먹은사람." % j)
            if j not in self.c:
                print("등록되지 않은 번호입니다.")
            for k in range(len(self.a)):
                if self.a[k]==j:
                    self.a[k]='먹음'
    def show(self):
        return self.a

x =[1,5,3,6,9,10]
g=find_22()
g.setdata(x)
g.eat()
g.show()
1 맛있게 드세요!
2 맛있게 드세요!
3 맛있게 드세요!
등록되지 않은 번호입니다.
4 맛있게 드세요!
5 맛있게 드세요!
6 맛있게 드세요!
1 먹은사람.
5 먹은사람.
3 먹은사람.
6 먹은사람.
9 맛있게 드세요!
등록되지 않은 번호입니다.
Out[20]: ['먹음', '먹음', '먹음', '먹음', '먹음', '먹음', 7, 8, '먹음']
```

```
def find_1():
    t=[]
    list=[1,8,2,3,4,5,6,7,9]
    data=[1,2,3,4,5,6,90]
    for k in list:
        if k in data:
            print("%s 학생 확인되었습니다." %  k)
            t.append(k)
        else:
            print("등록되지 않은 번호입니다.")
            t.append(0)
    return t

find_1()
1 학생 확인되었습니다.
등록되지 않은 번호입니다.
2 학생 확인되었습니다.
3 학생 확인되었습니다.
4 학생 확인되었습니다.
5 학생 확인되었습니다.
6 학생 확인되었습니다.
등록되지 않은 번호입니다.
등록되지 않은 번호입니다.
Out[21]: [1, 0, 2, 3, 4, 5, 6, 0, 0]
```

밥먹은 사람 안먹은 사람 체크 6

```
class find_2:
    def __init__(self):
        self.a=[]
    def setdata(self,x,y):
        self.data=x
        self.list=y
```

```
    def find(self):
        for j in self.list:
            if j in self.data:
                print("%s 학생 확인되었습니다." %  j)
                self.a.append(j)
            else:
                print("등록되지 않은 번호입니다.")
                self.a.append(0)
    def show(self):
        return self.a


list =[1,8,2,3,4,5,6,7,9]
data=[1,2,3,4,5,6,90]
f=find_2()
f.setdata(data,list)
f.find()
f.show()
1 학생 확인되었습니다.
등록되지 않은 번호입니다.
2 학생 확인되었습니다.
3 학생 확인되었습니다.
4 학생 확인되었습니다.
5 학생 확인되었습니다.
6 학생 확인되었습니다.
등록되지 않은 번호입니다.
등록되지 않은 번호입니다.
Out[22]: [1, 0, 2, 3, 4, 5, 6, 0, 0]
```

밥먹은 사람 안먹은 사람 체크 7

```
class find_3:
    def __init__(self):
        self.a=[]
    def setdata(self,x):
        self.data=x
    def find(self,c):
        if c in self.data:
            print("%s 학생 확인되었습니다." % c)
            self.a.append(c)
        else:
            print("등록되지 않은 번호입니다.")
            self.a.append(0)
    def show(self):
        return self.a

list =[1,8,2,3,4,5,6,7,9]
data=[1,2,3,4,5,6,90]
f=find_3()
f.setdata(data)
for k in list:
    f.find(k)
f.show()
1 학생 확인되었습니다.
등록되지 않은 번호입니다.
2 학생 확인되었습니다.
3 학생 확인되었습니다.
4 학생 확인되었습니다.
5 학생 확인되었습니다.
6 학생 확인되었습니다.
등록되지 않은 번호입니다.
등록되지 않은 번호입니다.
Out[23]: [1, 0, 2, 3, 4, 5, 6, 0, 0]
```

밥먹은 사람 안먹은 사람 체크 8

```
class input:
    def __init__(self,c):
        self.c=c
        self.a=[]
    def put(self):
        self.a.append(self.c)
        return (self.a)[-1]

class find_3:
    def __init__(self):
        self.a=[]
    def setdata(self,x):
        self.data=x
    def find(self,c):
        self.i=input(c)
        self.x = self.i.put()
        if self.x in self.data:
            print("%s 학생 확인되었습니다." % self.x)
            self.a.append(self.x)
        else:
            print("등록되지 않은 번호입니다.")
            self.a.append(0)
    def show(self):
        return self.a
list =[1,8,2,3,4,5,6,7,9]
data=[1,2,3,4,5,6,90]
f=find_3()
f.setdata(data)
sho=[]
for k in list:
    f.find(k)
```

```
f.show()
1 학생 확인되었습니다.
등록되지 않은 번호입니다.
2 학생 확인되었습니다.
3 학생 확인되었습니다.
4 학생 확인되었습니다.
5 학생 확인되었습니다.
6 학생 확인되었습니다.
등록되지 않은 번호입니다.
등록되지 않은 번호입니다.
Out[25]: [1, 0, 2, 3, 4, 5, 6, 0, 0]
```

밥먹은 사람 안먹은 사람 체크 9

```
class input:
    def __init__(self,c):
        self.c=c
        self.a=[]
    def put(self):
        self.a.append(self.c)
        return (self.a)[-1]


class find:
    def __init__(self,c):
        self.i=input(c)
        self.a=[]
    def setdata(self,x):
        self.data=x
    def enter(self):
        self.x = self.i.put()
        if self.x in self.data:
            print("%s 학생 확인되었습니다." % self.x)
            self.a.append(self.x)
```

```
        else:
            print("등록되지 않은 번호입니다.")
            self.a.append(0)
    def show(self):
        return self.a
list =[1,8,2,3,4,5,6,7,9]
data=[1,2,3,4,5,6,90]
sho=[]
for k in list:
    f=find(k)
    f.setdata(data)
    f.enter()
    sho.append(f.show())
t=[]
for k in range(len(sho)):
    t.append(sho[k][0])
t
1 학생 확인되었습니다.
등록되지 않은 번호입니다.
2 학생 확인되었습니다.
3 학생 확인되었습니다.
4 학생 확인되었습니다.
5 학생 확인되었습니다.
6 학생 확인되었습니다.
등록되지 않은 번호입니다.
등록되지 않은 번호입니다.
Out[26]: [1, 0, 2, 3, 4, 5, 6, 0, 0]
```

밥먹은 사람 안먹은 사람 체크 10

```
class find_2:
    def __init__(self):
        self.a=[1,2,3,4,5,6,7,8,9]
    def setdata(self):
        self.enter=[1,2,3,12,4,5,6]
    def find(self):
        self.setdata()
        for j in self.enter:
            if j in self.a:
                print("%s 학생 확인되었습니다." %  j)
            else:
                print("등록되지 않은 번호입니다.")
            for k in range(len(self.a)):
                if self.a[k]==j:
                    self.a[k]=0
    def show(self):
        return self.a

f=find_2()

class find_22:
    def __init__(self):
        self.f=find_2()
        self.a=self.f.a
        self.c=[1,2,3,4,5,6,7,8,9]
    def setdata(self,x):
        self.enter_2=x
    def find(self):
        self.f.find()
        for j in self.enter_2:
            if j in self.c and j in self.a:
                print("%s 학생 확인되었습니다." % j)
            if j not in self.a and j in self.c:
                print("%s 먹은사람." % j)
```

```
            if j not in self.c:
                print("등록되지 않은 번호입니다.")
            for k in range(len(self.a)):
                if self.a[k]==j:
                    self.a[k]=0
    def show(self):
        return self.a

enter_2 =[1,5,3,6,9,10]
g=find_22()
g.setdata(enter_2)
g.find()
g.show()
1 학생 확인되었습니다.
2 학생 확인되었습니다.
3 학생 확인되었습니다.
등록되지 않은 번호입니다.
4 학생 확인되었습니다.
5 학생 확인되었습니다.
6 학생 확인되었습니다.
1 먹은사람.
5 먹은사람.
3 먹은사람.
6 먹은사람.
9 학생 확인되었습니다.
등록되지 않은 번호입니다.
Out[28]: [0, 0, 0, 0, 0, 0, 7, 8, 0]
```

```
class find_2:
    def __init__(self):
        self.a=[1,2,3,4,5,6,7,8,9]
    def setdata(self,x):
        self.enter=x
    def find(self,k):
        self.setdata([k])
        for j in self.enter:
            if j in self.a:
                print("%s 학생 확인되었습니다." %  j)
            else:
                print("등록되지 않은 번호입니다.")
            for k in range(len(self.a)):
                if self.a[k]==j:
                    self.a[k]=0
    def show(self):
        return self.a


f=find_2()

f.find(6)
6 학생 확인되었습니다.

f.find(22)
등록되지 않은 번호입니다.

f.find(4)
4 학생 확인되었습니다.
```

```
class find_2:
    def __init__(self):
        self.a=[1,2,3,4,5,6,7,8,9]
    def setdata(self,x):
        self.enter=x
    def find(self):
        for j in self.enter:
            if j in self.a:
                print("%s 학생 확인되었습니다." %  j)
            else:
                print("등록되지 않은 번호입니다.")
            for k in range(len(self.a)):
                if self.a[k]==j:
                    self.a[k]=0
    def show(self):
        return self.a

f=find_2()
list=[1,4,5]
for k in list:
    f.setdata([k])
    f.find()
f.show()
1 학생 확인되었습니다.
4 학생 확인되었습니다.
5 학생 확인되었습니다.
Out[67]: [0, 2, 3, 0, 0, 6, 7, 8, 9]
```

```
import math
from math import *
import numpy as np
import pandas as pd
from scipy.stats import norm
import matplotlib.pyplot as plt

data=pd.read_csv('score.csv')
d=data
d
Out[64]:
    num  mid  end  res
0     1   80   60  140
1     2   80   19   99
2     3  100   70  170
3     4   70   60  130
4     5   60   10   70
5     6   40    5   45
6     7  100   38  138
7     8   90   23  113
8     9   95   23  118
9    10   80   49  129
10   11   70   30  100
11   12   90   10  100
12   13   90   43  133
13   14   95   80  175
14   15   30    3   33
15   16   70   18   88
16   17   80   10   90
17   18   90   38  128
18   19   30   30   60
19   20  100   73  173
20   21   50   23   73
21   22  100   25  125
22   23   90   73  163
```

```
23   24   70   25   95
24   25  100   70  170
25   26   80   30  110
26   27   50   10   60
27   28   90   38  128
28   29  100   70  170
29   30   70   13   83
30   31   50   13   63

def find_2():
    t=[]
    a=np.array(d)
    for k in range(len(a)):
        if a[k][3]>130:
            t.append(a[k][0])
    print("총점 130 이상인 합격자 번호리스트 %s "  % t)

find_2()
총점 130 이상인 합격자 번호리스트 [1, 3, 7, 13, 14, 20, 23, 25, 29]

class find:
   def __init__(self):
       self.a=[]
   def setdata(self,x):
       self.data=x
   def pass_1(self):
       for k in range(len(self.data)):
           if (self.data)[k][3]>=130:
               self.a.append((self.data)[k][0])
       print("총점 130 이상인 합격자 번호리스트 %s "  % self.a)

f=find()
f.setdata(np.array(d))
f.pass_1()
총점 130 이상인 합격자 번호리스트 [1, 3, 4, 7, 13, 14, 20, 23, 25, 29]
```

• 소수 피타고라스수 찾기

•• 소수 찾기

```
import math
from math import *
import numpy as np

class prime_gcd:
    def __init__(self,j):
        self.t={'t': np.arange(2,j+2).reshape(1,np.arange(2,j+2).size) }
        self.y={'t': np.arange(2,j+2) }
    def prime2(self,k):
        a=self.t['t']
        n=a.size
        self.h=[]
        self.h.append(a[0,k])
        for j in range(0,n):
            if a[0,k]==0 or a[0,j]==0:
                continue
            if k!=j and np.gcd(a[0,k],a[0,j])!=1 and np.gcd(a[0,k],a[0,j])==a[0,k]:
                self.h.append(a[0,j])
                a[0,j]=0
        pr.t['t']=np.array(a)
        return np.array(a)

pr=prime_gcd(23)
n=pr.t['t'].size
u,u1,u2=[],[],[]
for k in range(n):
    pr.prime2(k)
    u.append(pr.h)
    u1.append(np.array(pr.prime2(k)))
    u2.append(np.array(pr.t['t']))
```

```
s1=[]
for k in range(len(u)):
    if len(u[k])==1 or u[k]==[0]:
        continue
    else:
        s1.append(u[k])
s1=np.array(s1)

s=[]
a=pr.t['t']
for k in range(a.size):
    if a[0,k]==0:
        continue
    if a[0,k]!=0:
        s.append(a[0,k])
s=np.array(s)

s
Out[9]: array([ 2,  3,  5,  7, 11, 13, 17, 19, 23])

s1
Out[10]:
array([list([2, 4, 6, 8, 10, 12, 14, 16, 18, 20, 22, 24]),
       list([3, 9, 15, 21])], dtype=object)

u
Out[11]:
[[2, 4, 6, 8, 10, 12, 14, 16, 18, 20, 22, 24],
 [3, 9, 15, 21],
 [0],
 [5],
 [0],
 [7],
 [0],
 [0],
 [0],
```

```
[11],
[0],
[13],
[0],
[0],
[0],
[17],
[0],
[19],
[0],
[0],
[0],
[23],
[0]]

u1[0:2]
Out[12]:
[array([[ 2,  3,  0,  5,  0,  7,  0,  9,  0, 11,  0, 13,  0, 15,  0, 17,
          0, 19,  0, 21,  0, 23,  0]]),
 array([[ 2,  3,  0,  5,  0,  7,  0,  0,  0, 11,  0, 13,  0,  0,  0, 17,
          0, 19,  0,  0,  0, 23,  0]])]

u2[0:2]
Out[13]:
[array([[ 2,  3,  0,  5,  0,  7,  0,  9,  0, 11,  0, 13,  0, 15,  0, 17,
          0, 19,  0, 21,  0, 23,  0]]),
 array([[ 2,  3,  0,  5,  0,  7,  0,  0,  0, 11,  0, 13,  0,  0,  0, 17,
          0, 19,  0,  0,  0, 23,  0]])]

u2[-1]
Out[14]:
array([[ 2,  3,  0,  5,  0,  7,  0,  0,  0, 11,  0, 13,  0,  0,  0, 17,
         0, 19,  0,  0,  0, 23,  0]])

pr.t
Out[15]:
```

```
{'t': array([[ 2,  3,  0,  5,  0,  7,  0,  0,  0, 11,  0, 13,  0,  0,  0, 17,
         0, 19,  0,  0,  0, 23,  0]])}

pr=prime_gcd(200)
n=pr.t['t'].size
u,u1,u2=[],[],[]
for k in range(n):
    pr.prime2(k)
    u.append(pr.h)
    u1.append(np.array(pr.prime2(k)))
    u2.append(np.array(pr.t['t']))

ss=[]
for j in range(n-1):
    if (u1[j]==pr.t['t']).all():
        ss.append(j)
        break



ss
Out[17]: [11]

pr=prime_gcd(100)
n=pr.t['t'].size
u,u1,u2=[],[],[]
for k in range(n):
    pr.prime2(k)
    u.append(pr.h)
    u1.append(np.array(pr.prime2(k)))
    u2.append(np.array(pr.t['t']))
ss=[]
for j in range(n-1):
    if (u1[j]==pr.t['t']).all():
        ss.append(j)
        break
s1=[]
```

```
for k in range(len(u)):
    if len(u[k])==1 or u[k]==[0]:
        continue
    else:
        s1.append(u[k])
s1=np.array(s1)

s1
Out[19]:
array([list([2, 4, 6, 8, 10, 12, 14, 16, 18, 20, 22, 24, 26, 28, 30, 32, 34, 36, 38,
40, 42, 44, 46, 48, 50, 52, 54, 56, 58, 60, 62, 64, 66, 68, 70, 72, 74, 76, 78,
80, 82, 84, 86, 88, 90, 92, 94, 96, 98, 100]),
       list([3, 9, 15, 21, 27, 33, 39, 45, 51, 57, 63, 69, 75, 81, 87, 93, 99]),
       list([5, 25, 35, 55, 65, 85, 95]), list([7, 49, 77, 91])],
      dtype=object)

ss
Out[20]: [5]


class prime_gcd:
    def __init__(self,j):
        self.t={'t': np.arange(2,j+2).reshape(1,np.arange(2,j+2).size) }
        self.y={'t': np.arange(2,j+2) }
    def prime2(self,k):
        a=self.t['t']
        n=a.size
        self.h=[]
        self.h.append(a[0,k])
        for j in range(0,n):
            if a[0,k]==0 or a[0,j]==0:
                continue
            if k!=j and np.gcd(a[0,k],a[0,j])!=1 and np.gcd(a[0,k],a[0,j])==a[0,k]:
                self.h.append(a[0,j])
                a[0,j]=0
        pr.t['t']=np.array(a)
```

```
        return np.array(a)


pr=prime_gcd(30)
n=pr.t['t'].size
u=[]
for k in range(n):
    pr.prime2(k)
    u.append(pr.h)


u
Out[35]:
[[2, 4, 6, 8, 10, 12, 14, 16, 18, 20, 22, 24, 26, 28, 30],
 [3, 9, 15, 21, 27],
 [0],
 [5, 25],
 [0],
 [7],
 [0],
 [0],
 [0],
 [11],
 [0],
 [13],
 [0],
 [0],
 [0],
 [17],
 [0],
 [19],
 [0],
 [0],
 [0],
 [23],
 [0],
```

```
 [0],
 [0],
 [0],
 [0],
 [29],
 [0],
 [31]]

u1=[]
for k in range(len(u)):
    if len(u[k])==1 or u[k]==[0]:
        continue
    if u[k]!=0:
        u1.append(u[k])
u2=np.array(u1)
u2
Out[36]:
array([list([2, 4, 6, 8, 10, 12, 14, 16, 18, 20, 22, 24, 26, 28, 30]),
       list([3, 9, 15, 21, 27]), list([5, 25])], dtype=object)

s=[]
a=pr.t['t']
for k in range(a.size):
    if a[0,k]==0:
        continue
    if a[0,k]!=0:
        s.append(a[0,k])
s=np.array(s)

s
Out[38]: array([ 2,  3,  5,  7, 11, 13, 17, 19, 23, 29, 31])
```

```
class prime_gcd:
    def __init__(self,j):
        self.t={'t': np.arange(2,j+2) }
        self.y={'t': np.arange(2,j+2) }
    def prime2(self,k):
        a=self.t['t']
        n=len(a)
        self.h=[]
        self.h.append(a[k])
        for j in range(0,n):
            if a[k]==0 or a[j]==0:
                continue
            if k!=j and np.gcd(a[k],a[j])!=1 and np.gcd(a[k],a[j])==a[k]:
                self.h.append(a[j])
                a[j]=0
        self.y['t']=np.delete(self.y['t'],0)
        self.t['t']=a
        return a


pr=prime_gcd(10)

u2,u,uu=[],[],[]
n=len(pr.t['t'])
for k in range(n):
    uu.append(np.array(pr.prime2(k)))
    u2.append(pr.y['t'])
    u.append(pr.h)


u2
Out[52]:
[array([ 3,  4,  5,  6,  7,  8,  9, 10, 11]),
 array([ 4,  5,  6,  7,  8,  9, 10, 11]),
 array([ 5,  6,  7,  8,  9, 10, 11]),
```

```
 array([ 6,  7,  8,  9, 10, 11]),
 array([ 7,  8,  9, 10, 11]),
 array([ 8,  9, 10, 11]),
 array([ 9, 10, 11]),
 array([10, 11]),
 array([11]),
 array([], dtype=int32)]

u
Out[53]: [[2, 4, 6, 8, 10], [3, 9], [0], [5], [0], [7], [0], [0], [0], [11]]

uu
Out[54]:
[array([ 2,  3,  0,  5,  0,  7,  0,  9,  0, 11]),
 array([ 2,  3,  0,  5,  0,  7,  0,  0,  0, 11]),
 array([ 2,  3,  0,  5,  0,  7,  0,  0,  0, 11]),
 array([ 2,  3,  0,  5,  0,  7,  0,  0,  0, 11]),
 array([ 2,  3,  0,  5,  0,  7,  0,  0,  0, 11]),
 array([ 2,  3,  0,  5,  0,  7,  0,  0,  0, 11]),
 array([ 2,  3,  0,  5,  0,  7,  0,  0,  0, 11]),
 array([ 2,  3,  0,  5,  0,  7,  0,  0,  0, 11]),
 array([ 2,  3,  0,  5,  0,  7,  0,  0,  0, 11]),
 array([ 2,  3,  0,  5,  0,  7,  0,  0,  0, 11])]
```

클래스 밖에서 int 함수의 dictionary 갱신 pr.t['t']=pr.prime2(k)
클래스 안에서 int 함수의 dictionary 갱신 pr.t['t']=np.array(a)을 아래의 실행으로 비교해보자.

```
import math
from math import *
import numpy as np

class prime_gcd:
    def __init__(self,j):
        self.t={'t': np.arange(2,j+2).reshape(1,np.arange(2,j+2).size) }
        self.y={'t': np.arange(2,j+2) }
    def prime2(self,k):
        a=self.t['t']
        n=a.size
        self.h=[]
        self.h.append(a[0,k])
        for j in range(0,n):
            if a[0,k]==0 or a[0,j]==0:
                continue
            if k!=j and np.gcd(a[0,k],a[0,j])!=1 and np.gcd(a[0,k],a[0,j])==a[0,k]:
                self.h.append(a[0,j])
                a[0,j]=0
        return np.array(a)

pr=prime_gcd(23)
n=pr.t['t'].size
u,u1,u2=[],[],[]
for k in range(n):
    pr.t['t']=pr.prime2(k)
    u.append(pr.h)
    u1.append(np.array(pr.prime2(k)))
    u2.append(np.array(pr.t['t']))
```

```
s1=[]
for k in range(len(u)):
    if len(u[k])==1 or u[k]==[0]:
        continue
    else:
        s1.append(u[k])
s1=np.array(s1)

s=[]
a=pr.t['t']
for k in range(a.size):
    if a[0,k]==0:
        continue
    if a[0,k]!=0:
        s.append(a[0,k])
s=np.array(s)

s

Out[1]: array([ 2,  3,  5,  7, 11, 13, 17, 19, 23])

s1
Out[2]:
array([list([2, 4, 6, 8, 10, 12, 14, 16, 18, 20, 22, 24]),
       list([3, 9, 15, 21])], dtype=object)

u
Out[3]:
[[2, 4, 6, 8, 10, 12, 14, 16, 18, 20, 22, 24],
 [3, 9, 15, 21],
 [0],
 [5],
 [0],
 [7],
 [0],
 [0],
```

```
 [0],
 [11],
 [0],
 [13],
 [0],
 [0],
 [0],
 [17],
 [0],
 [19],
 [0],
 [0],
 [0],
 [23],
 [0]]

u1[0:2]
Out[4]:
[array([[ 2,  3,  0,  5,  0,  7,  0,  9,  0, 11,  0, 13,  0, 15,  0, 17,
          0, 19,  0, 21,  0, 23,  0]]),
 array([[ 2,  3,  0,  5,  0,  7,  0,  0,  0, 11,  0, 13,  0,  0,  0, 17,
          0, 19,  0,  0,  0, 23,  0]])]

u2[0:2]
Out[5]:
[array([[ 2,  3,  0,  5,  0,  7,  0,  9,  0, 11,  0, 13,  0, 15,  0, 17,
          0, 19,  0, 21,  0, 23,  0]]),
 array([[ 2,  3,  0,  5,  0,  7,  0,  0,  0, 11,  0, 13,  0,  0,  0, 17,
          0, 19,  0,  0,  0, 23,  0]])]

u1[-1]
Out[6]:
array([[ 2,  3,  0,  5,  0,  7,  0,  0,  0, 11,  0, 13,  0,  0,  0, 17,
         0, 19,  0,  0,  0, 23,  0]])

u2[-1]
```

```
Out[7]:
array([[ 2,  3,  0,  5,  0,  7,  0,  0,  0, 11,  0, 13,  0,  0,  0, 17,
         0, 19,  0,  0,  0, 23,  0]])

pr.t
Out[8]:
{'t': array([[ 2,  3,  0,  5,  0,  7,  0,  0,  0, 11,  0, 13,  0,  0,  0, 17,
          0, 19,  0,  0,  0, 23,  0]])}


class prime_gcd:
    def __init__(self,j):
        self.t={'t': np.arange(2,j+2).reshape(1,np.arange(2,j+2).size) }
        self.y={'t': np.arange(2,j+2) }
    def prime2(self,k):
        a=self.t['t']
        n=a.size
        self.h=[]
        self.h.append(a[0,k])
        for j in range(0,n):
            if a[0,k]==0 or a[0,j]==0:
                continue
            if k!=j and np.gcd(a[0,k],a[0,j])!=1 and np.gcd(a[0,k],a[0,j])==a[0,k]:
                self.h.append(a[0,j])
                a[0,j]=0
        pr.t['t']=np.array(a)
        return np.array(a)

pr=prime_gcd(23)
n=pr.t['t'].size
u,u1,u2=[],[],[]
for k in range(n):
    pr.prime2(k)
    u.append(pr.h)
    u1.append(np.array(pr.prime2(k)))
    u2.append(np.array(pr.t['t']))
```

```
s1=[]
for k in range(len(u)):
    if len(u[k])==1 or u[k]==[0]:
        continue
    else:
        s1.append(u[k])
s1=np.array(s1)

s=[]
a=pr.t['t']
for k in range(a.size):
    if a[0,k]==0:
        continue
    if a[0,k]!=0:
        s.append(a[0,k])
s=np.array(s)

s
Out[9]: array([ 2,  3,  5,  7, 11, 13, 17, 19, 23])

s1
Out[10]:
array([list([2, 4, 6, 8, 10, 12, 14, 16, 18, 20, 22, 24]),
       list([3, 9, 15, 21])], dtype=object)

u
Out[11]:
[[2, 4, 6, 8, 10, 12, 14, 16, 18, 20, 22, 24],
 [3, 9, 15, 21],
 [0],
 [5],
 [0],
 [7],
 [0],
 [0],
```

```
 [0],
 [11],
 [0],
 [13],
 [0],
 [0],
 [0],
 [17],
 [0],
 [19],
 [0],
 [0],
 [0],
 [23],
 [0]]

u1[0:2]
Out[12]:
[array([[ 2,  3,  0,  5,  0,  7,  0,  9,  0, 11,  0, 13,  0, 15,  0, 17,
         0, 19,  0, 21,  0, 23,  0]]),
 array([[ 2,  3,  0,  5,  0,  7,  0,  0,  0, 11,  0, 13,  0,  0,  0, 17,
         0, 19,  0,  0,  0, 23,  0]])]

u2[0:2]
Out[13]:
[array([[ 2,  3,  0,  5,  0,  7,  0,  9,  0, 11,  0, 13,  0, 15,  0, 17,
         0, 19,  0, 21,  0, 23,  0]]),
 array([[ 2,  3,  0,  5,  0,  7,  0,  0,  0, 11,  0, 13,  0,  0,  0, 17,
         0, 19,  0,  0,  0, 23,  0]])]

u2[-1]
Out[14]:
array([[ 2,  3,  0,  5,  0,  7,  0,  0,  0, 11,  0, 13,  0,  0,  0, 17,
        0, 19,  0,  0,  0, 23,  0]])

pr.t
```

```
Out[15]:
{'t': array([[ 2,  3,  0,  5,  0,  7,  0,  0,  0, 11,  0, 13,  0,  0,  0, 17,
         0, 19,  0,  0,  0, 23,  0]])}

pr=prime_gcd(100)
n=pr.t['t'].size
u,u1,u2=[],[],[]
for k in range(n):
    pr.prime2(k)
    u.append(pr.h)
    u1.append(np.array(pr.prime2(k)))
    u2.append(np.array(pr.t['t']))
ss=[]
for j in range(n-1):
    if (u1[j]==pr.t['t']).all():
        ss.append(j)
        break
s1=[]
for k in range(len(u)):
    if len(u[k])==1 or u[k]==[0]:
        continue
    else:
        s1.append(u[k])
s1=np.array(s1)

s1
Out[19]:
array([list([2, 4, 6, 8, 10, 12, 14, 16, 18, 20, 22, 24, 26, 28, 30, 32, 34, 36, 38,
40, 42, 44, 46, 48, 50, 52, 54, 56, 58, 60, 62, 64, 66, 68, 70, 72, 74, 76, 78,
80, 82, 84, 86, 88, 90, 92, 94, 96, 98, 100]),
       list([3, 9, 15, 21, 27, 33, 39, 45, 51, 57, 63, 69, 75, 81, 87, 93, 99]),
       list([5, 25, 35, 55, 65, 85, 95]), list([7, 49, 77, 91])],
      dtype=object)

ss
Out[20]: [5]
```

•• 피타고라스수

다음을 실행해보자

(피타고라스 정리의 세 개의 자연수 $a^2 + b^2 = c^2 \ (a, b, c > 2)$)

```
import math
from math import *
import numpy as np

def pythagoras_1(p,q):
    a=[k for k in range(p,1+q)]
    b=[k for k in range(p,1+q)]
    t=[]
    k=p
    while p<=k<q:
        k=k+1
        for j in b:
            if k>=j:
                continue
            if (np.sqrt(k**2+j**2)).is_integer():
                s=[]
                s.append(k)
                s.append(j)
                s.append(np.sqrt(k**2+j**2))
                t.append(s)
    return np.array(t)
```

```
pythagoras_1(1,30)
```

```
Out[1]:
array([[ 3.,  4.,  5.],
       [ 5., 12., 13.],
       [ 6.,  8., 10.],
       [ 7., 24., 25.],
       [ 8., 15., 17.],
       [ 9., 12., 15.],
       [10., 24., 26.],
       [12., 16., 20.],
       [15., 20., 25.],
       [16., 30., 34.],
       [18., 24., 30.],
       [20., 21., 29.],
       [21., 28., 35.]])
```

```
def pythagoras_10(p,q):
    a=[k for k in range(p,1+q)]
    b=[k for k in range(p,1+q)]
    t=[]
    k=p
    while p<=k<q:
        k=k+1
        for j in b:
            if k>=j:
                continue
            if (np.sqrt(k**2+j**2)).is_integer():
                s=[]
                s.append(k)
                s.append(j)
                s.append(np.sqrt(k**2+j**2))
                t.append(s)
    tt=np.array(t)
    for i in range(2,q):
        for k in range(len(tt)):
            if (tt[k]%i==0).all():
                tt[k]=0
```

```
    t=[]
    for k in range(len(tt)):
        if tt[k].all()==0:
            continue
        else:
            t.append(tt[k])
    return np.array(t)
pythagoras_10(1,30)
Out[2]:
array([[ 3.,  4.,  5.],
       [ 5., 12., 13.],
       [ 7., 24., 25.],
       [ 8., 15., 17.],
       [20., 21., 29.]])

def quick_sort(a,n):
    if len(a) <= 1:
        return a
    d = a[len(a) // 2][n]
    lesser, equal, greater= [], [], []
    for k in range(len(a)):
        if a[k][n]< d:
            lesser.append(a[k])
        elif a[k][n]> d:
            greater.append(a[k])
        else:
            equal.append(a[k])
    return quick_sort(lesser,n) + equal+ quick_sort(greater,n)
```

```
def pythagoras_11(p):
    t=[]
    for k in range(1,p):
        for j in range(1,p):
            if k>j and k**2-j**2<2*k*j and k**2+j**2< p:
                s=[]
                s.append(k**2-j**2)
                s.append(2*k*j)
                s.append(k**2+j**2)
                t.append(s)
    d=np.array(quick_sort(t,0))
    return d
pythagoras_11(30)
Out[3]:
array([[ 3,  4,  5],
       [ 5, 12, 13],
       [ 7, 24, 25],
       [12, 16, 20]])
```

다음을 실행해보고 결과를 확인해보자.

```
a=pythagoras_1(1,30)
b=pythagoras_11(50)
def a_in_b_not(a,b):
    a=np.array(a)
    b=np.array(b)
    for j in range(len(a)):
        for k in range(len(b)):
            if (a[j]==b[k]).all():
                a[j]=0
    t=[]
    for k in range(len(a)):
        if a[k].all()==0:
            continue
        else:
            t.append(a[k])
    return np.array(t)
```

```
a_in_b_not(a,b)
Out[4]:
array([[ 6.,   8.,  10.],
       [ 8.,  15.,  17.],
       [ 9.,  12.,  15.],
       [10.,  24.,  26.],
       [15.,  20.,  25.],
       [18.,  24.,  30.],
       [20.,  21.,  29.],
       [21.,  28.,  35.]])

a_in_b_not(a,a_in_b_not(a,b))
Out[5]:
array([[ 3.,   4.,   5.],
       [ 5.,  12.,  13.],
       [ 7.,  24.,  25.],
       [12.,  16.,  20.],
       [16.,  30.,  34.]])

def a_or_b(a,b):
    a=np.array(a)
    b=np.array(b)
    t=[]
    for k in range(len(a)):
        t.append(a[k])
    for j in range(len(b)):
        if b[j][0] in a[:,0]:
            continue
        else:
            t.append(b[j])
    return np.sort(np.array(t),axis=0)
```

```
a1=a_in_b_not(a,b)
b1=a_in_b_not(a,a_in_b_not(a,b))
a_or_b(a1,b1)
Out[6]:
array([[ 3.,  4.,  5.],
       [ 5.,  8., 10.],
       [ 6., 12., 13.],
       [ 7., 12., 15.],
       [ 8., 15., 17.],
       [ 9., 16., 20.],
       [10., 20., 25.],
       [12., 21., 25.],
       [15., 24., 26.],
       [16., 24., 29.],
       [18., 24., 30.],
       [20., 28., 34.],
       [21., 30., 35.]])

a
Out[7]:
array([[ 3.,  4.,  5.],
       [ 5., 12., 13.],
       [ 6.,  8., 10.],
       [ 7., 24., 25.],
       [ 8., 15., 17.],
       [ 9., 12., 15.],
       [10., 24., 26.],
       [12., 16., 20.],
       [15., 20., 25.],
       [16., 30., 34.],
       [18., 24., 30.],
       [20., 21., 29.],
       [21., 28., 35.]])
```

다음을 실행해보자 (피타고라스 정리의 세 개의 자연수 $a^2+b^2=c^2$ $(a,b,c>2)$)

$a^2+b^2=c^2$ $(c-b=1)$)

```
def pythagoras_2(p,q):
    a=[k for k in range(p,1+q)]
    b=[k for k in range(p,1+q)]
    t=[]
    k=p
    while p<=k<q:
        k=k+1
        for j in b:
            if k>=j:
                continue
            if (np.sqrt(k**2+j**2)).is_integer():
                s=[]
                s.append(k)
                s.append(j)
                s.append(np.sqrt(k**2+j**2))
                t.append(s)
    t=np.array(t)
    s=[]
    for j in range(len(t)):
        if t[j][2]-t[j][1]==1:
            s.append(t[j])
    return np.array(s)
```

```
pythagoras_2(1,2000)
```

```
Out[8]:
array([[   3.,    4.,    5.],
       [   5.,   12.,   13.],
       [   7.,   24.,   25.],
       [   9.,   40.,   41.],
       [  11.,   60.,   61.],
       [  13.,   84.,   85.],
       [  15.,  112.,  113.],
       [  17.,  144.,  145.],
       [  19.,  180.,  181.],
       [  21.,  220.,  221.],
       [  23.,  264.,  265.],
       [  25.,  312.,  313.],
       [  27.,  364.,  365.],
       [  29.,  420.,  421.],
       [  31.,  480.,  481.],
       [  33.,  544.,  545.],
       [  35.,  612.,  613.],
       [  37.,  684.,  685.],
       [  39.,  760.,  761.],
       [  41.,  840.,  841.],
       [  43.,  924.,  925.],
       [  45., 1012., 1013.],
       [  47., 1104., 1105.],
       [  49., 1200., 1201.],
       [  51., 1300., 1301.],
       [  53., 1404., 1405.],
       [  55., 1512., 1513.],
       [  57., 1624., 1625.],
       [  59., 1740., 1741.],
       [  61., 1860., 1861.],
       [  63., 1984., 1985.]])
```

$$a^2+b^2=c^2 \ (c-b=r) \qquad r=1,2,3,...$$

```
def pythagoras_3(p,q,r):
    a=[k for k in range(p,1+q)]
    b=[k for k in range(p,1+q)]
    t=[]
    k=p
    while p<=k<q:
        k=k+1
        for j in b:
            if k>=j:
                continue
            if (np.sqrt(k**2+j**2)).is_integer():
                s=[]
                s.append(k)
                s.append(j)
                s.append(np.sqrt(k**2+j**2))
                t.append(s)
    t=np.array(t)
    s,sss=[],[]
    for k in range(1,r+1):
        ss=[]
        for j in range(len(t)):
            if t[j][2]-t[j][1]==k:
                s.append(t[j])
                ss.append(k)
        if ss==[]:
            continue
        sss.append(ss)
    return np.array(s),sss
```

```
pythagoras_3(1,50,50)
```

```
Out[9]:
(array([[ 3.,  4.,  5.],
        [ 5., 12., 13.],
        [ 7., 24., 25.],
        [ 9., 40., 41.],
        [ 6.,  8., 10.],
        [ 8., 15., 17.],
        [10., 24., 26.],
        [12., 35., 37.],
        [14., 48., 50.],
        [ 9., 12., 15.],
        [15., 36., 39.],
        [12., 16., 20.],
        [16., 30., 34.],
        [20., 48., 52.],
        [15., 20., 25.],
        [18., 24., 30.],
        [24., 45., 51.],
        [21., 28., 35.],
        [20., 21., 29.],
        [24., 32., 40.],
        [28., 45., 53.],
        [27., 36., 45.],
        [30., 40., 50.],
        [33., 44., 55.],
        [36., 48., 60.],
        [40., 42., 58.]]),
 [[1, 1, 1, 1],
  [2, 2, 2, 2, 2],
  [3, 3],
  [4, 4, 4],
  [5],
  [6, 6],
  [7],
  [8, 8, 8],
  [9],
```

```
 [10],
 [11],
 [12],
 [16]])

def pythagoras_4(p,q,r):
    a=[k for k in range(p,1+q)]
    b=[k for k in range(p,1+q)]
    t=[]
    k=p
    while p<=k<q:
        k=k+1
        for j in b:
            if k>=j:
                continue
            if (np.sqrt(k**2+j**2)).is_integer():
                s=[]
                s.append(k)
                s.append(j)
                s.append(np.sqrt(k**2+j**2))
                t.append(s)
    tt=np.array(t)
    for i in range(2,q):
        for k in range(len(tt)):
            if (tt[k]%i==0).all():
                tt[k]=0
    t=tt
    s,sss=[],[]
    for k in range(1,r+1):
        ss=[]
        for j in range(len(t)):
            if t[j][2]-t[j][1]==k:
                s.append(t[j])
                ss.append(k)
        if ss==[]:
            continue
```

```
        sss.append(ss)
    return np.array(s),sss


pythagoras_4(1,100,100)
Out[10]:
(array([[  3.,   4.,   5.],
        [  5.,  12.,  13.],
        [  7.,  24.,  25.],
        [  9.,  40.,  41.],
        [ 11.,  60.,  61.],
        [ 13.,  84.,  85.],
        [  8.,  15.,  17.],
        [ 12.,  35.,  37.],
        [ 16.,  63.,  65.],
        [ 20.,  99., 101.],
        [ 20.,  21.,  29.],
        [ 28.,  45.,  53.],
        [ 36.,  77.,  85.],
        [ 33.,  56.,  65.],
        [ 39.,  80.,  89.],
        [ 48.,  55.,  73.],
        [ 60.,  91., 109.],
        [ 65.,  72.,  97.]]),
 [[1, 1, 1, 1, 1, 1], [2, 2, 2, 2], [8, 8, 8], [9, 9], [18, 18], [25]])
```

배수가 되는 피타고라스 수들을 정리하자.
다음 두 예의 차이점을 찾자.

```
import math
from math import *
import numpy as np

class pythagoras_1:
    def __init__(self):
        self.t=None
    def pyth(self,p,q):
        a=np.array([k for k in range(p,1+q)])
        b=np.array([k for k in range(p,1+q)])
        t=[]
        k=p
        while p<=k<q:
            k=k+1
            for j in b:
                if k>=j:
                    continue
                if (np.sqrt(k**2+j**2)).is_integer():
                    s=[]
                    s.append(k)
                    s.append(j)
                    s.append(np.sqrt(k**2+j**2))
                    t.append(s)
        return np.array(t)
py=pythagoras_1()

class pt:
    def __init__(self,j):
        self.py=pythagoras_1()
        self.t={'t': np.array(self.py.pyth(1,j)) }
        self.j=j
    def pyth1(self):
```

```
        a=np.array(self.t['t'])
        n=len(a)
        self.h=[]
        for i in range(2,self.j):
            self.u=[]
            self.u.append(i)
            for k in range(len(a)):
                if a[k][0]==0:
                    continue
                if (a[k]%i==0).all():
                    self.u.append(np.array(a[k]))
                    a[k]=0
            self.h.append(self.u)
        self.t['t']=a
        self.ss=[]
        for k in range(len(self.h)):
            if len(self.h[k])==1:
                continue
            else:
                self.ss.append(self.h[k])
        s=[]
        for k in range(len(a)):
            if a[k].all()==0:
                continue
            else:
                s.append(a[k])
        return np.array(s)
```

```
pt=pt(100)

pt.pyth1()
```

```
Out[42]:
array([[  3.,    4.,    5.],
       [  5.,   12.,   13.],
       [  7.,   24.,   25.],
       [  8.,   15.,   17.],
       [  9.,   40.,   41.],
       [ 11.,   60.,   61.],
       [ 12.,   35.,   37.],
       [ 13.,   84.,   85.],
       [ 16.,   63.,   65.],
       [ 20.,   21.,   29.],
       [ 20.,   99.,  101.],
       [ 28.,   45.,   53.],
       [ 33.,   56.,   65.],
       [ 36.,   77.,   85.],
       [ 39.,   80.,   89.],
       [ 48.,   55.,   73.],
       [ 60.,   91.,  109.],
       [ 65.,   72.,   97.]])

pt.ss
Out[43]:
[[2,
  array([ 6.,  8., 10.]),
  array([10., 24., 26.]),
  array([12., 16., 20.]),
  array([14., 48., 50.]),
  array([16., 30., 34.]),
  array([18., 24., 30.]),
  array([18., 80., 82.]),
  array([20., 48., 52.]),
  array([24., 32., 40.]),
  array([24., 70., 74.]),
  array([  28.,   96.,  100.]),
  array([30., 40., 50.]),
  array([30., 72., 78.]),
```

```
  array([32., 60., 68.]),
  array([36., 48., 60.]),
  array([40., 42., 58.]),
  array([ 40.,  96., 104.]),
  array([42., 56., 70.]),
  array([48., 64., 80.]),
  array([ 48.,  90., 102.]),
  array([54., 72., 90.]),
  array([ 56.,  90., 106.]),
  array([ 60.,  80., 100.]),
  array([ 66.,  88., 110.]),
  array([ 72.,  96., 120.]),
  array([ 80.,  84., 116.])],
 [3,
  array([ 9., 12., 15.]),
  array([15., 36., 39.]),
  array([21., 72., 75.]),
  array([24., 45., 51.]),
  array([27., 36., 45.]),
  array([45., 60., 75.]),
  array([60., 63., 87.]),
  array([ 63.,  84., 105.])],
 [5,
  array([15., 20., 25.]),
  array([25., 60., 65.]),
  array([40., 75., 85.]),
  array([ 75., 100., 125.])],
 [7, array([21., 28., 35.]), array([35., 84., 91.])],
 [11, array([33., 44., 55.])],
 [13, array([39., 52., 65.])],
 [17, array([51., 68., 85.])],
 [19, array([57., 76., 95.])],
 [23, array([ 69.,  92., 115.])]]
```

```
class pythagoras_1:
    def __init__(self):
        self.t=None
    def pyth(self,p,q):
        a=np.array([k for k in range(p,1+q)])
        b=np.array([k for k in range(p,1+q)])
        t=[]
        k=p
        while p<=k<q:
            k=k+1
            for j in b:
                if k>=j:
                    continue
                if (np.sqrt(k**2+j**2)).is_integer():
                    s=[]
                    s.append(k)
                    s.append(j)
                    s.append(np.sqrt(k**2+j**2))
                    t.append(s)
        return np.array(t)

class pt:
   def __init__(self,j):
       self.py=pythagoras_1()
       self.t={'t': np.array(self.py.pyth(1,j)) }
       self.j=j
   def pyth1(self):
       a=np.array(self.t['t'])
       n=len(a)
       self.h=[]
       for k in range(n):
           self.u=[]
           self.u.append((a[k][0]))
           self.u.append(np.array(a[k]))
           for j in range(0,n):
```

```
            if a[k][0]==0:
                continue
            if a[j][0]!=0 and j!=k and (a[j]% a[k]==0).all():
                self.u.append(np.array(a[j]))
                a[j]=0
        self.h.append(self.u)
    self.t['t']=a
    self.ss=[]
    for k in range(len(self.h)):
        if self.h[k][0]==0 or len(self.h[k])==2:
            continue
        else:
            self.ss.append(self.h[k])
    s=[]
    for k in range(n):
        if a[k][0]==0:
            continue
        else:
            s.append(a[k])
    return np.array(s)


pt=pt(100)
pt.pyth1()
Out[4]:
array([[  3.,   4.,   5.],
       [  5.,  12.,  13.],
       [  7.,  24.,  25.],
       [  8.,  15.,  17.],
       [  9.,  40.,  41.],
       [ 11.,  60.,  61.],
       [ 12.,  35.,  37.],
       [ 13.,  84.,  85.],
       [ 16.,  63.,  65.],
       [ 20.,  21.,  29.],
       [ 20.,  99., 101.],
```

```
        [ 28.,   45.,   53.],
        [ 36.,   77.,   85.],
        [ 39.,   80.,   89.],
        [ 48.,   55.,   73.],
        [ 60.,   91.,  109.],
        [ 65.,   72.,   97.]])

pt.ss
Out[5]:
[[3.0,
  array([3., 4., 5.]),
  array([ 6.,  8., 10.]),
  array([ 9., 12., 15.]),
  array([12., 16., 20.]),
  array([15., 20., 25.]),
  array([18., 24., 30.]),
  array([21., 28., 35.]),
  array([21., 72., 75.]),
  array([24., 32., 40.]),
  array([27., 36., 45.]),
  array([30., 40., 50.]),
  array([33., 44., 55.]),
  array([33., 56., 65.]),
  array([36., 48., 60.]),
  array([39., 52., 65.]),
  array([42., 56., 70.]),
  array([45., 60., 75.]),
  array([48., 64., 80.]),
  array([51., 68., 85.]),
  array([54., 72., 90.]),
  array([57., 76., 95.]),
  array([ 60.,  80., 100.]),
  array([ 63.,  84., 105.]),
  array([ 66.,  88., 110.]),
  array([ 69.,  92., 115.]),
  array([ 72.,  96., 120.]),
```

```
 array([ 75., 100., 125.])],
[5.0,
 array([ 5., 12., 13.]),
 array([10., 24., 26.]),
 array([15., 36., 39.]),
 array([20., 48., 52.]),
 array([25., 60., 65.]),
 array([30., 72., 78.]),
 array([35., 84., 91.]),
 array([ 40.,  96., 104.])],
[7.0,
 array([ 7., 24., 25.]),
 array([14., 48., 50.]),
 array([ 28.,  96., 100.])],
[8.0,
 array([ 8., 15., 17.]),
 array([16., 30., 34.]),
 array([24., 45., 51.]),
 array([32., 60., 68.]),
 array([40., 75., 85.]),
 array([ 48.,  90., 102.])],
[9.0, array([ 9., 40., 41.]), array([18., 80., 82.])],
[12.0, array([12., 35., 37.]), array([24., 70., 74.])],
[20.0,
 array([20., 21., 29.]),
 array([40., 42., 58.]),
 array([60., 63., 87.]),
 array([ 80.,  84., 116.])],
[28.0, array([28., 45., 53.]), array([ 56.,  90., 106.])]]
```

계산 상황을 확인해보자.

```
import math
from math import *
import numpy as np

class pythagoras_1:
    def __init__(self):
        self.t=None
    def pyth(self,p,q):
        a=np.array([k for k in range(p,1+q)])
        b=np.array([k for k in range(p,1+q)])
        t=[]
        k=p
        while p<=k<q:
            k=k+1
            for j in b:
                if k>=j:
                    continue
                if (np.sqrt(k**2+j**2)).is_integer():
                    s=[]
                    s.append(k)
                    s.append(j)
                    s.append(np.sqrt(k**2+j**2))
                    t.append(s)
        return np.array(t)


class pt:
    def __init__(self,j):
        self.py=pythagoras_1()
        self.t={'t': np.array(self.py.pyth(1,j)) }
    def pyth1(self,k):
        a=np.array(self.t['t'])
        n=len(a)
```

```
        self.h=[]
        self.h.append(a[k,0])
        self.h.append(a[k])
        for j in range(0,n):
            if a[k][0]==0:
                continue
            if a[j][0]!=0 and j!=k and (a[j]% a[k]==0).all():
                self.h.append(np.array(a[j]))
                a[j]=0
        pt.t['t']=a
        return a

pt=pt(30)

pt.pyth1(0)
Out[2]:
array([[ 3.,  4.,  5.],
       [ 5., 12., 13.],
       [ 0.,  0.,  0.],
       [ 7., 24., 25.],
       [ 8., 15., 17.],
       [ 0.,  0.,  0.],
       [10., 24., 26.],
       [ 0.,  0.,  0.],
       [ 0.,  0.,  0.],
       [16., 30., 34.],
       [ 0.,  0.,  0.],
       [20., 21., 29.],
       [ 0.,  0.,  0.]])

pt.h
Out[3]:
[3.0,
 array([3., 4., 5.]),
 array([ 6.,  8., 10.]),
 array([ 9., 12., 15.]),
```

```
 array([12., 16., 20.]),
 array([15., 20., 25.]),
 array([18., 24., 30.]),
 array([21., 28., 35.])]

pt.pyth1(1)
Out[4]:
array([[ 3.,  4.,  5.],
       [ 5., 12., 13.],
       [ 0.,  0.,  0.],
       [ 7., 24., 25.],
       [ 8., 15., 17.],
       [ 0.,  0.,  0.],
       [ 0.,  0.,  0.],
       [ 0.,  0.,  0.],
       [ 0.,  0.,  0.],
       [16., 30., 34.],
       [ 0.,  0.,  0.],
       [20., 21., 29.],
       [ 0.,  0.,  0.]])

pt.h
Out[5]: [5.0, array([ 5., 12., 13.]), array([10., 24., 26.])]

pt.pyth1(2)
Out[6]:
array([[ 3.,  4.,  5.],
       [ 5., 12., 13.],
       [ 0.,  0.,  0.],
       [ 7., 24., 25.],
       [ 8., 15., 17.],
       [ 0.,  0.,  0.],
       [ 0.,  0.,  0.],
       [ 0.,  0.,  0.],
       [ 0.,  0.,  0.],
       [16., 30., 34.],
```

```
        [ 0.,  0.,  0.],
        [20., 21., 29.],
        [ 0.,  0.,  0.]])

pt.h
Out[7]: [0.0, array([0., 0., 0.])]

pt.pyth1(3)
Out[8]:
array([[ 3.,  4.,  5.],
       [ 5., 12., 13.],
       [ 0.,  0.,  0.],
       [ 7., 24., 25.],
       [ 8., 15., 17.],
       [ 0.,  0.,  0.],
       [ 0.,  0.,  0.],
       [ 0.,  0.,  0.],
       [ 0.,  0.,  0.],
       [16., 30., 34.],
       [ 0.,  0.,  0.],
       [20., 21., 29.],
       [ 0.,  0.,  0.]])

pt.h
Out[9]: [7.0, array([ 7., 24., 25.])]
```

클래스 안에서 pt.t['t']=a

```
class pt:
    def __init__(self,j):
        self.py=pythagoras_1()
        self.t={'t': np.array(self.py.pyth(1,j)) }
    def pyth1(self,k):
        a=np.array(self.t['t'])
        n=len(a)
        self.h=[]
        self.h.append(a[k,0])
        self.h.append(a[k])
        for j in range(0,n):
            if a[k][0]==0:
                continue
            if a[j][0]!=0 and j!=k and (a[j]% a[k]==0).all():
                self.h.append(np.array(a[j]))
                a[j]=0
        pt.t['t']=a
        return a

pt=pt(50)

t2,t3=[],[]
n=len(pt.t['t'])
for k in range(n):
    pt.pyth1(k)
    t2.append(pt.h)
    t3.append(np.array(pt.t['t']))

t=[]
for k in range(len(t2)):
    if t2[k][0]==0 or len(t2[k])==2:
        continue
    else:
```

```
            t.append(t2[k])
s=[]
a=pt.t['t']
for k in range(len(a)):
    if (a[k]==0).all():
        continue
    if (a[k]!=0).all():
        s.append(a[k])
aa=np.array(s)
aa
Out[30]:
array([[ 3.,  4.,  5.],
       [ 5., 12., 13.],
       [ 7., 24., 25.],
       [ 8., 15., 17.],
       [ 9., 40., 41.],
       [12., 35., 37.],
       [20., 21., 29.],
       [28., 45., 53.]])

t
Out[31]:
[[3.0,
  array([3., 4., 5.]),
  array([ 6.,  8., 10.]),
  array([ 9., 12., 15.]),
  array([12., 16., 20.]),
  array([15., 20., 25.]),
  array([18., 24., 30.]),
  array([21., 28., 35.]),
  array([24., 32., 40.]),
  array([27., 36., 45.]),
  array([30., 40., 50.]),
  array([33., 44., 55.]),
  array([36., 48., 60.])],
 [5.0,
```

```
  array([ 5.,  12.,  13.]),
  array([10.,  24.,  26.]),
  array([15.,  36.,  39.]),
  array([20.,  48.,  52.])],
 [7.0, array([ 7.,  24.,  25.]), array([14.,  48.,  50.])],
 [8.0, array([ 8.,  15.,  17.]), array([16.,  30.,  34.]), array([24.,  45.,  51.])],
 [20.0, array([20.,  21.,  29.]), array([40.,  42.,  58.])]]
```

```
t3[0:2]
Out[32]:
[array([[ 3.,   4.,   5.],
        [ 5.,  12.,  13.],
        [ 0.,   0.,   0.],
        [ 7.,  24.,  25.],
        [ 8.,  15.,  17.],
        [ 0.,   0.,   0.],
        [ 9.,  40.,  41.],
        [10.,  24.,  26.],
        [ 0.,   0.,   0.],
        [12.,  35.,  37.],
        [14.,  48.,  50.],
        [ 0.,   0.,   0.],
        [15.,  36.,  39.],
        [16.,  30.,  34.],
        [ 0.,   0.,   0.],
        [20.,  21.,  29.],
        [20.,  48.,  52.],
        [ 0.,   0.,   0.],
        [ 0.,   0.,   0.],
        [24.,  45.,  51.],
        [ 0.,   0.,   0.],
        [28.,  45.,  53.],
        [ 0.,   0.,   0.],
        [ 0.,   0.,   0.],
        [ 0.,   0.,   0.],
        [40.,  42.,  58.]]), array([[ 3.,   4.,   5.],
```

```
[ 5., 12., 13.],
[ 0.,  0.,  0.],
[ 7., 24., 25.],
[ 8., 15., 17.],
[ 0.,  0.,  0.],
[ 9., 40., 41.],
[ 0.,  0.,  0.],
[ 0.,  0.,  0.],
[12., 35., 37.],
[14., 48., 50.],
[ 0.,  0.,  0.],
[ 0.,  0.,  0.],
[16., 30., 34.],
[ 0.,  0.,  0.],
[20., 21., 29.],
[ 0.,  0.,  0.],
[ 0.,  0.,  0.],
[ 0.,  0.,  0.],
[24., 45., 51.],
[ 0.,  0.,  0.],
[28., 45., 53.],
[ 0.,  0.,  0.],
[ 0.,  0.,  0.],
[ 0.,  0.,  0.],
[40., 42., 58.]])]
```

클래스 밖에서 pt.t['t']=pt.pyth1(k)   t3.append(pt.t['t'])

```
class pt:
    def __init__(self,j):
        self.py=pythagoras_1()
        self.t={'t': np.array(self.py.pyth(1,j)) }
    def pyth1(self,k):
        a=np.array(self.t['t'])
        n=len(a)
        self.h=[]
        self.h.append(a[k,0])
        self.h.append(a[k])
        for j in range(0,n):
            if a[k][0]==0:
                continue
            if a[j][0]!=0 and j!=k and (a[j]% a[k]==0).all():
                self.h.append(np.array(a[j]))
                a[j]=0
        return a

pt=pt(50)

t2,t3=[],[]
n=len(pt.t['t'])
for k in range(n):
    pt.pyth1(k)
    t2.append(pt.h)
    pt.t['t']=pt.pyth1(k)
    t3.append(pt.t['t'])
t=[]
for k in range(len(t2)):
    if t2[k][0]==0 or len(t2[k])==2:
        continue
    else:
        t.append(t2[k])
```

```
s=[]
a=pt.t['t']
for k in range(len(a)):
    if (a[k]==0).all():
        continue
    if (a[k]!=0).all():
        s.append(a[k])
aa=np.array(s)
aa
Out[14]:
array([[ 3.,  4.,  5.],
       [ 5., 12., 13.],
       [ 7., 24., 25.],
       [ 8., 15., 17.],
       [ 9., 40., 41.],
       [12., 35., 37.],
       [20., 21., 29.],
       [28., 45., 53.]])
```

```
t
Out[16]:
[[3.0,
  array([3., 4., 5.]),
  array([ 6.,  8., 10.]),
  array([ 9., 12., 15.]),
  array([12., 16., 20.]),
  array([15., 20., 25.]),
  array([18., 24., 30.]),
  array([21., 28., 35.]),
  array([24., 32., 40.]),
  array([27., 36., 45.]),
  array([30., 40., 50.]),
  array([33., 44., 55.]),
  array([36., 48., 60.])],
 [5.0,
```

```
  array([ 5., 12., 13.]),
  array([10., 24., 26.]),
  array([15., 36., 39.]),
  array([20., 48., 52.])],
 [7.0, array([ 7., 24., 25.]), array([14., 48., 50.])],
 [8.0, array([ 8., 15., 17.]), array([16., 30., 34.]), array([24., 45., 51.])],
 [20.0, array([20., 21., 29.]), array([40., 42., 58.])]]

t3[0:2]
Out[17]:
[array([[ 3.,  4.,  5.],
        [ 5., 12., 13.],
        [ 0.,  0.,  0.],
        [ 7., 24., 25.],
        [ 8., 15., 17.],
        [ 0.,  0.,  0.],
        [ 9., 40., 41.],
        [10., 24., 26.],
        [ 0.,  0.,  0.],
        [12., 35., 37.],
        [14., 48., 50.],
        [ 0.,  0.,  0.],
        [15., 36., 39.],
        [16., 30., 34.],
        [ 0.,  0.,  0.],
        [20., 21., 29.],
        [20., 48., 52.],
        [ 0.,  0.,  0.],
        [ 0.,  0.,  0.],
        [24., 45., 51.],
        [ 0.,  0.,  0.],
        [28., 45., 53.],
        [ 0.,  0.,  0.],
        [ 0.,  0.,  0.],
        [ 0.,  0.,  0.],
        [40., 42., 58.]]), array([[ 3.,  4.,  5.],
```

```
[ 5., 12., 13.],
[ 0.,  0.,  0.],
[ 7., 24., 25.],
[ 8., 15., 17.],
[ 0.,  0.,  0.],
[ 9., 40., 41.],
[ 0.,  0.,  0.],
[ 0.,  0.,  0.],
[12., 35., 37.],
[14., 48., 50.],
[ 0.,  0.,  0.],
[ 0.,  0.,  0.],
[16., 30., 34.],
[ 0.,  0.,  0.],
[20., 21., 29.],
[ 0.,  0.,  0.],
[ 0.,  0.,  0.],
[ 0.,  0.,  0.],
[24., 45., 51.],
[ 0.,  0.,  0.],
[28., 45., 53.],
[ 0.,  0.,  0.],
[ 0.,  0.,  0.],
[ 0.,  0.,  0.],
[40., 42., 58.]])]
```

원하는 결과

```
class pt:
    def __init__(self,j):
        self.py=pythagoras_1()
        self.t={'t': np.array(self.py.pyth(1,j)) }
    def pyth1(self,k):
        a=np.array(self.t['t'])
        n=len(a)
        self.h=[]
        self.h.append(a[k,0])
        self.h.append(a[k])
        for j in range(0,n):
            if a[k][0]==0:
                continue
            if a[j][0]!=0 and j!=k and (a[j]% a[k]==0).all():
                self.h.append(np.array(a[j]))
                a[j]=0
        return a

class ptt:
    def __init__(self,j):
        self.pt=pt(j)
    def res(self):
        self.t2,self.t3=[],[]
        n=len(self.pt.t['t'])
        for k in range(n):
            self.pt.t['t']=self.pt.pyth1(k)
            self.t2.append(self.pt.h)
            self.t3.append(np.array(self.pt.t['t']))
        self.t=[]
        for k in range(len(self.t2)):
            if self.t2[k][0]==0 or len(self.t2[k])==2:
                continue
            else:
                self.t.append(self.t2[k])
```

```
        self.s=[]
        a=self.pt.t['t']
        for k in range(len(a)):
            if (a[k]==0).all():
                continue
            if (a[k]!=0).all():
                self.s.append(a[k])
        aa=np.array(self.s)
        return [aa, p.t,p.t3[0]]

p=ptt(50)
p.res()
Out[54]:
[array([[ 3.,  4.,  5.],
        [ 5., 12., 13.],
        [ 7., 24., 25.],
        [ 8., 15., 17.],
        [ 9., 40., 41.],
        [12., 35., 37.],
        [20., 21., 29.],
        [28., 45., 53.]]),
 [[3.0,
   array([3., 4., 5.]),
   array([ 6.,  8., 10.]),
   array([ 9., 12., 15.]),
   array([12., 16., 20.]),
   array([15., 20., 25.]),
   array([18., 24., 30.]),
   array([21., 28., 35.]),
   array([24., 32., 40.]),
   array([27., 36., 45.]),
   array([30., 40., 50.]),
   array([33., 44., 55.]),
   array([36., 48., 60.])],
  [5.0,
   array([ 5., 12., 13.]),
```

```
  array([10., 24., 26.]),
  array([15., 36., 39.]),
  array([20., 48., 52.])],
 [7.0, array([ 7., 24., 25.]), array([14., 48., 50.])],
 [8.0,
  array([ 8., 15., 17.]),
  array([16., 30., 34.]),
  array([24., 45., 51.])],
 [20.0, array([20., 21., 29.]), array([40., 42., 58.])]],
array([[ 3.,  4.,  5.],
       [ 5., 12., 13.],
       [ 0.,  0.,  0.],
       [ 7., 24., 25.],
       [ 8., 15., 17.],
       [ 0.,  0.,  0.],
       [ 9., 40., 41.],
       [10., 24., 26.],
       [ 0.,  0.,  0.],
       [12., 35., 37.],
       [14., 48., 50.],
       [ 0.,  0.,  0.],
       [15., 36., 39.],
       [16., 30., 34.],
       [ 0.,  0.,  0.],
       [20., 21., 29.],
       [20., 48., 52.],
       [ 0.,  0.,  0.],
       [ 0.,  0.,  0.],
       [24., 45., 51.],
       [ 0.,  0.,  0.],
       [28., 45., 53.],
       [ 0.,  0.,  0.],
       [ 0.,  0.,  0.],
       [ 0.,  0.,  0.],
       [40., 42., 58.]])]
```

• 곡선의 길이와 회전 곡면의 면적

$\alpha : [a, b] \subset \mathbb{R} \to \mathbb{R}^3$

$\alpha(t) = (x(t), y(t), z(t))$의 길이

$$\int_a^b |\alpha'(t)|\, dt = \int_a^b \sqrt{\alpha'(t) \cdot \alpha'(t)}\, dt = \int_a^b \sqrt{x'(t)^2 + y'(t)^2 + z'(t)^2}\, dt$$

2차원 유클리드 공간 $\mathbb{R}^2$의 원

$\alpha : [0, 2\pi] \to \mathbb{R}^2$, $\alpha(t) = (r\cos t, r\sin t)$의 길이를 구하시오.

▸ **풀이** $\alpha'(t) = (-r\sin t, r\cos t)$이므로

$$\int_0^{2\pi} |\alpha'(t)|\, dt = \int_0^{2\pi} \sqrt{\alpha'(t) \cdot \alpha'(t)}\, dt$$

$$= \int_0^{2\pi} \sqrt{r^2(\cos^2 t + \sin^2 t)}\, dt = \int_0^{2\pi} r\, dt = 2\pi r$$

```
import math
from math import *
import numpy as np

def integral_trapezoid(f,a,b):
    sum=0
    n=10000
    for k in range(1, 10000+1):
        sum =sum+ ( ( f( a+(b-a)*((k-1)/n)) + f( a+(b-a)*(k/n)) )/2  )*((b-a)/n)
    return sum



def diff(f,x):
    h=1e-5
    d=(f(x+h)-f(x-h))/(2*h)
    return d

f=lambda x:np.cos(x)
g=lambda x:np.sin(x)
h=lambda x:0
```

```
def length(f,g,h,a,b):
    fgh=lambda x:(diff(f,x)**2 +diff(g,x)**2+diff(h,x)**2)**(1/2)
    return integral_trapezoid(fgh,a,b)

length(f,g,h,0,2*pi)
Out[3]: 6.283185307006013

2*pi
Out[4]: 6.283185307179586
```

3차원 유클리드 공간 $\mathbb{R}^3$의 나선 $\alpha : [0, 2\pi] \to \mathbb{R}^3$,

$\alpha(t) = (r\cos t,\ r\sin t,\ rt)$의 길이를 구하시오.

▸ **풀이** $\alpha'(t) = (-r\sin t,\ r\cos t,\ r)$이므로

$$\int_0^{2\pi} \sqrt{\alpha'(t) \cdot \alpha'(t)}\ dt = \int_0^{2\pi} \sqrt{r^2(\cos^2 t + \sin^2 t) + r^2}\ dt$$

$$= \int_0^{2\pi} \sqrt{2}\,r\ dt = 2\sqrt{2}\,r\pi$$

```
def integral_trapezoid(f,a,b):
    sum=0
    n=10000
    for k in range(1, 10000+1):
        sum =sum+ ( ( f( a+(b-a)*((k-1)/n)) + f( a+(b-a)*(k/n)) )/2  )*((b-a)/n)
    return sum


def diff(f,x):
    h=1e-5
    d=(f(x+h)-f(x-h))/(2*h)
    return d

f=lambda x:np.cos(x)
g=lambda x:np.sin(x)
h=lambda x:x
```

```
def length(f,g,h,a,b):
    fgh=lambda x:(diff(f,x)**2 +diff(g,x)**2+diff(h,x)**2)**(1/2)
    return integral_trapezoid(fgh,a,b)

length(f,g,h,0,2*pi)
Out[14]: 8.885765876145298

2*(2)**(1/2)*pi
Out[15]: 8.885765876316732
```

2차원 유클리드 공간 $\mathbb{R}^2$의 사이클로이드

$\alpha : [0, 2\pi] \to \mathbb{R}^2$, $\alpha(t) = (r(t - \sin t),\ r(1 - \cos t))$의 길이를 구하시오.

▸ **풀이** $\alpha'(t) = (r(1 - \cos t),\ r\sin t)$이므로

$$\int_0^{2\pi} \sqrt{\alpha'(t) \cdot \alpha'(t)}\ dt = \int_0^{2\pi} \sqrt{r^2(1-\cos t)^2 + r^2\sin^2 t}\ dt$$

$$= \int_0^{2\pi} \sqrt{2r^2(1-\cos t)}\ dt$$

$$= \int_0^{2\pi} \sqrt{2r^2\left(2\sin^2\frac{t}{2}\right)}\ dt$$

$$= 2r\int_0^{2\pi} \sin\frac{t}{2}\ dt = 2r\left(-2\cos\frac{t}{2}\Big]_0^{2\pi}\right) = 2r(2-(-2)) = 8r$$

```
f=lambda x:x-np.sin(x)
g=lambda x:1-np.cos(x)
h=lambda x:0

def length(f,g,h,a,b):
    fgh=lambda x:(diff(f,x)**2 +diff(g,x)**2+diff(h,x)**2)**(1/2)
    return integral_trapezoid(fgh,a,b)

length(f,g,h,0,2*pi)
Out[7]: 7.999999934079918
```

yz평면의 곡선 $\alpha(u)=(0, f(u), g(u))$ z축을 중심으로 회전한 곡면은

$X(u, v)=(f(u)\cos v,\ f(u)\sin v,\ g(u))$ 이다.

$X_u(u, v)=(f'(u)\cos v,\ f'(u)\sin v,\ g(u))$

$X_v(u, v)=(-f(u)\sin v,\ f(u)\cos v,\ 0)$ 에서

$|X_u \times X_v| = f\sqrt{(g')^2+(f')^2}$

구면 $X(u, v)=(\sin u\cos v, \sin u\sin v, \cos u)$에서

$\int_0^{\pi}\left(\int_0^{2\pi} |X_u \times X_v|\ dv\right) du = 4\pi r^2$, 여기서

$$X_u \times X_v = \begin{vmatrix} i & j & k \\ r\cos u\cos v & r\cos u\sin v & -r\sin u \\ -r\sin u\sin v & r\sin u\cos v & 0 \end{vmatrix}$$

$$= i\begin{vmatrix} r\cos u\sin v & -r\sin u \\ r\sin u\cos v & 0 \end{vmatrix} - j\begin{vmatrix} r\cos u\cos v & -r\sin u \\ -r\sin u\sin v & 0 \end{vmatrix} + k\begin{vmatrix} r\cos u\cos v & r\cos u\sin v \\ -r\sin u\sin v & r\sin u\cos v \end{vmatrix}$$

$=(r^2\sin^2 u\cos v,\ r^2\sin^2 u\sin v,\ r^2\sin u\cos u)$. 그러므로

$|X_u \times X_v| = r^2\sin u$

$$\int_0^{\pi}\left(\int_0^{2\pi} r^2\sin u\ dv\right) du = 4\pi r^2$$

회전곡면의 구면 $X(u, v)=(\sin u\cos v, \sin u\sin v, \cos u)$에서

$f(u)=\sin u$, $g(u)=\cos u$ 이고

$|X_u \times X_v| = f\sqrt{(g')^2+(f')^2}$

를 이중 사다리꼴 수치적분으로 계산한다.

```
def diff(f,x,y):
    h=1e-5
    d=(f(x+h,y)-f(x-h,y))/(2*h)
    return d


def integraltra_trapezoid_2(f,a,b,c,d):
    sum=0
    n=1000
    for k in range(1, 1000+1):
        for j in range(1, 1000+1):
            sum =sum+ f( ( ( a+(b-a)*((k-1)/n)) + ( a+(b-a)*(k/n)) )/2, ( (
```

```
c+(d-c)*((j-1)/n)) + ( c+(d-c)*(j/n)))/2 )*((b-a)/n)*((d-c)/n)
    return sum
```

```
f=lambda x,y:np.sin(x)
g=lambda x,y:np.cos(x)
h=lambda x,y:f(x,y)* (diff(f,x,y)**2+diff(g,x,y)**2)**(1/2)
integraltra_trapezoid_2(h,0,pi,0,2*pi)
Out[5]: 12.566375781925789
```

```
4*pi
Out[6]: 12.566370614359172
```

토러스(Torus)

$X(u, v) = ((R + r\cos u)\cos v,\ (R + r\cos u)\sin v,\ r\sin u)$ 이다 $(R > r)$.

즉 $f(u) = R + r\cos u$, $g(u) = r\sin u$ 이다.

토러스의 겉넓이 면적은 $4\pi^2 rR$ 이다.

$X_u(u, v) = (f'(u)\cos v,\ f'(u)\sin v,\ g(u))$

$X_v(u, v) = (-f(u)\sin v,\ f(u)\cos v,\ 0)$ 에서

$|X_u \times X_v| = f\sqrt{(g')^2 + (f')^2}$

```
def diff(f,x,y):
    h=1e-5
    d=(f(x+h,y)-f(x-h,y))/(2*h)
    return d
```

```
f=lambda x,y:(4+2*np.cos(x))
g=lambda x,y:2*np.sin(x)
h=lambda x,y: f(x,y)* (diff(f,x,y)**2+diff(g,x,y)**2)**(1/2)
integraltra_trapezoid_2(h,0,2*pi,0,2*pi)
Out[7]: 315.82734082512445
```

```
4*pi**2*2*4
Out[8]: 315.82734083485946
```

• 수학 함수의 그래프(lambda 사용법)

함수 $f:\mathbb{R}\rightarrow\mathbb{R}$

$y=f(x)$

정의 구역의 값 (유한개의 실수 값)을 만드는 방법

python

```
def linsp(a,b,c):
    k=0
    temp=[]
    while True:
        if (a+k*((b-a)/c)) <=b:
            temp.append(a+k*((b-a)/c))
            k=k+1
        else:
            break
    return temp


x=linsp(1,11,10)
x
[1.0, 2.0, 3.0, 4.0, 5.0, 6.0, 7.0, 8.0, 9.0, 10.0, 11.0]

x=linsp(1,11,2)
x
[1.0, 6.0, 11.0]
```

정의구역의 한 점에서의 함수값

python

```
def g(x):
    return 1/x

g(2)
0.5

def f(x):
    return x**2

f(3)
9
```

정의구역의 여러 점에서의 함수 값

python

```

x=[k for k in range(6)]
x
[0, 1, 2, 3, 4, 5]
def f(x):
    return x**2
def flist(f,x):
    return [f(k) for k in x]

flist(f,x)
[0, 1, 4, 9, 16, 25]
```

예)

```
def g(x):
    return x+1

flist(g,x)
[1, 2, 3, 4, 5, 6]
```

python

```
x=linsp((-2)*pi,2*pi,100)
def g(x):
    list=x
    t=[]
    for k in list:
        t.append(sin(k))
    return t
y=g(x)
plt.plot(x,y),plt.grid(True)
```

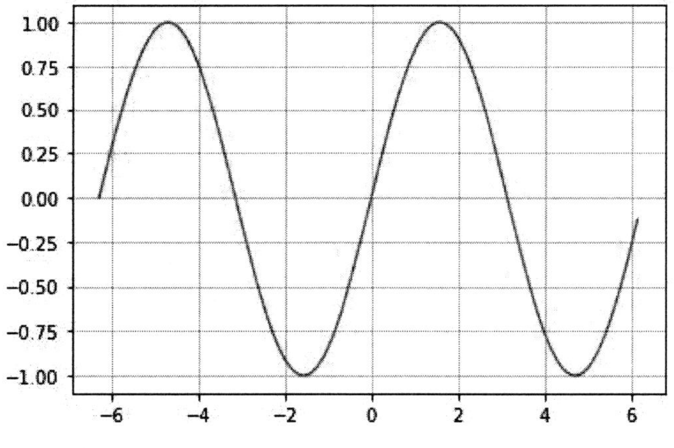

python

```
x=linsp((-2)*pi,2*pi,100)

def flist(f,x):
    return [f(k) for k in x]

y=flist(sin,x)
plt.plot(x,y),plt.grid(True)
```

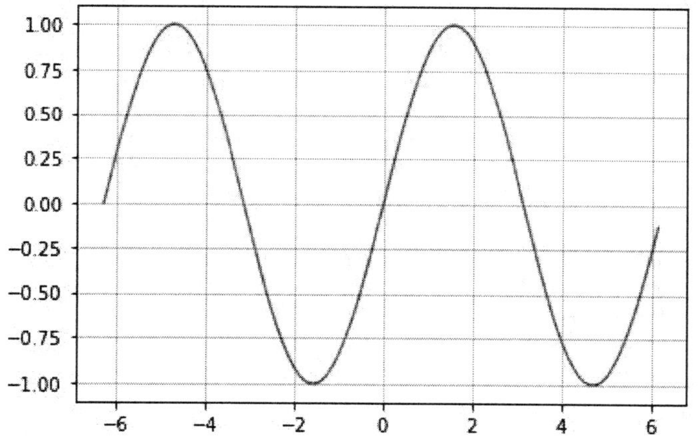

python

```
x=linsp(-3,3,100)
def g(x):
    return x**3-2*x**2-x+2

def flist(f,x):
    return [f(k) for k in x]

y=flist(g,x)
plt.plot(x,y),plt.grid(True)
```

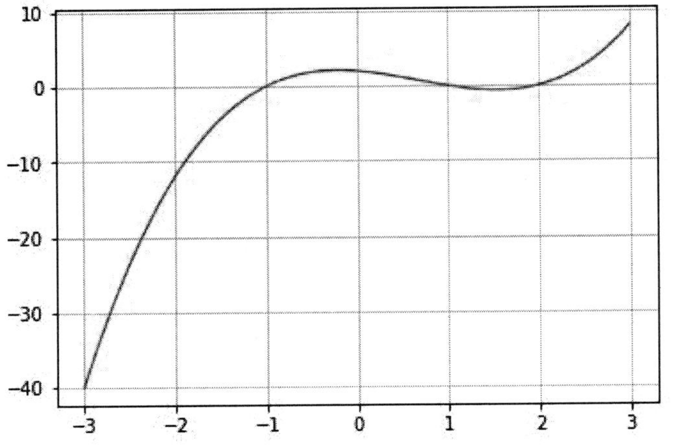

정의 구역의 값 (유한개의 실수 값)을 0의 근방을 빼고 만드는 방법

python

```
def linsp2(a,b,c):
    k=0
    temp=[]
    while True:
        if k==0:
            temp.append(a+k*((b-a)/c))
            k=k+1
        elif -0.05<(a+k*((b-a)/c)) <0.05:
            k=k+1
            continue
        elif (a+k*((b-a)/c)) <=b:
            temp.append(a+k*((b-a)/c))
            k=k+1
        else:
            break
    return temp
```

python

```
x=linsp2(-5,5,100)
def h(x):
    return 1/x

def flist(f,x):
    return [f(k) for k in x]

y=flist(h,x)
plt.scatter(x,y,s=1,linestyle=':'),plt.grid(True)
```

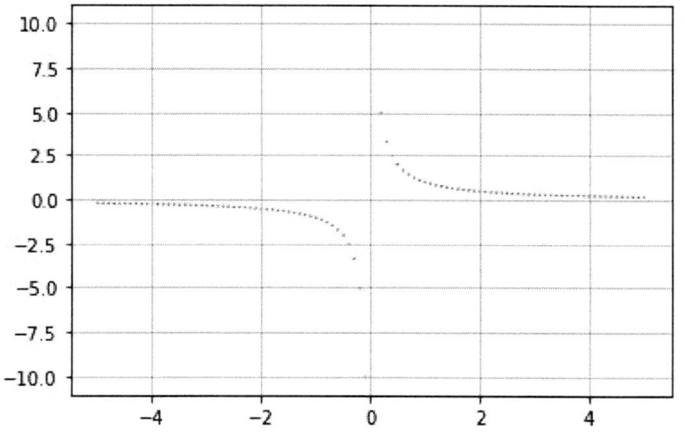

python 함수 합의 그래프

```
x=linsp((-2)*pi,2*pi,100)

def f_sum_list(f,g, x):
    return [(f(k)+g(k)) for k in x]



y=f_sum_list(sin,cos, x)
plt.plot(x,y,linestyle=':'),plt.grid(True)
```

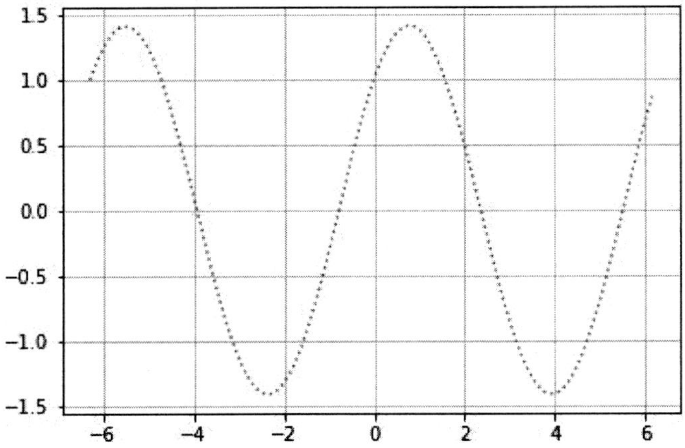

python 함수 차의 그래프

```
x=linsp((-2)*pi,2*pi,100)

def f_minus_list(f,g, x):
    return [(f(k)-g(k)) for k in x]

y=f_minus_list(sin,cos, x)
plt.plot(x,y,linestyle=':'),plt.grid(True)
```

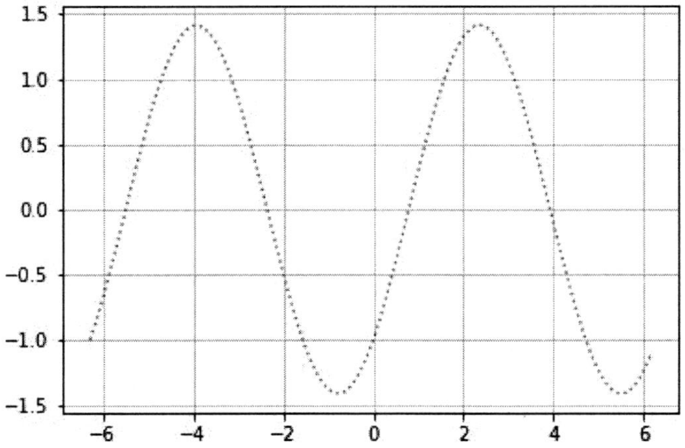

python 함수 곱의 그래프

```
x=linsp((-2)*pi,2*pi,100)
def f(x):
    return x**2

def f_mul_list(f,g, x):
    return [(f(k)*g(k)) for k in x]

y=f_mul_list(f,sin, x)
plt.plot(x,y,linestyle=':'),plt.grid(True)
```

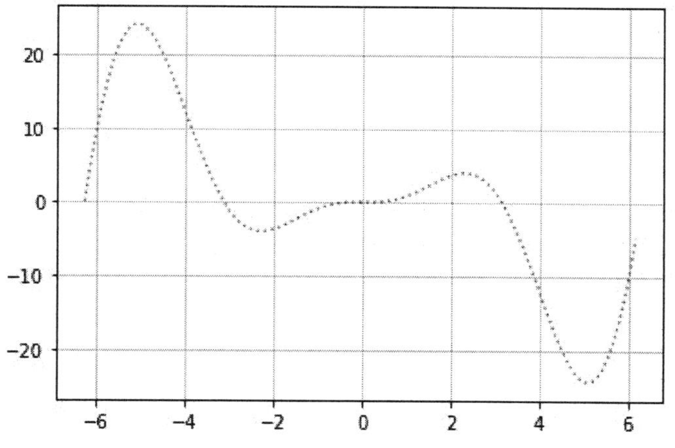

python 분수 함수의 그래프

```
x=linsp((-2)*pi,2*pi,100)
def f(x):
    return x

def f_div_list(f,g, x):
    return [(g(k)/f(k)) for k in x]

y=f_div_list(f,sin, x)
plt.plot(x,y,linestyle=':'),plt.grid(True)
```

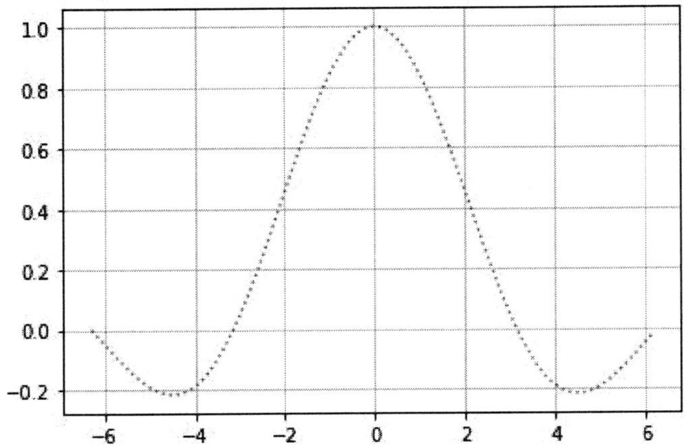

numerical python 이용

```
x=np.linspace(-2*pi,2*pi,100)
y=np.sin(x)
g=np.cos(x)
plt.plot(x,y,label='sin(x)'),plt.legend(loc='upper right',fontsize='large'),
plt.plot(x,g,label='cos(x)'),plt.legend(loc='upper right',fontsize='large'),
plt.grid(True)
```

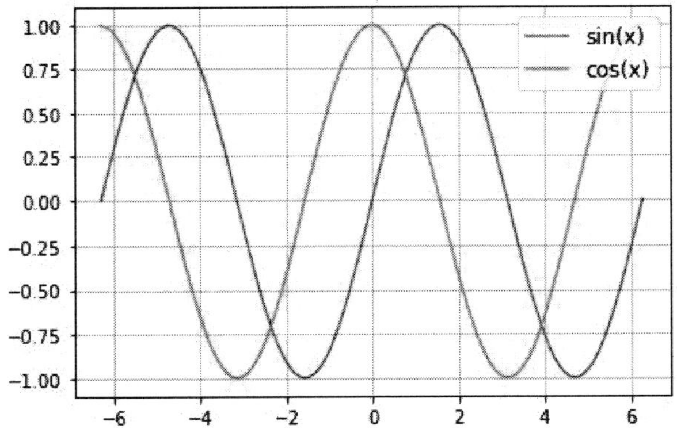


```
x=np.linspace(-2*pi,2*pi,100)
h=np.sin(x)+np.cos(x)
y=np.sin(x)
plt.plot(x,y,label='sin(x)'),plt.legend(loc='upper right',fontsize='large'),
plt.plot(x,h,label='sin(x)+cos(x)'),
plt.legend(loc='upper right',fontsize='large'),
```

```
plt.grid(True)
```

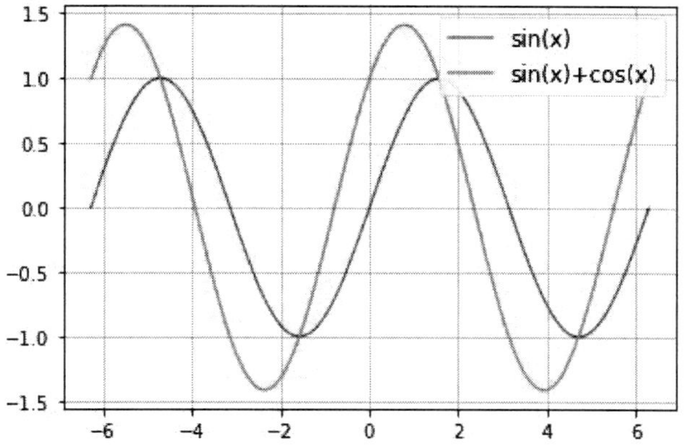


```
def diff2(f,x):
    h=1e-5
    d=(f(x+h)-f(x-h))/(2*h)
    return d
x=np.linspace(-2*pi,2*pi,100)
y3=diff2(sin,pi/4)*(x-pi/4)+sin(pi/4)
y=np.sin(x)
plt.plot(x,y3,label='tangent line'),
plt.legend(loc='upper right',fontsize='large'),
plt.plot(x,y,label='sin x'),
plt.legend(loc='upper right',fontsize='large'),
plt.grid(True)
```

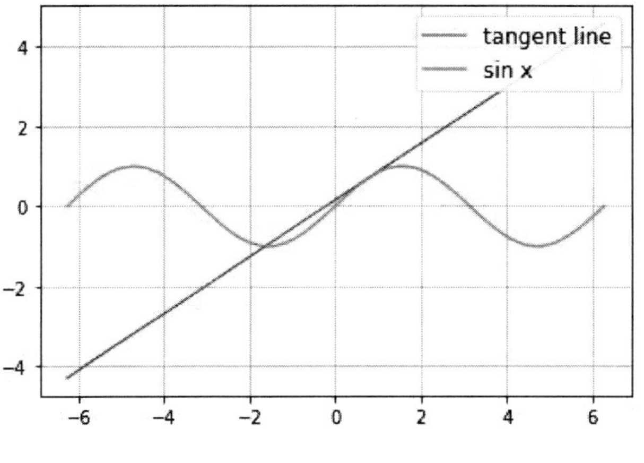

```
x=np.linspace(-3,3,100)
g=e**(x)
h=2**x
plt.plot(x,g,label='exp(x)'),
plt.legend(loc='upper right',fontsize='large'),
plt.plot(x,h,label='2**x'),
plt.legend(loc='upper right',fontsize='large'),
plt.grid(True)
```

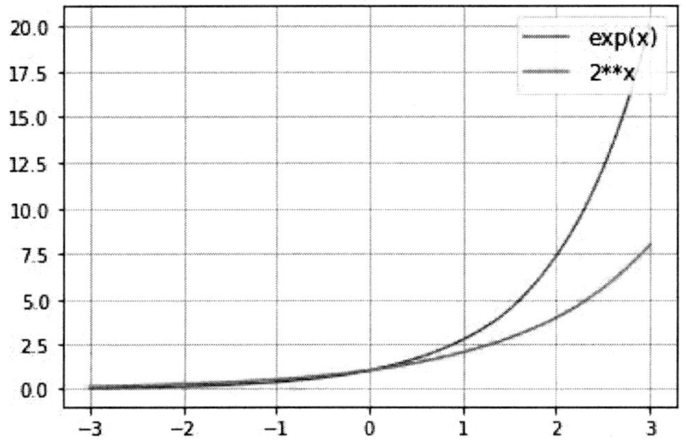


```
x=np.linspace(1/10,5,100)
y=np.log(x)
g=np.log(x)/log(10)
plt.plot(x,y,x,g),plt.grid(True)
```

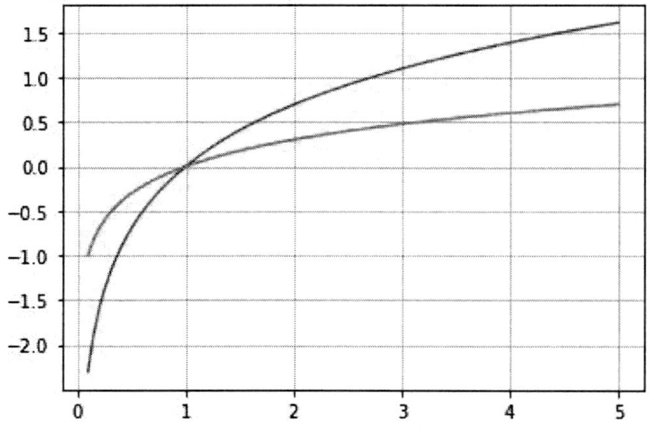

```
x=np.linspace(-2*pi,2*pi,100)
y=np.sin(x)/x
plt.plot(x,y),plt.grid(True)
```

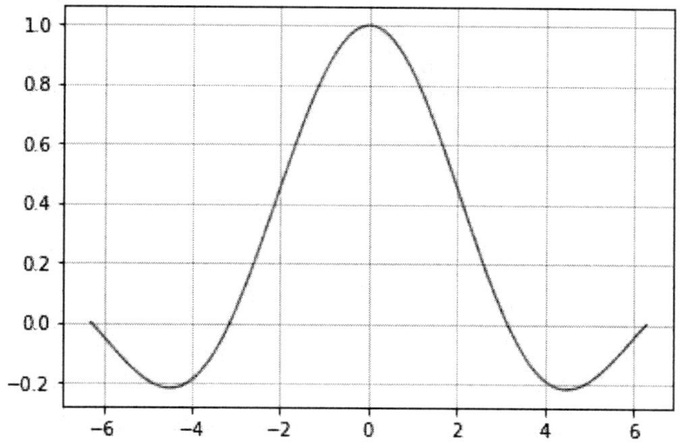

```
class comp:
    def setdata(self, x):
        self.x=x
    def func(self):

        return np.sin(self.x)
a=comp()
x=np.linspace(-2*pi,2*pi,100)
a.setdata(x)
y=a.func()
plt.plot(x,y),plt.grid(True)
```

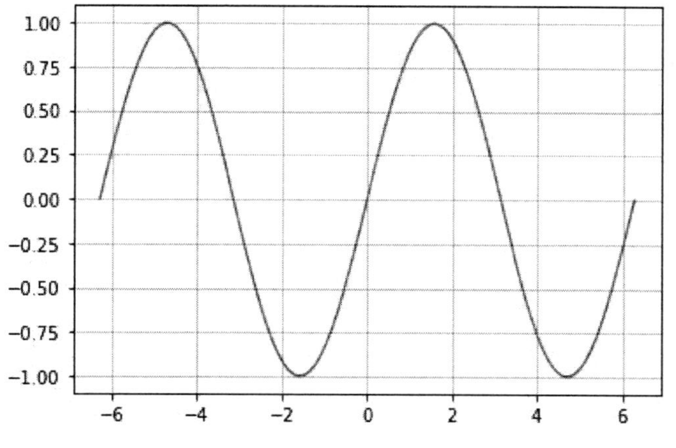

합성함수와 그래프

함수 $f : \mathbb{R} \rightarrow \mathbb{R}$ 함수 $g : \mathbb{R} \rightarrow \mathbb{R}$,
$y = f(g(x))$

예 $y = f(g(x)) = \sin(\frac{\pi}{2} - x)$, $y = f(g(x)) = (x+1)^2$

python

```
x=[k for k in range(1,6)]
x
[1, 2, 3, 4, 5]
def f(x):
    return x**2
def g(x):
    return x+2
def comp(f,g,x):
    return [g( f(k) ) for k in x]

y=comp(f,g,x)
y
[3, 6, 11, 18, 27]
```

python

```
x=np.linspace((-2)*pi,2*pi,100)
def f(x):
    return pi/2-x

def comp(f,g,x):
    return [g( f(k) ) for k in x]

y=comp(f,sin,x)
plt.plot(x,y),plt.grid(True)
```

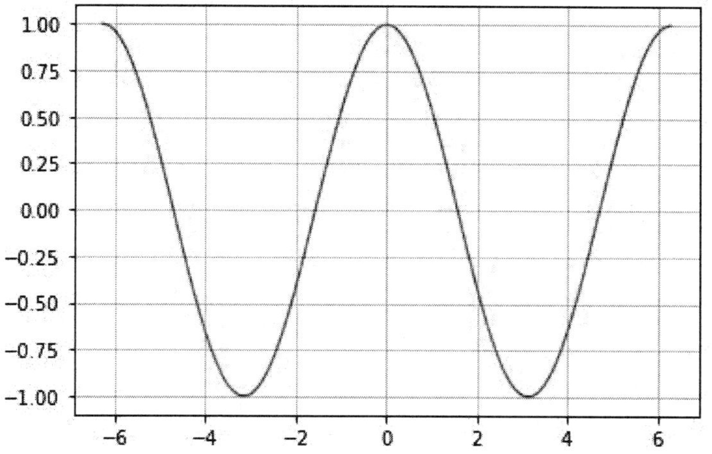

python

```
x=linsp2(-4,2,100)
def f(x):
    return x+1
def g(x):
    return x**2

def comp(f,g,x):
    return [g( f(k) ) for k in x]
y=comp(f,g,x)
plt.plot(x,y),plt.grid(True)
```

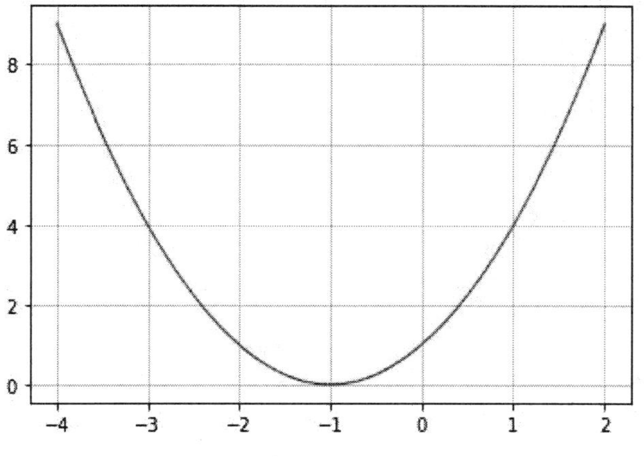

결론 lambda 사용법

python

```
x=np.linspace(-2*pi,2*pi,100)
y=list(map(lambda x:sin(x),x))
y1=list(map(lambda x:sin(2*x),x))
plt.plot(x,y,label='sin(x)'),plt.legend(loc='upper right',fontsize='large'),
plt.plot(x,y1,label='sin(2*x),x'),
plt.legend(loc='upper right',fontsize='large'),plt.grid(True)
```

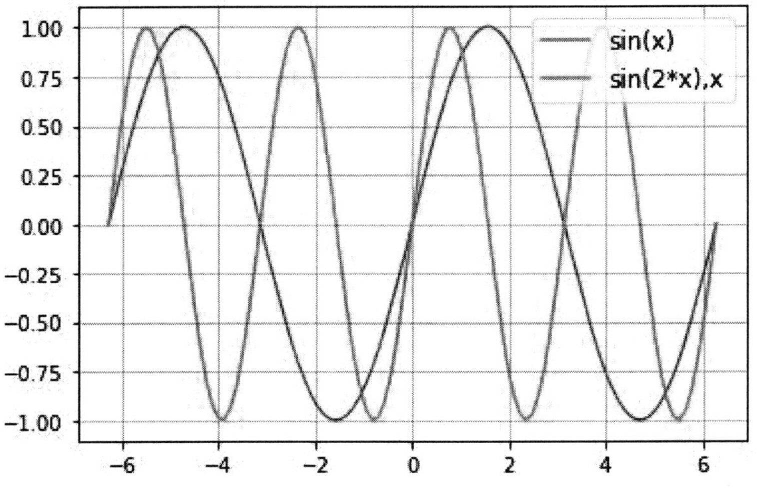


```
x=linsp(1,11,10)
x
[1.0, 2.0, 3.0, 4.0, 5.0, 6.0, 7.0, 8.0, 9.0, 10.0, 11.0]

y=list(map(lambda x:x+1,x))
y
[2.0, 3.0, 4.0, 5.0, 6.0, 7.0, 8.0, 9.0, 10.0, 11.0, 12.0]

y=list(map(lambda x:(x+1)**2,x))
y
[4.0, 9.0, 16.0, 25.0, 36.0, 49.0, 64.0, 81.0, 100.0, 121.0, 144.0]
```

```
x=np.linspace(1/5,e**4,100)
y=list(map(lambda x:log(x),x))
plt.plot(x,y),plt.grid(True)
```

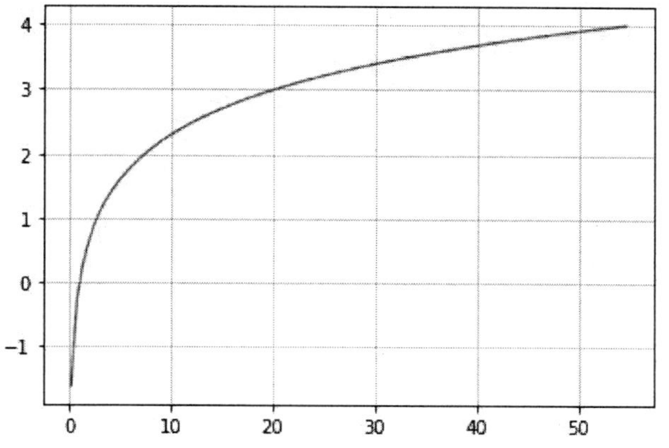

```
x=linsp2(-5,5,100)
y=list(map(lambda x:1/x,x))
plt.scatter(x,y,s=1,linestyle=':'),plt.grid(True)
```

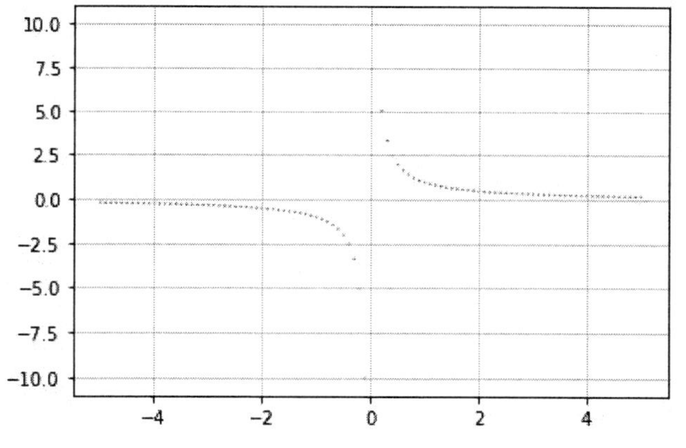

```
x=np.linspace((-2)*pi,2*pi,100)
y=list(map(lambda x:sin(pi/2 -x),x))
plt.plot(x,y),plt.grid(True)
```

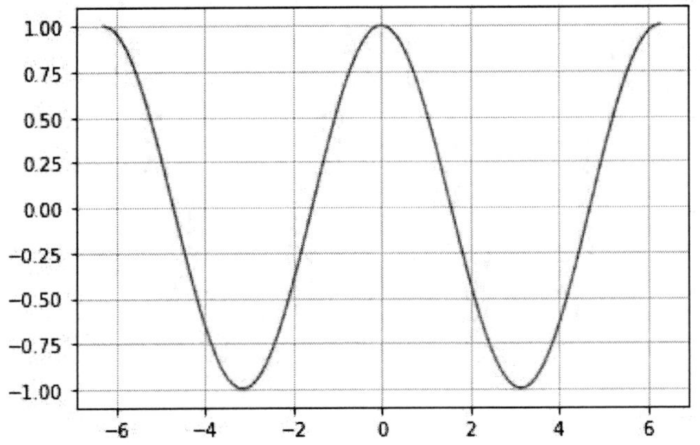


```
import math
from math import *
import numpy as np
import matplotlib.pyplot as plt

f=lambda x:np.sin(x)
g=lambda x:np.cos(x)
x=np.linspace(-2*pi,2*pi,100)
y=list(map(lambda x:f(x)+g(x),x))
plt.plot(x,y),plt.grid(True)
```

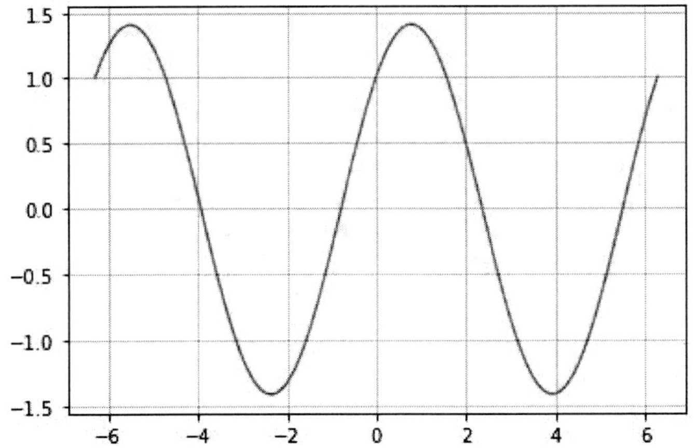

```
y=list(map(lambda x:f(x)*g(x),x))
plt.plot(x,y),plt.grid(True)
```

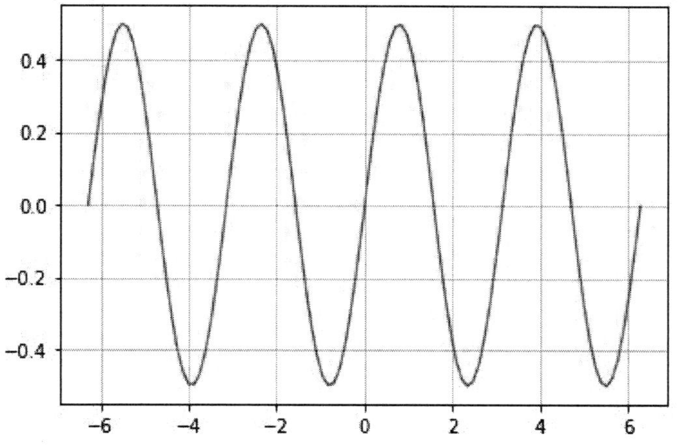

수치미분

python 수치미분

```
def diff(f,x):
    h=1e-5
    d=(f(x+h)-f(x-h))/(2*h)
    return d

f=lambda x: x**2+1

diff(f,1)
2.000000000002
```

python 함수 곱의 수치미분

```
def f(x):
    return x*sin(x)

diff(f,pi)
-3.141592653558014
```

python 분수함수의 수치미분

```
def h(x):
    return sin(x)/x


diff(h,pi/2)
-0.405284734567024

-1/(pi/2)**2
-0.4052847345693511
```

python 합성함수의 수치미분

```
def g(x):
    return (sin(x))**2

diff(g,pi/4)
0.9999999999288355
```

즉 여러 가지 미분법과 상관없이 그냥 계산한다.

람다 함수 사용하여 미분

```
f=lambda x: x**2+x
diff(f,1)
Out[18]: 2.9999999999974487

f=lambda x: 1/x
diff(f,2)
Out[20]: -0.2500000000099645

f=lambda x: cos(x)+1
diff(f,pi/2)
Out[22]: -0.9999999999954489

f=lambda x: cos(x)+2*x
diff(f,pi/2)
Out[25]: 1.0000000000287557

diff(f,pi)
Out[26]: 2.0000000000131024


f=lambda x: cos(x**2)
```

```
diff(f,(pi)**(1/2))
Out[29]: 3.5527136788005004e-10

diff(f,(pi))
Out[30]: 2.7036622830933776

-sin((pi)**2)*(2*pi)
Out[31]: 2.7036622843164713

x=np.linspace((-2)*pi,2*pi,100)
f=lambda x: cos(x)
y=list(map(lambda x:diff(f,x),x))
plt.plot(x,y,linestyle=':'),plt.grid(True)
```

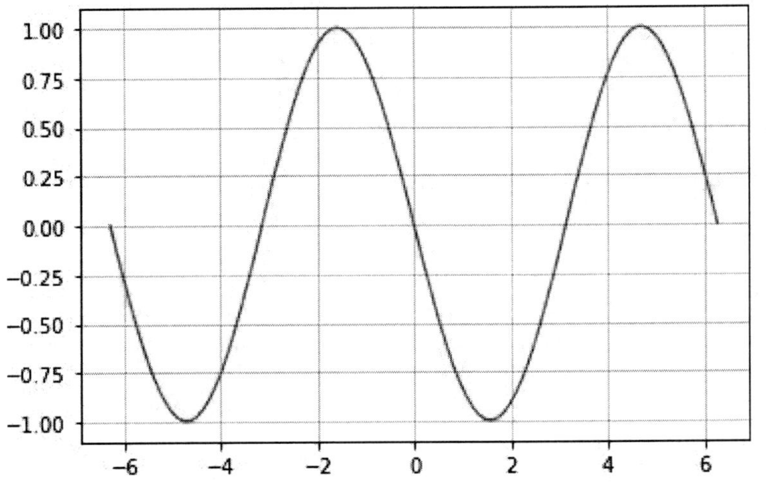

•• 이변수 함수 그래프

```
def linsp(a,b,c):
    k=0
    temp=[]
    while True:
        if (a+k*((b-a)/c)) <=b:
            temp.append(a+k*((b-a)/c))
            k=k+1
        else:
            break
    return temp


xx=np.array(linsp(-2,2,4))
xx
Out[8]: array([-2., -1.,  0.,  1.,  2.])

yy=np.array(linsp(-2,2,4))
yy
Out[10]: array([-2., -1.,  0.,  1.,  2.])

X, Y = np.meshgrid(xx, yy)
X
Out[12]:
array([[-2., -1.,  0.,  1.,  2.],
       [-2., -1.,  0.,  1.,  2.],
       [-2., -1.,  0.,  1.,  2.],
       [-2., -1.,  0.,  1.,  2.],
       [-2., -1.,  0.,  1.,  2.]])

Y
Out[13]:
array([[-2., -2., -2., -2., -2.],
       [-1., -1., -1., -1., -1.],
```

```
       [ 0.,  0.,  0.,  0.,  0.],
       [ 1.,  1.,  1.,  1.,  1.],
       [ 2.,  2.,  2.,  2.,  2.]])

b=[list(zip(x, y)) for x, y in zip(X, Y)]
b
Out[16]:
[[(-2.0, -2.0), (-1.0, -2.0), (0.0, -2.0), (1.0, -2.0), (2.0, -2.0)],
 [(-2.0, -1.0), (-1.0, -1.0), (0.0, -1.0), (1.0, -1.0), (2.0, -1.0)],
 [(-2.0, 0.0), (-1.0, 0.0), (0.0, 0.0), (1.0, 0.0), (2.0, 0.0)],
 [(-2.0, 1.0), (-1.0, 1.0), (0.0, 1.0), (1.0, 1.0), (2.0, 1.0)],
 [(-2.0, 2.0), (-1.0, 2.0), (0.0, 2.0), (1.0, 2.0), (2.0, 2.0)]]

def f(x, y):
    return  x**2 + y**2

Z = f(X, Y)
Z
Out[17]:
array([[8., 5., 4., 5., 8.],
       [5., 2., 1., 2., 5.],
       [4., 1., 0., 1., 4.],
       [5., 2., 1., 2., 5.],
       [8., 5., 4., 5., 8.]])

def f(x, y):
    return  x**2 + y**2

xx = np.linspace(-3, 3, 50)
yy = np.linspace(-3, 3, 50)
X, Y = np.meshgrid(xx, yy)
Z = f(X, Y)

import matplotlib.pyplot as plt
from mpl_toolkits.mplot3d import Axes3D
fig = plt.figure()
```

```
ax = fig.gca(projection='3d')
ax.plot_surface(X, Y, Z, linewidth=0.1)
ax.view_init(40, -110)
plt.xlabel('x')
plt.ylabel('y')
ax.set_zlabel('z')
plt.title("Surface")
plt.show()
```

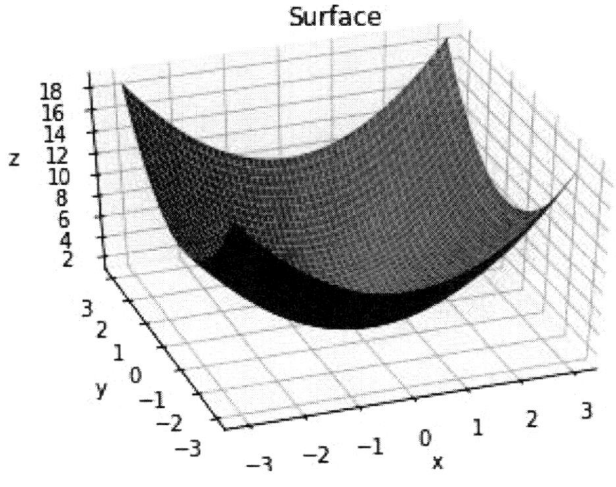


```
def f(x, y):
    return  np.sin(x) + np.cos(y)

xx = np.linspace(-9, 9, 50)
yy = np.linspace(-9, 9, 50)
X, Y = np.meshgrid(xx, yy)
Z = f(X, Y)

import matplotlib.pyplot as plt
from mpl_toolkits.mplot3d import Axes3D
fig = plt.figure()
ax = fig.gca(projection='3d')
```

```
ax.plot_surface(X, Y, Z, linewidth=0.1)
ax.view_init(40, -110)
plt.xlabel('x')
plt.ylabel('y')
ax.set_zlabel('z')
plt.title("Surface")
plt.show()
```

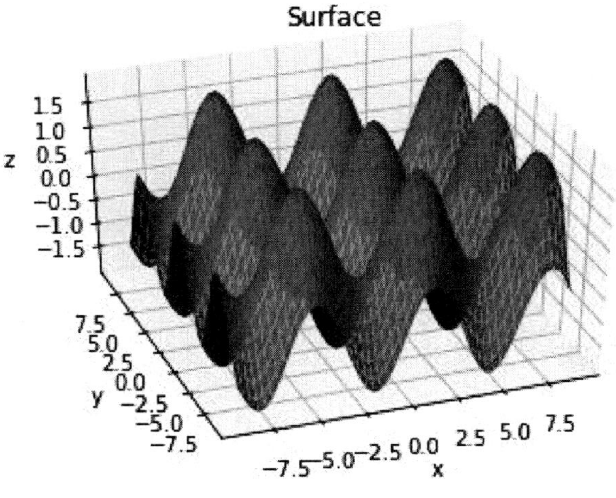

• 통계 정규분포와 그래프

•• 리스트의 합 평균

```
import math
from math import *
import numpy as np
```

정규분포

$$f(x) = \frac{1}{\sqrt{2\pi}\,\sigma} \; e^{\frac{-(x-m)^2}{2\sigma^2}}$$

```
a=[55,60,86,75,99,25,66,45,63]
def sum(a):
    sum=0
    for k in range(len(a)):
        sum=sum+a[k]
    return sum

sum(a)
Out[2]: 574

def mean(a):
    return sum(a)/len(a)
mean(a)
Out[3]: 63.77777777777778

def sigma(a):
    m=mean(a)
    var=0
    for k in range(len(a)):
        var=var+(a[k]-m)**2
        v=var/len(a)
        sigma=(v)**(1/2)
    return sigma
```

```
sigma(a)
Out[5]: 20.584664074541717
np.mean(a)
Out[6]: 63.77777777777778
np.std(a)
Out[7]: 20.584664074541717

import matplotlib.pyplot as plt

def pdf_1(c,x):
    mu=mean(c)
    sig=sigma(c)
    hh=(1/ (sig*((2*pi)**(1/2)) ))
    y=((1/e)**(( x-mu )**2 /(2*((sig)**2) ) ) )*(hh)
    return y

a=[55,33,45,7,77,56,85,5,60,86,75,99,25,66,45,63]
np.mean(a)
Out[12]: 55.125
np.std(a)
Out[13]: 26.55154185730087
x=np.linspace(1,100,1000)
y=pdf_1(a,x)
plt.plot(x,y),plt.grid(True)
```

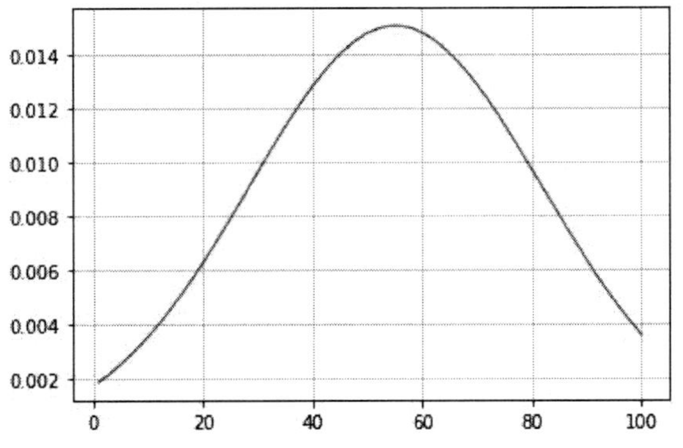

다음과 같이 해보자

```
def linsp(a,b,c):
    k=0
    temp=[]
    while True:
        if (a+k*((b-a)/c)) <=b:
            temp.append(a+k*((b-a)/c))
            k=k+1
        else:
            break
    return temp

def linsp(a,b,c):
    k=0
    temp=[]
    while True:
        if (a+k*((b-a)/c)) <=b:
            temp.append(a+k*((b-a)/c))
            k=k+1
        else:
            break
    return temp

def flist(f,x):
    return [f(k) for k in x]

a=[55,33,45,7,77,56,85,5,60,86,75,99,25,66,45,63]

def pdf_2(x):
    mu=mean(a)
    sig=sigma(a)
    hh=(1/ (sig*((2*pi)**(1/2)) ))
    y=((1/e)**(( x-mu )**2 /(2*((sig)**2) ) ) )*(hh)
    return y
```

```
x=linsp(1,100,1000)
y=flist(pdf_2,x)
plt.plot(x,y),plt.grid(True
```

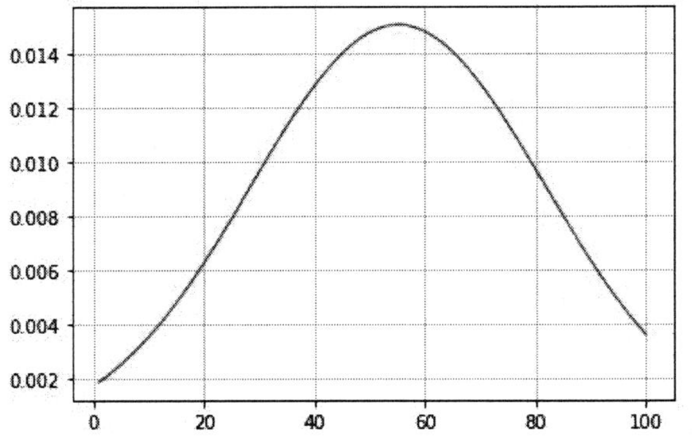

●● 표준정규분표

$$f(x) = \frac{1}{\sqrt{2\pi}} \quad e^{\frac{-x^2}{2}}$$

```
def pdf_n(x):
    hh=(1/ (((2*pi)**(1/2)) ))
    y=((1/e)**(((x)**2) /2 ))*(hh)
    return y
x=np.linspace(-4,4,100)
y=pdf_n(x)
plt.plot(x,y),plt.grid(True)
```

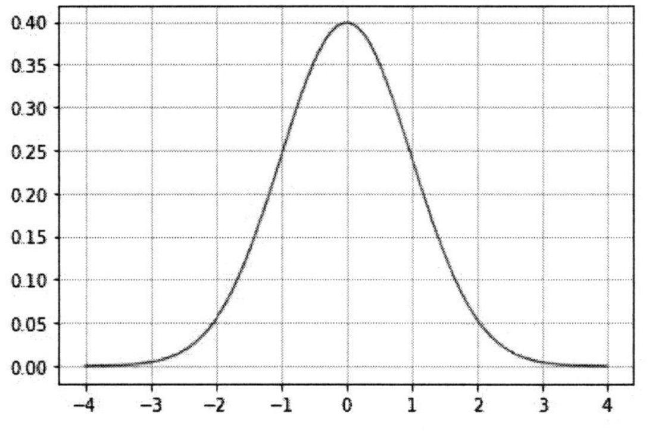

```
def integral_trapezoid(f,a,b):
```

```
    sum=0
    n=10000
    for k in range(1, 10000+1):
        sum =sum+ ( ( f( a+(b-a)*((k-1)/n)) + f( a+(b-a)*(k/n)) )/2  )*((b-a)/n)
    return sum
f=lambda x:((1/e)**(((x)**2) /2 ))*(1/ (((2*pi)**(1/2)) ))
integral_trapezoid(f,-5,0.32)
Out[48]: 0.6255155452109142
integral_trapezoid(f,-5,5)
Out[53]: 0.9999994266956199
def cdf(x):
    f=lambda x:((1/e)**(((x)**2) /2 ))*(1/ (((2*pi)**(1/2)) ))
    sum=integral_trapezoid(f,-5,x)
    return sum

cdf(0)
Out[55]: 0.4999997133482742
cdf(5)
Out[56]: 0.9999994266956199
cdf(2.4)
Out[57]: 0.9918021749708432
x=np.linspace(-5,5,100)
y=cdf(x)
plt.plot(x,y),plt.grid(True)
```

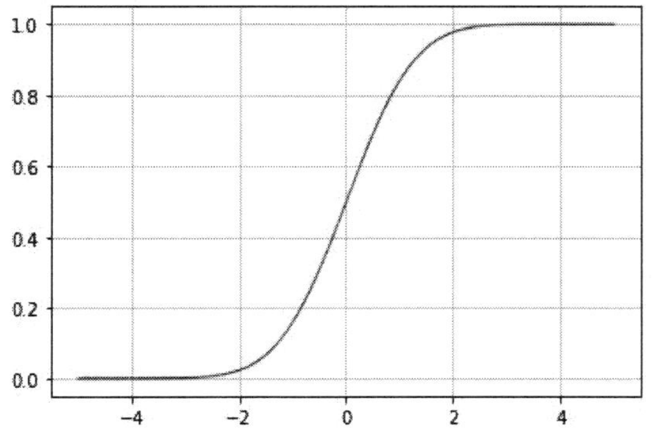

●● 정규분포

```
def pdf_3(mu,sigma,x):
    hh=(1/ (sigma*((2*pi)**(1/2)) ))
    y=((1/e)**(( x-mu )**2 /(2*((sigma)**2) ) ) )*(hh)
    return y


y=pdf_3(5,2,x)
x=np.linspace(-5,15,100)
plt.plot(x,y),plt.grid(True)
```

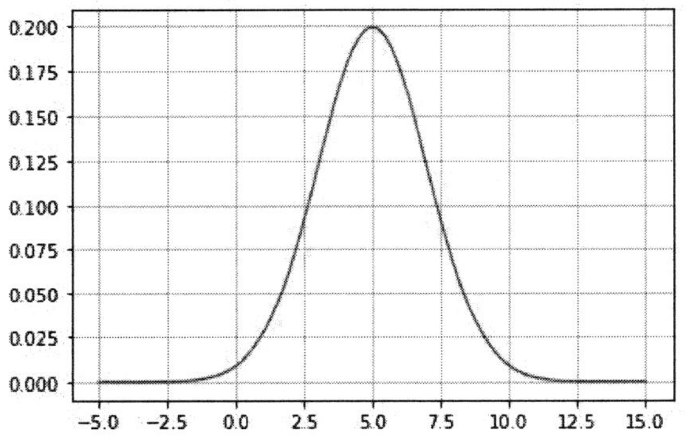


```
a=np.random.randn(10000)
x=np.linspace(np.min(a),np.max(a),10000)

mu=np.mean(a)
sigma=np.std(a)

mu
Out[106]: -0.00020036217878031018

sigma
Out[107]: 1.0110041776515142

def pdf_3(mu,sigma,x):
```

```
    hh=(1/ (sigma*((2*pi)**(1/2)) ))
    y=((1/e)**(( x-mu )**2 /(2*((sigma)**2) ) ) )*(hh)
    return y


y=pdf_3(mu,sigma,x)
plt.plot(x,y),plt.grid(True)
```

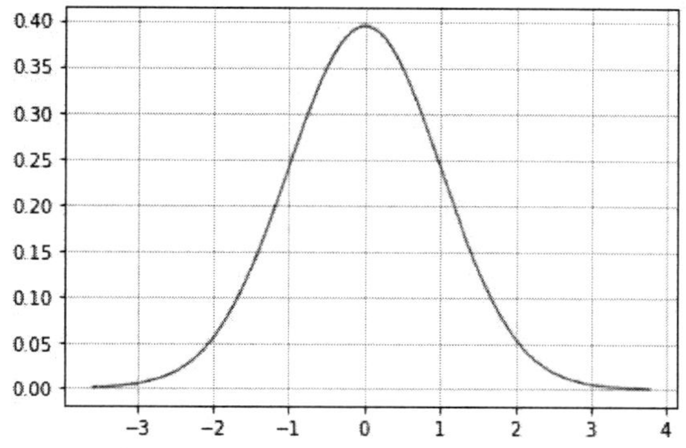

```
def cdf(x):
    hh=(1/ (np.std(a)*((2*pi)**(1/2)) ))
    f=lambda x:((1/e)**(( x-np.mean(a) )**2 /(2*((np.std(a))**2) ) ) )*(hh)
    sum=integral_trapezoid(f,np.min(a),x)
    return sum

y=cdf(x)
plt.plot(x,y),plt.grid(True)
```

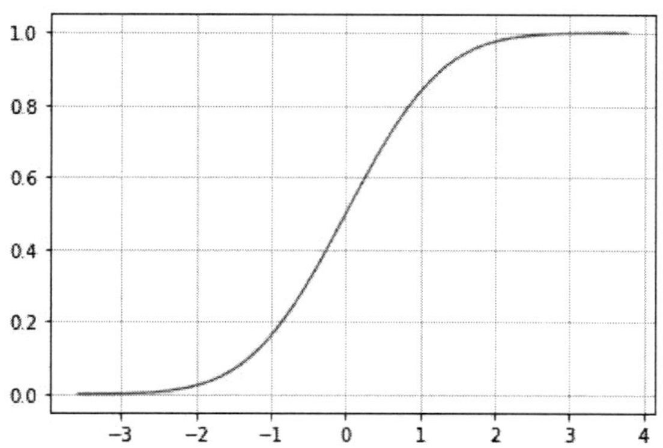

```
a = 8*np.random.randn(10000)-3
x=np.linspace(np.min(a),np.max(a),10000)
mu=np.mean(a)
sigma=np.std(a)
mu
Out[126]: -3.0093346680138087
sigma
Out[127]: 7.912284743939884

y=pdf_3(mu,sigma,x)
plt.plot(x,y),plt.grid(True)
```

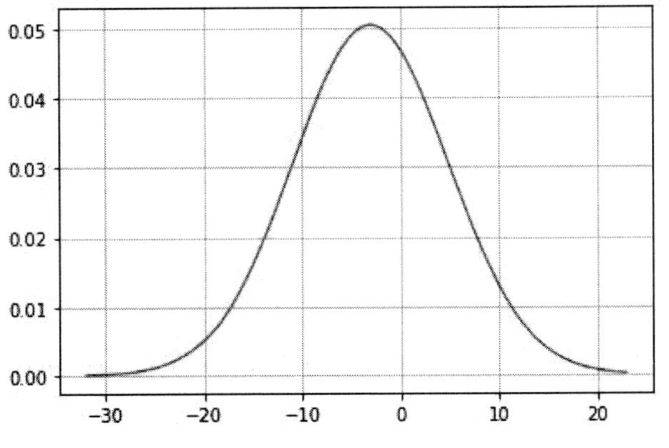

2. 수의 리스트(list)

• 리스트 만들기

```
import math
from math import *
import numpy as np
```

리스트를 만들어보자.

```
def makelist_1(n):
    tmp=[ ]
    k=1
    while k <=n:
        tmp.append(k)
        k+=1
    return tmp

makelist_1(10)
Out[2]: [1, 2, 3, 4, 5, 6, 7, 8, 9, 10]

def makelist_2(n):
    tmp=[ ]
    k=0
    while k < n:
        tmp.append(k)
        k+=1
    return tmp

makelist_2(10)
Out[3]: [0, 1, 2, 3, 4, 5, 6, 7, 8, 9]
```

```
def makelist_3(n,m):
    tmp=[ ]
    k=0
    while k < n:
        tmp.append(k)
        k+=m
    return tmp

makelist_3(10,2)
Out[4]: [0, 2, 4, 6, 8]
makelist_3(10,3)
Out[5]: [0, 3, 6, 9]

for k in range(10):
    print(k, end=',')

0,1,2,3,4,5,6,7,8,9,

for k in range(0,10,2):
    print(k, end=',')

0,2,4,6,8,

a=[ k for k in range(1, 21)]
a
Out[8]: [1, 2, 3, 4, 5, 6, 7, 8, 9, 10, 11, 12, 13, 14, 15, 16, 17, 18, 19, 20]
a=[ k for k in range(1, 21) if k % 2 ==0]
a
Out[9]: [2, 4, 6, 8, 10, 12, 14, 16, 18, 20]
a=[ k for k in range(1, 21) if k % 2 ==1]
a
Out[10]: [1, 3, 5, 7, 9, 11, 13, 15, 17, 19]

a=[ k**2 for k in range(1, 21) if k % 2 ==1]
a
Out[11]: [1, 9, 25, 49, 81, 121, 169, 225, 289, 361]
```

리스트 n번째를 m으로 바꾸기

```
a=[k for k in range(1,11)]
a
Out[12]: [1, 2, 3, 4, 5, 6, 7, 8, 9, 10]
a=[k for k in range(1,11)]

def change(a,n,m):
    tmp=[]
    for k in range(len(a)):
        if k<n:
            tmp.append(a[k])
        elif k==n:
            tmp.append(m)
        else:
            tmp.append(a[k])
    return tmp

change(a,0,1000)
Out[3]: [1000, 2, 3, 4, 5, 6, 7, 8, 9, 10]
change(a,1,55)
Out[4]: [1, 55, 3, 4, 5, 6, 7, 8, 9, 10]
```

파이썬 명령어로 확인하자.

```
a=[k for k in range(1,11)]
a[1]=100
a
Out[15]: [1, 100, 3, 4, 5, 6, 7, 8, 9, 10]
a[0]=999
a
Out[17]: [999, 100, 3, 4, 5, 6, 7, 8, 9, 10]
a[-1]=777
a
Out[19]: [999, 100, 3, 4, 5, 6, 7, 8, 9, 777]
```

리스트 더하기

```
def plus_list(a,b):
    t=[]
    for k in range(len(a)):
        t.append(a[k])
    for j in range(len(b)):
        t.append(b[j])
    return t

a=[k for k in range(1,11)]
b=[k for k in range(30,35)]
a
Out[20]: [1, 2, 3, 4, 5, 6, 7, 8, 9, 10]
b
Out[21]: [30, 31, 32, 33, 34]
plus_list(a,b)
Out[22]: [1, 2, 3, 4, 5, 6, 7, 8, 9, 10, 30, 31, 32, 33, 34]
```

파이썬 명령어로 확인하자.

```
a+b
Out[23]: [1, 2, 3, 4, 5, 6, 7, 8, 9, 10, 30, 31, 32, 33, 34]
```

리스트 indexing

```
list=[1, 2, 3, 4, 5]
list[0]
Out[24]: 1
list[-1]
Out[25]: 5
list[2]
Out[26]: 3

list[0]+list[2]
Out[27]: 4
```

중첩리스트 indexing

```
list=[1, 2, 3, 4, 5, [8, 9, 10]]
list[-1] [1]
Out[28]: 9
a = [1, 2, [7, 5, [3,2]]]

a[2][2][0]
Out[29]: 3
```

리스트 더하기 반복하기

```
list1=[1, 2, 3]
list2=[2, 4, 6]

list1+list2
Out[30]: [1, 2, 3, 2, 4, 6]

list1*3
Out[31]: [1, 2, 3, 1, 2, 3, 1, 2, 3]
```

리스트의 합 구하기

```
def sum_1(a):
    sum=0
    for k in range(len(a)):
        sum=sum+a[k]
    return sum

a=[k for k in range(1,11)]
a
Out[32]: [1, 2, 3, 4, 5, 6, 7, 8, 9, 10]
sum_1(a)
Out[33]: 55
```

두 리스트의 합 구하기

```
def list_sum(a,b):
    sum=[]
    for k in range(len(a)):
        s=a[k]+b[k]
        sum.append(s)
    return sum

a=[k for k in range(1,11)]
b=[k/10 for k in range(1,11)]

list_sum(a,b)
Out[34]: [1.1, 2.2, 3.3, 4.4, 5.5, 6.6, 7.7, 8.8, 9.9, 11.0]
```

python 리스트 n번째와 n+1 번째 바꾸기

```
a=[k for k in range(1,11)]

def change_2(a,n):
    tmp=[]
    for k in range(len(a)):
        if k<n:
            tmp.append(a[k])
        elif k==n:
            val=a[k]
            tmp.append(a[k+1])
            tmp.append(val)
        elif k==n+1:
            continue
        elif n<k<=len(a):
            tmp.append(a[k])
        else:
            break
    return tmp



change_2(a,0)
Out[7]: [2, 1, 3, 4, 5, 6, 7, 8, 9, 10]
change_2(a,1)
Out[8]: [1, 3, 2, 4, 5, 6, 7, 8, 9, 10]
change_2(a,2)
Out[9]: [1, 2, 4, 3, 5, 6, 7, 8, 9, 10]
change_2(a,8)
Out[10]: [1, 2, 3, 4, 5, 6, 7, 8, 10, 9]
```

n번째와 m번째 바꾸기

```
a=[k for k in range(1,11)]

def change_3(a,n,m):
    tmp=[]
    for k in range(len(a)):
        if k<n:
            tmp.append(a[k])
        if k==n:
            val=a[k]
            tmp.append(a[m])
        if k!=m and n<k<=len(a):
            tmp.append(a[k])
        if k==m:
            tmp.append(val)
    return tmp


change_3(a,0,9)
Out[15]: [10, 2, 3, 4, 5, 6, 7, 8, 9, 1]

change_3(a,1,8)
Out[16]: [1, 9, 3, 4, 5, 6, 7, 8, 2, 10]

def delete_1(a,n):
    tmp=[ ]
    for k in range(len(a)) :
        if k <n:
            tmp.append(a[k])
        elif k==n :
            continue
        else:
            tmp.append(a[k])
    return tmp


delete_1(a,0)
Out[18]: [2, 3, 4, 5, 6, 7, 8, 9, 10]

delete_1(a,1)
Out[19]: [1, 3, 4, 5, 6, 7, 8, 9, 10]

delete_1(a,9)
Out[20]: [1, 2, 3, 4, 5, 6, 7, 8, 9]
```

n번째 부터 m-n개 0으로 바꾸기

```
a=[k for k in range(10)]

def change_zero(a,n,m):
    tmp=[]
    for k in range(len(a)):
        if k<n:
            tmp.append(a[k])
        elif n<=k<m:
            tmp.append(0)
        else:
            tmp.append(a[k])
    return tmp



change_zero(a,0,3)
Out[26]: [0, 0, 0, 3, 4, 5, 6, 7, 8, 9]

change_zero(a,2,5)
Out[27]: [0, 1, 0, 0, 0, 5, 6, 7, 8, 9]
```

리스트 슬라이싱

a=[1, 2, 3, 4, [6,7,8]]

a[0:3]　　처음부터 3-0개
[1, 2, 3,]

a[0:4]　　처음부터 4-0개
[1, 2, 3, 4]

a[1:3]　　1+1부터 3-1개
[2, 3]
a[2::]
[3, 4, [6, 7, 8]]

a=[1, 2, 3, 4, 5]
a[:2]　　처음부터 2-0개
[1, 2]

a=[1, 2, 3, 4, 5]
a[2:]　　2+1부터 마지막까지
[3, 4, 5]

a=[k for k in range(10)]
a
Out[1]: [0, 1, 2, 3, 4, 5, 6, 7, 8, 9]

a[::2]
Out[2]: [0, 2, 4, 6, 8]

a[::3]
Out[3]: [0, 3, 6, 9]

리스트 관련 함수들 파이썬

append(x) 리스트의 마지막에 x를 추가한다
a=[1, 2, 3]
a.append(4)
a
[1, 2, 3, 4]

a=[1, 2, 3]
a.append([6,7,8])
a
[1, 2, 3, 4, [6,7,8]]

insert(a, b) a 번째 위치에 b를 삽입

a=[1, 2, 3]
a.insert(0, 100)
a
[100, 1, 2, 3, 4]

a=[1, 2, 3]
a.insert(2, 100)
a
[1, 2, 100, 3]

리스트 요소 끄집어 내는 pop()
pop(x) x번째 요소를 돌려주고 그요소 삭제
a=[1, 2, 3, 4, [6,7,8]]
b=a.pop(1)
a
Out[2]: [1, 3, 4, [6, 7, 8]]

b
Out[3]: 2

pop( ) 마지막 요소를 돌려주고 그요소 삭제

```
a=[1, 2, 3, 4, [6,7,8]]
b=a.pop( )
a
Out[4]: [1, 2, 3, 4]
b
Out[5]: [6, 7, 8]

a
Out[6]: [1, 2, 3, 4]
c=a.pop()
a
Out[7]: [1, 2, 3]
c
Out[8]: 4
```

예

```
def evensort(a):
    result=[]
    while a:
        if a[0]%2==0:
            value=a.pop(0)
            result.append(value)
        else:
            del a[0]
    return result

a=[4, 5, 4, 3, 2, 1, 6]
evensort(a)
Out[9]: [4, 4, 2, 6]


a=[5,10, 2, 31, 5, [6,7,8]]
a.remove(5)
a
```

```
Out[17]: [10, 2, 31, 5, [6, 7, 8]]

a.remove(5)
a
Out[18]: [10, 2, 31, [6, 7, 8]]

a.remove(31)
a
Out[19]: [10, 2, [6, 7, 8]]

a.remove([6, 7, 8])
a
Out[21]: [10, 2]
```

리스트 확장

```
a=[1, 2, 3]
a.extend([4, 5, 6])
a
Out[4]: [1, 2, 3, 4, 5, 6]

a=[1, 2, 3]
c=[7, 8]
a.extend(c)
a
Out[5]: [1, 2, 3, 7, 8]
```

python n번째 부터 m-n개 지우기

```
import numpy as np
def delete_3(a,n,m):
    a=np.array(a)
    a=a.tolist()
    t=[]
    for j in range(n):
        val=a.pop(0)
        t.append(val)
    for k in range(m-n):
        del a[0]
        a
    n=len(a)
    for l in range(n):
        t.append(a[l])
    return t

a=[k for k in range(10)]
delete_3(a,5,8)
Out[8]: [0, 1, 2, 3, 4, 8, 9]
a
Out[9]: [0, 1, 2, 3, 4, 5, 6, 7, 8, 9]
```

enumerate

```
a=[4, 5, 3, 2, 1]
for k in enumerate(a):
    print(k)

(0, 4)
(1, 5)
(2, 3)
(3, 2)
(4, 1)
```

```
def enum_sort(a):
    t=[]
    for k in enumerate(a):
        t.append(k)
    return t

a=[4, 5, 3, 2, 1]
enum_sort(a)
Out[28]: [(0, 4), (1, 5), (2, 3), (3, 2), (4, 1)]

def enumerate_sort(a):
    t=[]
    for k in range(len(a)):
        t.append([k,a[k]])
    return t


a=[4, 5, 3, 2, 1]

enumerate_sort(a)
Out[29]: [[0, 4], [1, 5], [2, 3], [3, 2], [4, 1]]
```

• 빠른 정렬

google (참조 Engineering Blog by Eale Seo)

python quicksort 정렬

```
def quick_sort(a):
    if len(a) <= 1:
        return a
    d = a[len(a) // 2]
    lesser, equal, greater= [], [], []
    for k in range(len(a)):
        if a[k]< d:
            lesser.append(a[k])
        elif a[k]> d:
            greater.append(a[k])
        else:
            equal.append(a[k])
    return quick_sort(lesser) + equal+ quick_sort(greater)

a=[100,20,2,44,22,54,88,66,99,4,53]
quick_sort(a)
Out[28]: [2, 4, 20, 22, 44, 53, 54, 66, 88, 99, 100]
```

```
def quick_sort(a):
    if len(a) <= 1:
        return a
    d = a[len(a) // 2]
    lesser, equal, greater= [], [], []
    for k in range(len(a)):
        if a[k]< d:
            lesser.append(a[k])
        elif a[k]> d:
            greater.append(a[k])
        else:
            equal.append(a[k])
```

```
    print(lesser),print(equal),print(greater)
    return quick_sort(lesser) + equal+ quick_sort(greater)


a=[100,20,2,44,22,54,88,66,99,4,53]
quick_sort(a)
[20, 2, 44, 22, 4, 53]
[54]
[100, 88, 66, 99]
[20, 2, 4]
[22]
[44, 53]
[]
[2]
[20, 4]
[]
[4]
[20]
[44]
[53]
[]
[]
[66]
[100, 88, 99]
[]
[88]
[100, 99]
[]
[99]
[100]
Out[31]: [2, 4, 20, 22, 44, 53, 54, 66, 88, 99, 100]
```

최대 최소값의 index 위치
다음과 같이 최대 최소값의 index 위치을 찾을 수 있다.

```
def enumerate_sort(a):
    t=[]
    for k in range(len(a)):
        t.append([k,a[k]])
    return t

a=[4,5,3,6,1]
enumerate_sort(a)
Out[32]: [[0, 4], [1, 5], [2, 3], [3, 6], [4, 1]]

def quicksort_enumerate(a):
    if len(a) <= 1:
        return a
    d = a[len(a) // 2][1]
    lesser, equal, greater= [], [], []
    for k in range(len(a)):
        if a[k][1]< d:
            lesser.append(a[k])
        elif a[k][1]> d:
            greater.append(a[k])
        else:
            equal.append(a[k])
    return quicksort_enumerate(lesser) + equal +
quicksort_enumerate(greater)

b=enumerate_sort(a)
quicksort_enumerate(b)
Out[34]: [[4, 1], [2, 3], [0, 4], [1, 5], [3, 6]]

a=[100,20,2,33,44,99,1,35,3,500,6,8,96,45,11,22,54,88,66,99,4,53]
b=enumerate_sort(a)
```

```
quicksort_enumerate(b)
Out[35]:
[[6, 1],
 [2, 2],
 [8, 3],
 [20, 4],
 [10, 6],
 [11, 8],
 [14, 11],
 [1, 20],
 [15, 22],
 [3, 33],
 [7, 35],
 [4, 44],
 [13, 45],
 [21, 53],
 [16, 54],
 [18, 66],
 [17, 88],
 [12, 96],
 [5, 99],
 [19, 99],
 [0, 100],
 [9, 500]]
```

각 열기준 정렬

```
a=[[3,6,8],[10,1,0],[4,9,5],[2, 0, 3], [9, 5, 6], [1, 6, 2]]

def quick_sort(a,n):
    if len(a) <= 1:
        return a
    d = a[len(a) // 2][n]
    lesser, equal, greater= [], [], []
    for k in range(len(a)):
        if a[k][n]< d:
            lesser.append(a[k])
        elif a[k][n]> d:
            greater.append(a[k])
        else:
            equal.append(a[k])
    return quick_sort(lesser,n) + equal+ quick_sort(greater,n)

np.array(a)
Out[36]:
array([[ 3,  6,  8],
       [10,  1,  0],
       [ 4,  9,  5],
       [ 2,  0,  3],
       [ 9,  5,  6],
       [ 1,  6,  2]])

np.array(quick_sort(a,0))
Out[37]:
array([[ 1,  6,  2],
       [ 2,  0,  3],
       [ 3,  6,  8],
       [ 4,  9,  5],
       [ 9,  5,  6],
```

```
        [10,  1,  0]])

np.array(quick_sort(a,1))
Out[38]:
array([[ 2,  0,  3],
       [10,  1,  0],
       [ 9,  5,  6],
       [ 3,  6,  8],
       [ 1,  6,  2],
       [ 4,  9,  5]])

np.array(quick_sort(a,2))
Out[39]:
array([[10,  1,  0],
       [ 1,  6,  2],
       [ 2,  0,  3],
       [ 4,  9,  5],
       [ 9,  5,  6],
       [ 3,  6,  8]])
```

```
a=[100,20,2,33,44,99,1,35,3,500,6,8,96,45,11,22,54,88,66,99,4,53]
b=enumerate_sort(a)
quick_sort(b,1)
Out[41]:
[[6, 1],
 [2, 2],
 [8, 3],
 [20, 4],
 [10, 6],
 [11, 8],
 [14, 11],
 [1, 20],
 [15, 22],
```

```
[3, 33],
[7, 35],
[4, 44],
[13, 45],
[21, 53],
[16, 54],
[18, 66],
[17, 88],
[12, 96],
[5, 99],
[19, 99],
[0, 100],
[9, 500]]
```

3. 수의 배열(array) 행렬

배열의 연산 (덧셈 뺄셈 곱셈 실수배 단위행렬)

행렬의 연산

3×3행렬 $A=\begin{pmatrix}1&1&1\\1&0&1\\1&0&0\end{pmatrix}$와 $B=\begin{pmatrix}1&1&1\\1&1&0\\1&0&0\end{pmatrix}$가 주어졌을 때

행렬 $A+B, A-B$와 두 행렬의 곱 AB, BA 알아보자.

선형사상

선형사상의 정의

벡터공간 V에 대하여 사상(mapping) $T: V \to V$ 가 다음 두 조건을 만족하면

$$T(v+w)=T(v)+T(w)$$
$$T(cv)=cT(v),\quad c\in\mathbb{R}$$

T를 선형사상(linear map)이라 한다.

예) 다음 사상이 선형사상임을 보이시오.

$$T:\mathbb{R}^2\to\mathbb{R}^2\qquad (x,\ y)\mapsto(2x+y,\ -x+3y)$$

▸ **풀이** $v=(v_1,\ v_2)$, $w=(w_1,\ w_2)\in\mathbb{R}^2$에 대하여

$(v_1+w_1, v_2+w_2)\mapsto(2(v_1+w_1)+(v_2+w_2),\ -(v_1+w_1)+3(v_2+w_2))$. 그러므로

$$\begin{aligned}T(v+w)&=(2(v_1+w_1)+(v_2+w_2),\ -(v_1+w_1)+3(v_2+w_2))\\&=(2v_1+v_2, -v_1+3v_2)+(2w_1+w_2, -w_1+3w_2)\\&=T(v)+T(w)\end{aligned}$$

$$\begin{aligned}T(cv)&=T(cv_1, cv_2)\\&=(2cv_1+cv_2,\ -cv_1+3cv_2)\\&=c(2v_1+v_2,\ -v_1+3v_2)\ =cT(v)\end{aligned}$$

예) 다음 사상이 선형사상임을 보이시오.

$$T : \mathbb{R}^2 \to \mathbb{R}^2 \qquad (x,\ y) \mapsto (ax+by\ ,\ cx+dy)$$

▸ **풀이** 예2의 $T : \mathbb{R}^2 \to \mathbb{R}^2$가 선형사상이면 대응하는 행렬 A가 존재한다. 행렬 표현을 구하는 방법을 살펴보자.

먼저 $\mathbb{R}^2$의 표준 기저(standard basis) $e_1 = (1, 0)$, $e_2 = (0, 1)$에 대하여

$T(1, 0) = (a, c)$ $T(0, 1) = (b, d)$이므로 $A = \begin{pmatrix} a & b \\ c & d \end{pmatrix}$로 표현된다. 왜냐하면

$A\begin{pmatrix} 1 \\ 0 \end{pmatrix} = \begin{pmatrix} a & b \\ c & d \end{pmatrix}\begin{pmatrix} 1 \\ 0 \end{pmatrix} = \begin{pmatrix} a \\ c \end{pmatrix}$ $A\begin{pmatrix} 0 \\ 1 \end{pmatrix} = \begin{pmatrix} a & b \\ c & d \end{pmatrix}\begin{pmatrix} 0 \\ 1 \end{pmatrix} = \begin{pmatrix} b \\ d \end{pmatrix}$이기 때문이다.

예) $T : \mathbb{R}^3 \to \mathbb{R}^3$ $(x, y, z) \mapsto (ax+by+cz\ ,\ dx+ey+fz\ ,\ hx+iy+jz)$ 이 선형사상임을 보이고 대응행렬 A를 구하시오.

▸ **풀이** $\mathbb{R}^3$의 표준기저 $e_1 = (1,\ 0,\ 0)$, $e_2 = (0,\ 1,\ 0)$, $e_3 = (0,\ 0,\ 1)$에 대하여

$T(e_1) = (a, d, h)$ $T(e_2) = (b, e, i)$ $T(e_2) = (c, f, j)$이므로 예2와 마찬가지로

$A\begin{pmatrix} 1 \\ 0 \\ 0 \end{pmatrix} = \begin{pmatrix} a \\ d \\ h \end{pmatrix}$, $A\begin{pmatrix} 0 \\ 1 \\ 0 \end{pmatrix} = \begin{pmatrix} b \\ e \\ i \end{pmatrix}$, $A\begin{pmatrix} 0 \\ 0 \\ 1 \end{pmatrix} = \begin{pmatrix} c \\ f \\ j \end{pmatrix}$이므로 $A = \begin{pmatrix} a & b & c \\ d & e & f \\ h & i & j \end{pmatrix}$로 표현된다.

예) 다음 사상이 선형사상임이 아님을 보이시오.

$$T : \mathbb{R}^2 \to \mathbb{R}^2 \qquad (x, y) \mapsto (x+y,\ y^2)$$

예) 다음 사상이 선형사상임이 아님을 보이시오.

$$T : \mathbb{R}^3 \to \mathbb{R}^3 \qquad (x, y, z) \mapsto (x, y, z^2)$$

행렬의 연산

덧셈 : $\begin{pmatrix} a_{11} & a_{12} \\ a_{21} & a_{22} \end{pmatrix} + \begin{pmatrix} b_{11} & b_{12} \\ b_{21} & b_{22} \end{pmatrix} = \begin{pmatrix} a_{11}+b_{11} & a_{12}+b_{12} \\ a_{21}+b_{21} & a_{22}+b_{22} \end{pmatrix}$

실수 곱: $c\begin{pmatrix} a_{11} & a_{12} \\ a_{21} & a_{22} \end{pmatrix} = \begin{pmatrix} ca_{11} & ca_{12} \\ ca_{21} & ca_{22} \end{pmatrix}$

곱셈 : $\begin{pmatrix} a_{11} & a_{12} \\ a_{21} & a_{22} \end{pmatrix}\begin{pmatrix} b_{11} & b_{12} \\ b_{21} & b_{22} \end{pmatrix} = \begin{pmatrix} a_{11}b_{11}+a_{12}b_{21} & a_{11}b_{12}+a_{12}b_{22} \\ a_{21}b_{11}+a_{22}b_{21} & a_{21}b_{12}+a_{22}b_{22} \end{pmatrix}$

예) $A=\begin{pmatrix} 2 & 1 \\ 0 & 3 \end{pmatrix}$, $B=\begin{pmatrix} 4 & 1 \\ 1 & 2 \end{pmatrix}$일 때 $A+B$,

$A-B$, $3A$, $-2B$, $3A-2B\,AB$, BA를 구하시오.

▸ **풀이** $A+B=\begin{pmatrix} 2 & 1 \\ 0 & 3 \end{pmatrix}+\begin{pmatrix} 4 & 1 \\ 1 & 2 \end{pmatrix}=\begin{pmatrix} 2+4 & 1+1 \\ 0+1 & 3+2 \end{pmatrix}=\begin{pmatrix} 6 & 2 \\ 1 & 5 \end{pmatrix}$

$$A-B=\begin{pmatrix} 2 & 1 \\ 0 & 3 \end{pmatrix}+\begin{pmatrix} 4 & 1 \\ 1 & 2 \end{pmatrix}=\begin{pmatrix} 2-4 & 1-1 \\ 0-1 & 3-2 \end{pmatrix}=\begin{pmatrix} -2 & 0 \\ -1 & 1 \end{pmatrix}$$

$$3A=3\begin{pmatrix} 2 & 1 \\ 0 & 3 \end{pmatrix}=\begin{pmatrix} 3\cdot 2 & 3\cdot 1 \\ 3\cdot 0 & 3\cdot 3 \end{pmatrix}=\begin{pmatrix} 6 & 3 \\ 0 & 9 \end{pmatrix}$$

$$-2B=-2\begin{pmatrix} 4 & 1 \\ 1 & 2 \end{pmatrix}=\begin{pmatrix} -8 & -2 \\ -2 & -8 \end{pmatrix}$$

$$3A-2B=\begin{pmatrix} 6 & 3 \\ 0 & 9 \end{pmatrix}+\begin{pmatrix} -8 & -2 \\ -2 & -8 \end{pmatrix}=\begin{pmatrix} -2 & 1 \\ -2 & 1 \end{pmatrix}$$

$$AB=\begin{pmatrix} 2 & 1 \\ 0 & 3 \end{pmatrix}\begin{pmatrix} 4 & 1 \\ 1 & 2 \end{pmatrix}=\begin{pmatrix} 2\cdot 4+1\cdot 1 & 2\cdot 1+1\cdot 2 \\ 0\cdot 4+3\cdot 1 & 0\cdot 1+3\cdot 2 \end{pmatrix}=\begin{pmatrix} 9 & 4 \\ 3 & 6 \end{pmatrix}$$

$$BA=\begin{pmatrix} 4 & 1 \\ 1 & 2 \end{pmatrix}\begin{pmatrix} 2 & 1 \\ 0 & 3 \end{pmatrix}=\begin{pmatrix} 4\cdot 2+1\cdot 0 & 4\cdot 1+1\cdot 3 \\ 1\cdot 2+2\cdot 0 & 1\cdot 1+2\cdot 3 \end{pmatrix}=\begin{pmatrix} 8 & 7 \\ 2 & 7 \end{pmatrix}$$

예) $A=\begin{pmatrix} 2 & 1 & 1 \\ 1 & -1 & -1 \\ 0 & 0 & 1 \end{pmatrix}$, $B=\begin{pmatrix} 0 & 1 & 1 \\ 1 & 0 & 1 \\ 1 & 0 & 1 \end{pmatrix}$ 일 때

$A+B$, $A-B$, $3A$, $-2B$, $3A-2B$, AB, BA를 구하시오.

예) 행렬 $A=\begin{pmatrix} -1 & 1 \\ 4 & -4 \end{pmatrix}$에서 $Av=0$이 되는 v를 구하시오.

▸ **풀이** $\begin{pmatrix} -1 & 1 \\ 4 & -4 \end{pmatrix}\begin{pmatrix} v_1 \\ v_2 \end{pmatrix}=0$에서 $-v_1+v_2=0$, $4v_1-4v_2=0$을 풀면

$v=(1,1)$이다.

배열의 연산 (덧셈 뺄셈 곱셈 실수배 단위행렬)

3×3행렬 $A=\begin{pmatrix} 1 & 1 & 1 \\ 1 & 0 & 1 \\ 1 & 0 & 0 \end{pmatrix}$와 $B=\begin{pmatrix} 1 & 1 & 1 \\ 1 & 1 & 0 \\ 1 & 0 & 0 \end{pmatrix}$가 주어졌을 때

행렬 $A+B$ 알아보자.

- **행렬의 연산**

```
import math
from math import *
import numpy as np
```

리스트(list)를 배열(array)로 만드는 명령어(np.array(list))를 실행해보자.

```
a=[ [1,2,3], [4,5,6], [7,8,9] ]
b=np.array(a)
b
Out[4]:
array([[1, 2, 3],
       [4, 5, 6],
       [7, 8, 9]])

def arr_sum(a,b):
    row=[]
    for k in range(len(a)):
        t=[]
        for j in range(len(a[k])):
            ab_kj=a[k][j]+b[k][j]
            t.append(ab_kj)
        row.append(t)
    return row


a=[ [1,2,3], [4,5,6], [7,8,9] ]
b=[ [3,2,1], [6,5,4], [9,8,7] ]

arr_sum(a,b)
Out[4]: [[4, 4, 4], [10, 10, 10], [16, 16, 16]]
```

return 값을 명령어(np.array(row))로 실행해보자.

```
def arr_sum(a,b):
    row=[]
    for k in range(len(a)):
        t=[]
        for j in range(len(a[k])):
            ab_kj=a[k][j]+b[k][j]
            t.append(ab_kj)
        row.append(t)
    return np.array(row)

arr_sum(a,b)
Out[6]:
array([[ 4,  4,  4],
       [10, 10, 10],
       [16, 16, 16]])


def arr_minus(a,b):
    row=[]
    for k in range(len(a)):
        t=[]
        for j in range(len(a[k])):
            ab_kj=a[k][j]-b[k][j]
            t.append(ab_kj)
        row.append(t)
    return np.array(row)


arr_minus(a,b)
Out[8]:
array([[-2,  0,  2],
       [-2,  0,  2],
       [-2,  0,  2]])
```

```
a=[ [1,2,3], [4,5,6], [7,8,9] ]
b=[ [3,2,1], [6,5,4], [9,8,7] ]
```

numpy의 계산을 확인해보자.

```
a1=np.array(a)
b1=np.array(b)

a1+b1
Out[30]:
array([[ 4,  4,  4],
       [10, 10, 10],
       [16, 16, 16]])

a1-b1
Out[31]:
array([[-2,  0,  2],
       [-2,  0,  2],
       [-2,  0,  2]])
```

두 행렬의 곱을 계산하는 함수를 만들어보자.

```
def arr_mul(a,b):
    row=[]
    for k in range(len(a)):
        t=[]
        for j in range(len(b[0])):
            sum=0
            for m in range(len(b)):
                sum=sum+(a[k][m]*b[m][j])
            t.append(sum)
        row.append(t)
    return np.array(row)
```

```
arr_mul(a,b)
Out[10]:
array([[ 42,  36,  30],
       [ 96,  81,  66],
       [150, 126, 102]])
```

numpy의 계산을 확인해보자.

```
np.dot(a,b)
Out[11]:
array([[ 42,  36,  30],
       [ 96,  81,  66],
       [150, 126, 102]])
```

예

```
a=[ [1,2,3], [1,1,0] ]
b=[ [1,1], [0,1], [1,3] ]

arr_mul(a,b)
Out[13]:
array([[ 4, 12],
       [ 1,  2]])

np.dot(a,b)
Out[14]:
array([[ 4, 12],
       [ 1,  2]])

arr_mul(b,a)
Out[15]:
array([[2, 3, 3],
       [1, 1, 0],
       [4, 5, 3]])
```

```
np.dot(b,a)
Out[16]:
array([[2, 3, 3],
       [1, 1, 0],
       [4, 5, 3]])
```

행렬의 Transpose(전치행렬)

```
def tp(a):
    col = []
    for k in range(len(a[0])):
        t=[]
        for j in range(len(a)):
            t.append(a[j][k])
        col.append(t)
    return np.array(col)


a=[[3, 6, 8, 9], [10, 1, 0, 5], [4, 9, 5, 7]]

tp(a)
Out[19]:
array([[ 3, 10,  4],
       [ 6,  1,  9],
       [ 8,  0,  5],
       [ 9,  5,  7]])


a=np.array(a)
a
Out[25]:
array([[ 3,  6,  8,  9],
       [10,  1,  0,  5],
       [ 4,  9,  5,  7]])
```

numpy의 계산을 확인해보자.

```
a.T
Out[26]:
array([[ 3, 10,  4],
       [ 6,  1,  9],
       [ 8,  0,  5],
       [ 9,  5,  7]])

a=[1,2,3,4]
a2=np.array(a)
a2
Out[40]: array([1, 2, 3, 4])

a2.ndim
Out[41]: 1

a2.size
Out[42]: 4

a3 = a2.reshape(1, a2.size)
a3
Out[44]: array([[1, 2, 3, 4]])

a3.ndim
Out[47]: 2

a3.T
Out[45]:
array([[1],
       [2],
       [3],
       [4]])

a3.T.T
Out[46]: array([[1, 2, 3, 4]])
```

단위행렬

```
def id(n):
    res=[]
    for k in range(n):
        t=[]
        for j in range(n):
            if k==j:
                t.append(1)
            else:
                t.append(0)
        res.append(t)
    return np.array(res)
```

```
id(4)
Out[49]:
array([[1, 0, 0, 0],
       [0, 1, 0, 0],
       [0, 0, 1, 0],
       [0, 0, 0, 1]])
```

numpy의 np.eye(4) 을 확인해보자.

```
np.eye(4)
Out[50]:
array([[1., 0., 0., 0.],
       [0., 1., 0., 0.],
       [0., 0., 1., 0.],
       [0., 0., 0., 1.]])
```

```
def c_id(n,c):
    res=[]
    for k in range(n):
        t=[]
        for j in range(n):
            if k==j:
                t.append(c)
            else:
                t.append(0)
        res.append(t)
    return np.array(res)


c_id(4,3)
Out[51]:
array([[3, 0, 0, 0],
       [0, 3, 0, 0],
       [0, 0, 3, 0],
       [0, 0, 0, 3]])

3*np.eye(4)
Out[52]:
array([[3., 0., 0., 0.],
       [0., 3., 0., 0.],
       [0., 0., 3., 0.],
       [0., 0., 0., 3.]])

def c_mul(a,c):
    n=len(a)
    res=[]
    for k in range(n):
        t=[]
        for j in range(n):
            t.append(c*a[k][j])
        res.append(t)
    return np.array(res)
```

```
a=[ [1,0,0], [0,1,0], [1,1,1] ]

c_mul(a,5)
Out[53]:
array([[5, 0, 0],
       [0, 5, 0],
       [5, 5, 5]])

5*np.array(a)
Out[54]:
array([[5, 0, 0],
       [0, 5, 0],
       [5, 5, 5]])

def reversesort(a):
    n=len(a)
    t=[]
    for k in reversed(range(n)):
        t.append(a[k])
    return np.array(t)

a=[ [1,2,3], [1,0,0], [1,1,1]]

reversesort(a)
Out[55]:
array([[1, 1, 1],
       [1, 0, 0],
       [1, 2, 3]])

np.array(a)
Out[56]:
array([[1, 2, 3],
       [1, 0, 0],
       [1, 1, 1]])
```

```
reversesort(id(4))
Out[57]:
array([[0, 0, 0, 1],
       [0, 0, 1, 0],
       [0, 1, 0, 0],
       [1, 0, 0, 0]])

def ul(a):
    a1=tp(a)
    a2=reversesort(a1)
    a3=tp(a2)
    a4=reversesort(a3)
    return np.array(a4)

a=[[1, 2, 3, 4], [0, 6, 5, 7], [0, 0, 8, 9], [0, 0, 0, 5]]

np.array(a)
Out[67]:
array([[1, 2, 3, 4],
       [0, 6, 5, 7],
       [0, 0, 8, 9],
       [0, 0, 0, 5]])

ul(a)
Out[68]:
array([[5, 0, 0, 0],
       [9, 8, 0, 0],
       [7, 5, 6, 0],
       [4, 3, 2, 1]])

ul(ul(a))
Out[69]:
array([[1, 2, 3, 4],
       [0, 6, 5, 7],
       [0, 0, 8, 9],
       [0, 0, 0, 5]])
```

다음 함수를 실행해보자.

```
def makeflat(a):
    res=[]
    for k in range(len(a)):
        for j in range(len(a[0])):
            res.append(a[k][j])
    return res

a=[[1, 2, 3, 4], [0, 6, 5, 7], [0, 0, 8, 9], [0, 0, 0, 5]]

makeflat(a)
Out[71]: [1, 2, 3, 4, 0, 6, 5, 7, 0, 0, 8, 9, 0, 0, 0, 5]
```

numpy의 명령어들을 확인해보자.

```
a=[[1, 2, 3, 4], [0, 6, 5, 7], [0, 0, 8, 9], [0, 0, 0, 5]]

b=np.array(a)
b
Out[74]:
array([[1, 2, 3, 4],
       [0, 6, 5, 7],
       [0, 0, 8, 9],
       [0, 0, 0, 5]])

c=b.flatten()
c
Out[76]: array([1, 2, 3, 4, 0, 6, 5, 7, 0, 0, 8, 9, 0, 0, 0, 5])

d=c.tolist()
d
Out[78]: [1, 2, 3, 4, 0, 6, 5, 7, 0, 0, 8, 9, 0, 0, 0, 5]
```

다음 함수는 무엇을 비교하는 것인지 생각해보자.

```
def comp(a,b):
    n=len(a)
    t=[]
    for k in range(n):
        if a[k]>=b[k]:
            t.append(0)
        else:
            t.append(1)
    sum=0
    for j in range(len(t)):
        sum=sum+t[j]
    if sum==len(a):
        return True
    else:
        return False

a=[1, 2, 3, 4, 5]
b=[6, 7, 8, 9, 10]

comp(a,b)
Out[22]: True

b=[6, 7, 8, 9, 4]
comp(a,b)
Out[23]: False
```

다음 함수를 실행해보자.

```
def sort1(a):
    n=len(a)
    tmp=[]
    for k in range(n):
        tmp.append(a[n-1-k])
    return np.array(tmp)
```

```
a=np.array([[2,1,1],[4,-6,0],[-2,7,2]])
a
Out[28]:
array([[ 2,  1,  1],
       [ 4, -6,  0],
       [-2,  7,  2]])

sort1(a)
Out[29]:
array([[-2,  7,  2],
       [ 4, -6,  0],
       [ 2,  1,  1]])

def sort2(a):
    n=len(a)
    tmp=[]
    for k in reversed(range(n)):
        tmp.append(a[k])
    return np.array(tmp)


sort2(a)
Out[31]:
array([[-2,  7,  2],
       [ 4, -6,  0],
       [ 2,  1,  1]])
```

• 논리 연산

명제 p, q, r, s에 대하여

$p \rightarrow q \equiv \sim p \vee q \qquad \sim(p \vee q) \equiv \sim p \wedge \sim q$임을 이용하여

다음이 성립함을 보이자

$(p \rightarrow q) \wedge (r \rightarrow s) \Rightarrow (p \vee r \rightarrow q \vee s)$

1 을 True 로 0 을 False 로 간주하자

다음 함수를 실행해보자.

```
def logic():
    t=[]
    for k in reversed(range(2)):
        for j in reversed(range(2)):
            for m in reversed(range(2)):
                for l in reversed(range(2)):
                    t.append(k)
                    t.append(j)
                    t.append(m)
                    t.append(l)
    return t


a=logic()
b=np.array(a)
c=b.reshape(16,4)
c
Out[11]:
array([[1, 1, 1, 1],
       [1, 1, 1, 0],
       [1, 1, 0, 1],
       [1, 1, 0, 0],
       [1, 0, 1, 1],
       [1, 0, 1, 0],
       [1, 0, 0, 1],
       [1, 0, 0, 0],
```

```
        [0, 1, 1, 1],
        [0, 1, 1, 0],
        [0, 1, 0, 1],
        [0, 1, 0, 0],
        [0, 0, 1, 1],
        [0, 0, 1, 0],
        [0, 0, 0, 1],
        [0, 0, 0, 0]])

def pqrs(a):
    n=len(a)
    t1=[]
    t2=[]
    t3=[]
    for k in range(n):
        re=((not c[k][0] or c[k][1]) and (not c[k][2] or c[k][3]))
        t1.append(re)
    for j in range(n):
        re2=((not c[j][0] and  not c[j][2]) or ( c[j][1] or c[j][3]))
        t2.append(re2)
    return t1, t2


d=pqrs(c)
d1=np.array(d)
d1
Out[12]:
array([[1, 0, 1, 1, 0, 0, 0, 0, 1, 0, 1, 1, 1, 0, 1, 1],
       [1, 1, 1, 1, 1, 0, 1, 0, 1, 1, 1, 1, 1, 0, 1, 1]])
```

여기서 $(p \to q) \wedge (r \to s)$
((not c[k][0] or c[k][1]) and (not c[k][2] or c[k][3])) 이고
$(p \vee r \to q \vee s)$

((not c[j][0] and not c[j][2]) or (c[j][1] or c[j][3])) 이다.

$(p \rightarrow q) \wedge (r \rightarrow s)$의 진리표는

[1, 0, 1, 1, 0, 0, 0, 0, 1, 0, 1, 1, 1, 0, 1, 1],

$(p \vee r \rightarrow q \vee s)$의 진리표는

[1, 1, 1, 1, 1, 0, 1, 0, 1, 1, 1, 1, 1, 0, 1, 1]

아래의 결과로 항상 참임을 알 수 있다.

즉 $(p \rightarrow q) \wedge (r \rightarrow s) \Rightarrow (p \vee r \rightarrow q \vee s)$

```
def true_or_false(a):
    t=[]
    d=pqrs(a)
    pp=d[0]
    qq=d[1]
    for k in range(len(pp)):
        re=(not pp[k] or qq[k])
        t.append(re)
    return t

c1=true_or_false(c)
c2=np.array(c1)
c2
Out[14]: array([1, 1, 1, 1, 1, 1, 1, 1, 1, 1, 1, 1, 1, 1, 1, 1])
```

교집합 합집합 차집합

```
import math
from math import *
import numpy as np

u=np.arange(1,11)
a=np.array([ 1., 3., 5., 7., 9.])
b=np.array([ 2., 3., 5., 6., 8.])

def a_and_b(a,b,u):
    u=np.array(u)
    a=np.array(a)
    b=np.array(b)
    t=[]
    for j in range(len(a)):
        for k in range(len(b)):
            if a[j] not in b :
                a[j]=0
            else:
                continue
    t=[]
    for k in range(len(a)):
        if a[k]==0:
            continue
        else:
            t.append(a[k])
    return np.array(t)

u
Out[4]: array([ 1,  2,  3,  4,  5,  6,  7,  8,  9, 10])

a_and_b(a,b,u)
Out[5]: array([3., 5.])
```

```
def a_or_b(a,b,u):
    u=np.array(u)
    a=np.array(a)
    b=np.array(b)
    t=[]
    for k in range(len(a)):
        t.append(a[k])
    for j in range(len(b)):
        if b[j] in a:
            continue
        else:
            t.append(b[j])
    return np.sort(np.array(t))


a_or_b(a,b,u)
Out[6]: array([1., 2., 3., 5., 6., 7., 8., 9.])

def first_in_second_not(a,b,u):
    u=np.array(u)
    a=np.array(a)
    b=np.array(b)
    t=[]
    for j in range(len(a)):
        for k in range(len(b)):
            if a[j] in b :
                a[j]=0
            else:
                continue
    t=[]
    for k in range(len(a)):
        if a[k]==0:
            continue
        else:
            t.append(a[k])
```

```
    return np.array(t)


first_in_second_not(a,b,u)
Out[7]: array([1., 7., 9.])

first_in_second_not(u,b,u)
Out[8]: array([ 1,  4,  7,  9, 10])
```

4. 수치적 파이썬(numerical python)

• np. 사용법

numpy는 numerical python의 약자

ndarray는 다차원 배열(n-dimension array)이다. 만드는 방법은 array함수를 이용한다

```
import math
from math import *
import numpy as np
```

다음을 실행해보자

```
a=np.random.randn(4,4)
a
Out[3]:
array([[ 0.58517211, -0.44469481,  0.23469633, -0.89501611],
       [-0.6062527 , -1.18856521,  0.02387697,  0.8051082 ],
       [ 0.8540879 , -0.90901644, -0.55529609, -0.36459597],
       [ 1.18755678, -1.59591746,  0.75301749, -0.15563595]])

a[0,0]
Out[4]: 0.5851721052277202

a[3,3]
Out[5]: -0.15563595138635167

a[0:2,:]
Out[6]:
array([[ 0.58517211, -0.44469481,  0.23469633, -0.89501611],
       [-0.6062527 , -1.18856521,  0.02387697,  0.8051082 ]])
```

```
a[:,0:2]
Out[7]:
array([[ 0.58517211, -0.44469481],
       [-0.6062527 , -1.18856521],
       [ 0.8540879 , -0.90901644],
       [ 1.18755678, -1.59591746]])

a[0:2,0:2]
Out[8]:
array([[ 0.58517211, -0.44469481],
       [-0.6062527 , -1.18856521]])

a[::2,:]
Out[9]:
array([[ 0.58517211, -0.44469481,  0.23469633, -0.89501611],
       [ 0.8540879 , -0.90901644, -0.55529609, -0.36459597]])

a[:,2::]
Out[10]:
array([[ 0.23469633, -0.89501611],
       [ 0.02387697,  0.8051082 ],
       [-0.55529609, -0.36459597],
       [ 0.75301749, -0.15563595]])
```

대칭행렬을 만들어보자 (a=a.T)

```
def makesym(a):
    a
    n=len(a)
    tt=[]
    for k in range(n):
        for j in range(n):
            if k<=j:
                tt.append(a[k][j])
            if k>j:
                tt.append(a[j][k])
    t=np.array(tt)
    t=t.reshape(n,n)
    return t


makesym(a)
Out[10]:
array([[-0.47192878,  0.98524418,  1.93521732, -0.57629215],
       [ 0.98524418,  1.79441217,  0.25951552,  0.2606286 ],
       [ 1.93521732,  0.25951552,  0.84320053, -0.26840371],
       [-0.57629215,  0.2606286 , -0.26840371, -1.13052936]])

def make_symm(a):
    a
    n=len(a)
    for k in range(n):
        for j in range(n):
            if k>j:
                a[k,j]=a[j,k]
    return a
```

```
make_symm(a)
Out[12]:
array([[-0.47192878,  0.98524418,  1.93521732, -0.57629215],
       [ 0.98524418,  1.79441217,  0.25951552,  0.2606286 ],
       [ 1.93521732,  0.25951552,  0.84320053, -0.26840371],
       [-0.57629215,  0.2606286 , -0.26840371, -1.13052936]])

b=(1/2)*(a+a.T)

b
Out[14]:
array([[-0.47192878,  0.98524418,  1.93521732, -0.57629215],
       [ 0.98524418,  1.79441217,  0.25951552,  0.2606286 ],
       [ 1.93521732,  0.25951552,  0.84320053, -0.26840371],
       [-0.57629215,  0.2606286 , -0.26840371, -1.13052936]])
```

다음을 실행해보자.

```
a=np.random.randn(5,5)
a
Out[9]:
array([[-0.38188052, -0.69544765,  0.41051013, -1.14809772, -0.99494193],
       [-0.28466227, -0.74918374,  0.78969014,  0.84035645, -0.19798494],
       [-0.35541558,  0.64622245,  0.74129151,  0.41611446, -0.37614588],
       [ 0.35292577,  0.63255898, -1.83102581,  0.51070196, -0.82895961],
       [ 1.78038345,  0.84916196, -1.39453367,  0.50225364,  1.02056152]])

def greater(a,m):
    t=[]
    for k in range(len(a)):
        for j in range(len(a[0])):
            if a[k][j]<m:
                t.append(0)
            else:
                t.append(a[k][j])
    return np.array(t).reshape(a.shape)
```

```
greater(a,1)
Out[10]:
array([[0.        , 0.        , 0.        , 0.        , 0.        ],
       [0.        , 0.        , 0.        , 0.        , 0.        ],
       [0.        , 0.        , 0.        , 0.        , 0.        ],
       [0.        , 0.        , 0.        , 0.        , 0.        ],
       [1.78038345, 0.        , 0.        , 0.        , 1.02056152]])

a
Out[11]:
array([[-0.38188052, -0.69544765,  0.41051013, -1.14809772, -0.99494193],
       [-0.28466227, -0.74918374,  0.78969014,  0.84035645, -0.19798494],
       [-0.35541558,  0.64622245,  0.74129151,  0.41611446, -0.37614588],
       [ 0.35292577,  0.63255898, -1.83102581,  0.51070196, -0.82895961],
       [ 1.78038345,  0.84916196, -1.39453367,  0.50225364,  1.02056152]])

def greater(a,m):
    a=np.array(a)
    for k in range(len(a)):
        for j in range(len(a[0])):
            if a[k][j]<m:
                a[k,j]=0
    return a

greater(a,1)
Out[12]:
array([[0.        , 0.        , 0.        , 0.        , 0.        ],
       [0.        , 0.        , 0.        , 0.        , 0.        ],
       [0.        , 0.        , 0.        , 0.        , 0.        ],
       [0.        , 0.        , 0.        , 0.        , 0.        ],
       [1.78038345, 0.        , 0.        , 0.        , 1.02056152]])
```

```
def greater_lesser(a,m,n):
    a=np.array(a)
    for k in range(len(a)):
        for j in range(len(a[0])):
            if a[k][j]<m or a[k][j]>n:
                a[k][j]=0
    return a


greater_lesser(a,-0.7,0.7)
Out[14]:
array([[-0.38188052, -0.69544765,  0.41051013,  0.        ,  0.        ],
       [-0.28466227,  0.        ,  0.        ,  0.        , -0.19798494],
       [-0.35541558,  0.64622245,  0.        ,  0.41611446, -0.37614588],
       [ 0.35292577,  0.63255898,  0.        ,  0.51070196,  0.        ],
       [ 0.        ,  0.        ,  0.        ,  0.50225364,  0.        ]])


a=np.array([[1, 2, 3, 4], [5, 6, 6, 7], [5, 5, 8, 9], [1,1,1, 5]])

def equal_delete(a,m):
    a=np.array(a)
    for k in range(len(a)):
        for j in range(len(a[0])):
            if a[k][j]==m:
                a[k][j]=0
    return a


equal_delete(a,5)
Out[19]:
array([[1, 2, 3, 4],
       [0, 6, 6, 7],
       [0, 0, 8, 9],
       [1, 1, 1, 0]])
```

```
a
Out[20]:
array([[1, 2, 3, 4],
       [5, 6, 6, 7],
       [5, 5, 8, 9],
       [1, 1, 1, 5]])
```

다음 차이를 확인하시오.

```
a=np.random.randn(5,5)
a
Out[21]:
array([[ 0.09399292, -0.49069319,  1.40874845, -0.56114735, -0.55757851],
       [-1.65206052, -0.23085435, -0.81353819, -0.54952897,  1.38691963],
       [ 0.4155467 , -0.41442305,  0.20981732, -1.51834166,  0.04532699],
       [-0.06976481,  1.60266983, -2.02656541,  0.51604937,  0.41728312],
       [-0.6030047 , -1.05932267, -1.25726239,  0.28906728,  0.12261044]])

def greater_lesser(a,m,n):
    a
    for k in range(len(a)):
        for j in range(len(a[0])):
            if a[k][j]<m or a[k][j]>n:
                a[k][j]=0
    return a


greater_lesser(a,-0.7,0.7)
Out[22]:
array([[ 0.09399292, -0.49069319,  0.        , -0.56114735, -0.55757851],
       [ 0.        , -0.23085435,  0.        , -0.54952897,  0.        ],
       [ 0.4155467 , -0.41442305,  0.20981732,  0.        ,  0.04532699],
       [-0.06976481,  0.        ,  0.        ,  0.51604937,  0.41728312],
       [-0.6030047 ,  0.        ,  0.        ,  0.28906728,  0.12261044]])
```

```
a
Out[23]:
array([[ 0.09399292, -0.49069319,  0.        , -0.56114735, -0.55757851],
       [ 0.        , -0.23085435,  0.        , -0.54952897,  0.        ],
       [ 0.4155467 , -0.41442305,  0.20981732,  0.        ,  0.04532699],
       [-0.06976481,  0.        ,  0.        ,  0.51604937,  0.41728312],
       [-0.6030047 ,  0.        ,  0.        ,  0.28906728,  0.12261044]])

a=np.random.randn(5,5)
a
Out[24]:
array([[-1.61047457, -0.56403781, -0.91374641,  1.28937927,  0.33800229],
       [-0.85388608, -0.66529952,  1.17719461, -0.17119721,  1.07592379],
       [-1.0655622 , -0.22975752,  0.17850168, -0.1466954 , -1.8240417 ],
       [-0.4667625 ,  1.34445202, -0.49167088, -1.21822237, -0.96963605],
       [ 2.22174163, -2.29277119, -0.75817695, -0.56217173,  0.80610062]])

def greater_lesser(a,m,n):
    a=np.array(a)
    for k in range(len(a)):
        for j in range(len(a[0])):
            if a[k][j]<m or a[k][j]>n:
                a[k][j]=0
    return a


greater_lesser(a,-0.7,0.7)
Out[25]:
array([[ 0.        , -0.56403781,  0.        ,  0.        ,  0.33800229],
       [ 0.        , -0.66529952,  0.        , -0.17119721,  0.        ],
       [ 0.        , -0.22975752,  0.17850168, -0.1466954 ,  0.        ],
       [-0.4667625 ,  0.        , -0.49167088,  0.        ,  0.        ],
       [ 0.        ,  0.        ,  0.        , -0.56217173,  0.        ]])
```

```
a
Out[26]:
array([[-1.61047457, -0.56403781, -0.91374641,  1.28937927,  0.33800229],
       [-0.85388608, -0.66529952,  1.17719461, -0.17119721,  1.07592379],
       [-1.0655622 , -0.22975752,  0.17850168, -0.1466954 , -1.8240417 ],
       [-0.4667625 ,  1.34445202, -0.49167088, -1.21822237, -0.96963605],
       [ 2.22174163, -2.29277119, -0.75817695, -0.56217173,  0.80610062]])
```

배열의 연산(더하기 빼기 곱하기 나누기 행렬곱)

```
a=[k for k in range(1,17)]
b=[k for k in range(1,17)]
a1=np.array(a)
b1=np.array(b)

a1
Out[18]: array([ 1,  2,  3,  4,  5,  6,  7,  8,  9, 10, 11, 12, 13, 14, 15, 16])

b1
Out[19]: array([ 1,  2,  3,  4,  5,  6,  7,  8,  9, 10, 11, 12, 13, 14, 15, 16])

a2 = a1.reshape(4,4)
b2 = b1.reshape(4,4)

a2
Out[21]:
array([[ 1,  2,  3,  4],
       [ 5,  6,  7,  8],
       [ 9, 10, 11, 12],
       [13, 14, 15, 16]])
b2
Out[22]:
array([[ 1,  2,  3,  4],
       [ 5,  6,  7,  8],
       [ 9, 10, 11, 12],
       [13, 14, 15, 16]])
```

```
a2+b2
Out[23]:
array([[ 2,  4,  6,  8],
       [10, 12, 14, 16],
       [18, 20, 22, 24],
       [26, 28, 30, 32]])

a2-b2
Out[24]:
array([[0, 0, 0, 0],
       [0, 0, 0, 0],
       [0, 0, 0, 0],
       [0, 0, 0, 0]])

b2/a2
Out[25]:
array([[1., 1., 1., 1.],
       [1., 1., 1., 1.],
       [1., 1., 1., 1.],
       [1., 1., 1., 1.]])

a2*b2
Out[26]:
array([[  1,   4,   9,  16],
       [ 25,  36,  49,  64],
       [ 81, 100, 121, 144],
       [169, 196, 225, 256]])

np.dot(a2,b2)
Out[27]:
array([[ 90, 100, 110, 120],
       [202, 228, 254, 280],
       [314, 356, 398, 440],
       [426, 484, 542, 600]])
```

```
np.dot(a2[0,:],b2[:,0])
Out[29]: 90
np.dot(a2[0,:],b2[:,1])
Out[30]: 100
np.dot(a2[0,:],b2[:,2])
Out[31]: 110
np.dot(a2[0,:],b2[:,3])
Out[32]: 120
```

전치행렬(Transpose)

```
a = np.array(range(1,19)).reshape((3,6))
a
Out[34]:
array([[ 1,  2,  3,  4,  5,  6],
       [ 7,  8,  9, 10, 11, 12],
       [13, 14, 15, 16, 17, 18]])

a.T
Out[35]:
array([[ 1,  7, 13],
       [ 2,  8, 14],
       [ 3,  9, 15],
       [ 4, 10, 16],
       [ 5, 11, 17],
       [ 6, 12, 18]])

a.T.T
Out[36]:
array([[ 1,  2,  3,  4,  5,  6],
       [ 7,  8,  9, 10, 11, 12],
       [13, 14, 15, 16, 17, 18]])
```

• **행렬의 모양변환**

```
def to_array(a,m):
    n=len(a)
    if n%m==0:
        kk=n//m
    else:
        kk=n//m +1
    t=[]
    for j in range(kk):
        t1=[]
        for k in range(n):
            if j<=k//m < j+1:
                t1.append(a[k])
        t.append(t1)
        c=len(t[-1])
        if c<m:
            for i in range(m-c):
                t[-1].append(0)
    return np.array(t)

a=np.arange(15)
a
Out[39]: array([ 0,  1,  2,  3,  4,  5,  6,  7,  8,  9, 10, 11, 12, 13, 14])

to_array(a,5)
Out[40]:
array([[ 0,  1,  2,  3,  4],
       [ 5,  6,  7,  8,  9],
       [10, 11, 12, 13, 14]])

to_array(a,6)
Out[42]:
array([[ 0,  1,  2,  3,  4,  5],
       [ 6,  7,  8,  9, 10, 11],
       [12, 13, 14,  0,  0,  0]])
```

numpy의 명령어(resshape)로 비교 확인해보자.

```
a=np.arange(15)
a
Out[43]: array([ 0,  1,  2,  3,  4,  5,  6,  7,  8,  9, 10, 11, 12, 13, 14])

b=a.reshape(3,5)
b
Out[45]:
array([[ 0,  1,  2,  3,  4],
       [ 5,  6,  7,  8,  9],
       [10, 11, 12, 13, 14]])
```

n행부터 m-n개 숨김

```
def row_hide(a,n,m):
    a=np.array(a)
    tmp=[]
    for k in range(len(a)) :
        if k <n-1:
            tmp.append(a[k])
        elif n<=k<m :
            continue
        else:
            tmp.append(a[k])
    return np.array(tmp)


def col_hide(a,n,m):
    a=np.array(a)
    b=a.T
    c=row_hide(b,n,m)
    return c.T
```

```
a=[k for k in range(1,26)]
b=to_array(a,5)
b
Out[5]:
array([[ 1,  2,  3,  4,  5],
       [ 6,  7,  8,  9, 10],
       [11, 12, 13, 14, 15],
       [16, 17, 18, 19, 20],
       [21, 22, 23, 24, 25]])

row_hide(b,1,3)
Out[6]:
array([[ 1,  2,  3,  4,  5],
       [16, 17, 18, 19, 20],
       [21, 22, 23, 24, 25]])

col_hide(b,1,3)
Out[7]:
array([[ 1,  4,  5],
       [ 6,  9, 10],
       [11, 14, 15],
       [16, 19, 20],
       [21, 24, 25]])
```

```
def row_col_hide(a, p,q,h,j):
    b=row_hide(a,p,q)
    c=col_hide(b,h,j)
    return c
```

```
row_col_hide(b,1,3,1,3)
```

```
Out[9]:
array([[ 1,  4,  5],
       [16, 19, 20],
       [21, 24, 25]])

row_col_hide(b,1,2,1,2)
Out[10]:
array([[ 1,  3,  4,  5],
       [11, 13, 14, 15],
       [16, 18, 19, 20],
       [21, 23, 24, 25]])
```

n행부터 m-n개 추출

```
def row_extract(a,p,q):
    a=np.array(a)
    n=len(a)
    t=[]
    for k in range(p,q):
        t.append(a[k])
    return np.array(t)

def col_extract(a,n,m):
    b=a.T
    c=row_extract(b,n,m)
    return c.T

def row_col_extract(a, p,q,h,j):
    b=row_extract(a,p,q)
    c=col_extract(b,h,j)
    return c

a = np.array(range(1,37)).reshape((6,6))

a
```

```
Out[12]:
array([[ 1,  2,  3,  4,  5,  6],
       [ 7,  8,  9, 10, 11, 12],
       [13, 14, 15, 16, 17, 18],
       [19, 20, 21, 22, 23, 24],
       [25, 26, 27, 28, 29, 30],
       [31, 32, 33, 34, 35, 36]])

row_extract(a,1,4)
Out[13]:
array([[ 7,  8,  9, 10, 11, 12],
       [13, 14, 15, 16, 17, 18],
       [19, 20, 21, 22, 23, 24]])

col_extract(a,1,4)
Out[14]:
array([[ 2,  3,  4],
       [ 8,  9, 10],
       [14, 15, 16],
       [20, 21, 22],
       [26, 27, 28],
       [32, 33, 34]])

row_col_extract(a,1,4,1,4)
Out[15]:
array([[ 8,  9, 10],
       [14, 15, 16],
       [20, 21, 22]])


def row_change_c(a,n,m,c):
    a=np.array(a)
    a=a.tolist()
    tmp=[]
    for k in range(len(a)):
        if k<n:
```

```
            tmp.append(a[k])
        elif n<=k<m:
            t=[]
            for j in range(len(a[0])):
                t.append(c)
            tmp.append(t)
        else:
            tmp.append(a[k])
    return np.array(tmp)


row_change_c(a,2,4,7)
Out[17]:
array([[ 1,  2,  3,  4,  5,  6],
       [ 7,  8,  9, 10, 11, 12],
       [ 7,  7,  7,  7,  7,  7],
       [ 7,  7,  7,  7,  7,  7],
       [25, 26, 27, 28, 29, 30],
       [31, 32, 33, 34, 35, 36]])

def col_change_c(a,n,m,c):
    a=np.array(a)
    b=a.T
    b=row_change_c(b,n,m,c)
    c=b.T
    return np.array(c)


col_change_c(a,2,4,7)
Out[19]:
array([[ 1,  2,  7,  7,  5,  6],
       [ 7,  8,  7,  7, 11, 12],
       [13, 14,  7,  7, 17, 18],
       [19, 20,  7,  7, 23, 24],
       [25, 26,  7,  7, 29, 30],
       [31, 32,  7,  7, 35, 36]])
```

```
def row_col_change_c(a,n,m,p,q,c):
    b=row_change_c(a,n,m,c)
    c=col_change_c(b,p,q,c)
    return c
row_col_change_c(a,2,4,3,5,7)
Out[22]:
array([[ 1,  2,  3,  7,  7,  6],
       [ 7,  8,  9,  7,  7, 12],
       [ 7,  7,  7,  7,  7,  7],
       [ 7,  7,  7,  7,  7,  7],
       [25, 26, 27,  7,  7, 30],
       [31, 32, 33,  7,  7, 36]])

def row_col_change_c(a,n,m,p,q,c):
    a=np.array(a)
    row=[]
    for k in range(len(a)):
        t=[]
        for j in range(len(a[0])):
            if n<=k<m and p<=j<q:
                t.append(c)
            else:
                t.append(a[k][j])
        row.append(t)
    return np.array(row)

a=np.array(range(49)).reshape(7,7)
row_col_change_c(a,2,4,3,5,7)
Out[27]:
array([[ 0,  1,  2,  3,  4,  5,  6],
       [ 7,  8,  9, 10, 11, 12, 13],
       [14, 15, 16,  7,  7, 19, 20],
       [21, 22, 23,  7,  7, 26, 27],
       [28, 29, 30, 31, 32, 33, 34],
       [35, 36, 37, 38, 39, 40, 41],
       [42, 43, 44, 45, 46, 47, 48]])
```

```
def row_col_change_c_2(a,n,m,p,q,c):
    a=np.array(a)
    row=[]
    for k in range(len(a)):
        t=[]
        for j in range(len(a[0])):
            if n<=k<m or p<=j<q:
                t.append(c)
            else:
                t.append(a[k][j])
        row.append(t)
    return np.array(row)

row_col_change_c_2(a,2,4,3,5,7)
Out[29]:
array([[ 0,  1,  2,  7,  7,  5,  6],
       [ 7,  8,  9,  7,  7, 12, 13],
       [ 7,  7,  7,  7,  7,  7,  7],
       [ 7,  7,  7,  7,  7,  7,  7],
       [28, 29, 30,  7,  7, 33, 34],
       [35, 36, 37,  7,  7, 40, 41],
       [42, 43, 44,  7,  7, 47, 48]])

def row_col_change_c(a,n,m,p,q,c):
    a=np.array(a)
    for k in range(len(a)):
        for j in range(len(a[0])):
            if n<=k<m and p<=j<q:
                a[k,j]=c
            else:
                a[k,j]=a[k,j]
    return a


row_col_change_c(a,2,4,3,6,7)
```

```
Out[31]:
array([[ 0,  1,  2,  3,  4,  5,  6],
       [ 7,  8,  9, 10, 11, 12, 13],
       [14, 15, 16,  7,  7,  7, 20],
       [21, 22, 23,  7,  7,  7, 27],
       [28, 29, 30, 31, 32, 33, 34],
       [35, 36, 37, 38, 39, 40, 41],
       [42, 43, 44, 45, 46, 47, 48]])
```

다음을 실행해보자

```
a=[k for k in range(1,13)]
a
Out[35]: [1, 2, 3, 4, 5, 6, 7, 8, 9, 10, 11, 12]

def dele(a,n,m):
    t=[]
    for j in range(n):
        val=a.pop(0)
        t.append(val)
    for k in range(m-n):
        del a[0]
        a
    n=len(a)
    for l in range(n):
        t.append(a[l])
    return t


dele(a,2,5)
Out[37]: [1, 2, 6, 7, 8, 9, 10, 11, 12]

a
Out[38]: [6, 7, 8, 9, 10, 11, 12]
```

위 함수 아래 함수를 비교해보자

```
a=[k for k in range(1,13)]
a
Out[39]: [1, 2, 3, 4, 5, 6, 7, 8, 9, 10, 11, 12]

def delete(a,n,m):
    a=np.array(a)
    a=a.tolist()
    t=[]
    for j in range(n):
        val=a.pop(0)
        print(a)
        t.append(val)
    for k in range(m-n):
        del a[0]
        a
    n=len(a)
    for l in range(n):
        t.append(a[l])
    return a,np.array(t)


delete(a,2,5)
[2, 3, 4, 5, 6, 7, 8, 9, 10, 11, 12]
[3, 4, 5, 6, 7, 8, 9, 10, 11, 12]
Out[40]: ([6, 7, 8, 9, 10, 11, 12], array([ 1,  2,  6,  7,  8,  9, 10, 11, 12]))

a
Out[41]: [1, 2, 3, 4, 5, 6, 7, 8, 9, 10, 11, 12]
```

다음을 실행해보자

```
a=[k for k in range(1,26)]
a=np.array(a)
b=a.reshape(5,5)
```

```
b
Out[43]:
array([[ 1,  2,  3,  4,  5],
       [ 6,  7,  8,  9, 10],
       [11, 12, 13, 14, 15],
       [16, 17, 18, 19, 20],
       [21, 22, 23, 24, 25]])

def row_dele(a,n,m):
    a=np.array(a)
    a=a.tolist()
    t=[]
    for j in range(n):
        val=a.pop(0)
        t.append(val)
    for k in range(m-n):
        del a[0]
        a
    n=len(a)
    for l in range(n):
        t.append(a[l])
    return np.array(t)

row_dele(b,1,3)
Out[45]:
array([[ 1,  2,  3,  4,  5],
       [16, 17, 18, 19, 20],
       [21, 22, 23, 24, 25]])

def col_dele(a,n,m):
    a=np.array(a)
    b=a.T
    c=row_dele(b,n,m)
    return c.T

col_dele(b,1,3)
```

```
Out[46]:
array([[ 1,  4,  5],
       [ 6,  9, 10],
       [11, 14, 15],
       [16, 19, 20],
       [21, 24, 25]])

b
Out[47]:
array([[ 1,  2,  3,  4,  5],
       [ 6,  7,  8,  9, 10],
       [11, 12, 13, 14, 15],
       [16, 17, 18, 19, 20],
       [21, 22, 23, 24, 25]])
```

배열의 요소 입력(numpy의 가장 큰 특징)
배열의 요소 추출 numpy 배열 슬라이싱(slicing)

```
import math
from math import *
import numpy as np

a=[k for k in range(1,50)]
a=np.array(a)
b=a.reshape(7,7)
b
Out[3]:
array([[ 1,  2,  3,  4,  5,  6,  7],
       [ 8,  9, 10, 11, 12, 13, 14],
       [15, 16, 17, 18, 19, 20, 21],
       [22, 23, 24, 25, 26, 27, 28],
       [29, 30, 31, 32, 33, 34, 35],
       [36, 37, 38, 39, 40, 41, 42],
       [43, 44, 45, 46, 47, 48, 49]])
```

```
b[1:4,2:5]=0
b
Out[5]:
array([[ 1,  2,  3,  4,  5,  6,  7],
       [ 8,  9,  0,  0,  0, 13, 14],
       [15, 16,  0,  0,  0, 20, 21],
       [22, 23,  0,  0,  0, 27, 28],
       [29, 30, 31, 32, 33, 34, 35],
       [36, 37, 38, 39, 40, 41, 42],
       [43, 44, 45, 46, 47, 48, 49]])

b[0::,0::]=1
b
Out[7]:
array([[1, 1, 1, 1, 1, 1, 1],
       [1, 1, 1, 1, 1, 1, 1],
       [1, 1, 1, 1, 1, 1, 1],
       [1, 1, 1, 1, 1, 1, 1],
       [1, 1, 1, 1, 1, 1, 1],
       [1, 1, 1, 1, 1, 1, 1],
       [1, 1, 1, 1, 1, 1, 1]])

b[0:4,1:5]=7
b
Out[9]:
array([[1, 7, 7, 7, 7, 1, 1],
       [1, 7, 7, 7, 7, 1, 1],
       [1, 7, 7, 7, 7, 1, 1],
       [1, 7, 7, 7, 7, 1, 1],
       [1, 1, 1, 1, 1, 1, 1],
       [1, 1, 1, 1, 1, 1, 1],
       [1, 1, 1, 1, 1, 1, 1]])
```

```
a = np.array(range(1,37)).reshape((6,6))
a
Out[11]:
array([[ 1,  2,  3,  4,  5,  6],
       [ 7,  8,  9, 10, 11, 12],
       [13, 14, 15, 16, 17, 18],
       [19, 20, 21, 22, 23, 24],
       [25, 26, 27, 28, 29, 30],
       [31, 32, 33, 34, 35, 36]])

a[0:3,:]
Out[12]:
array([[ 1,  2,  3,  4,  5,  6],
       [ 7,  8,  9, 10, 11, 12],
       [13, 14, 15, 16, 17, 18]])

a[:,1:3]
Out[13]:
array([[ 2,  3],
       [ 8,  9],
       [14, 15],
       [20, 21],
       [26, 27],
       [32, 33]])

a[0::,0::]
Out[14]:
array([[ 1,  2,  3,  4,  5,  6],
       [ 7,  8,  9, 10, 11, 12],
       [13, 14, 15, 16, 17, 18],
       [19, 20, 21, 22, 23, 24],
       [25, 26, 27, 28, 29, 30],
       [31, 32, 33, 34, 35, 36]])

a[1:3,1::]
```

```
Out[15]:
array([[ 8,  9, 10, 11, 12],
       [14, 15, 16, 17, 18]])

a[2::,1::]
Out[16]:
array([[14, 15, 16, 17, 18],
       [20, 21, 22, 23, 24],
       [26, 27, 28, 29, 30],
       [32, 33, 34, 35, 36]])

a[2:3,0::]
Out[17]: array([[13, 14, 15, 16, 17, 18]])

a[0:3,:]=100
a
Out[19]:
array([[100, 100, 100, 100, 100, 100],
       [100, 100, 100, 100, 100, 100],
       [100, 100, 100, 100, 100, 100],
       [ 19,  20,  21,  22,  23,  24],
       [ 25,  26,  27,  28,  29,  30],
       [ 31,  32,  33,  34,  35,  36]])


a=[k for k in range(1,26)]
a=np.array(a)
a=a.reshape(5,5)

a
Out[30]:
array([[ 1,  2,  3,  4,  5],
       [ 6,  7,  8,  9, 10],
       [11, 12, 13, 14, 15],
       [16, 17, 18, 19, 20],
       [21, 22, 23, 24, 25]])
```

```
a[:,0:1]
Out[32]:
array([[ 1],
       [ 6],
       [11],
       [16],
       [21]])

a[0:1,:]
Out[33]: array([[1, 2, 3, 4, 5]])
a[0,:]
Out[34]: array([1, 2, 3, 4, 5])

a[:,0]
Out[35]: array([ 1,  6, 11, 16, 21])

a[1:, : ]
Out[36]:
array([[ 6,  7,  8,  9, 10],
       [11, 12, 13, 14, 15],
       [16, 17, 18, 19, 20],
       [21, 22, 23, 24, 25]])

a[1::, : ]
Out[37]:
array([[ 6,  7,  8,  9, 10],
       [11, 12, 13, 14, 15],
       [16, 17, 18, 19, 20],
       [21, 22, 23, 24, 25]])

a[:2, 0:3]
Out[39]:
array([[1, 2, 3],
       [6, 7, 8]])
```

```
a[:, :3]
Out[40]:
array([[ 1,  2,  3],
       [ 6,  7,  8],
       [11, 12, 13],
       [16, 17, 18],
       [21, 22, 23]])
```

배열의 shape

```
b=[[6, 3, 7, 4], [2, 6, 1, 3], [5, 4, 3, 1], [0, 1, 2, 3]]
b=np.array(b)
b
Out[20]:
array([[6, 3, 7, 4],
       [2, 6, 1, 3],
       [5, 4, 3, 1],
       [0, 1, 2, 3]])

b.reshape(2,8)
Out[21]:
array([[6, 3, 7, 4, 2, 6, 1, 3],
       [5, 4, 3, 1, 0, 1, 2, 3]])

c=b.reshape(2,8)
c
Out[23]:
array([[6, 3, 7, 4, 2, 6, 1, 3],
       [5, 4, 3, 1, 0, 1, 2, 3]])

c.shape
Out[24]: (2, 8)

b.shape
Out[25]: (4, 4)
```

```
def to_array(a,m):
    n=len(a)
    if n%m==0:
        kk=n//m
    else:
        kk=n//m +1
    t=[]
    for j in range(kk):
        t1=[]
        for k in range(n):
            if j<=k//m < j+1:
                t1.append(a[k])
        t.append(t1)
        c=len(t[-1])
        if c<m:
            for i in range(m-c):
                t[-1].append(0)
    return np.array(t)


a=np.arange(15)

to_array(a,6)
Out[27]:
array([[ 0,  1,  2,  3,  4,  5],
       [ 6,  7,  8,  9, 10, 11],
       [12, 13, 14,  0,  0,  0]])
```

배열의 여러 가지 표현

```
a = np.zeros((4,4))
a
Out[42]:
array([[0., 0., 0., 0.],
       [0., 0., 0., 0.],
       [0., 0., 0., 0.],
       [0., 0., 0., 0.]])

a = np.eye(4)
a
Out[44]:
array([[1., 0., 0., 0.],
       [0., 1., 0., 0.],
       [0., 0., 1., 0.],
       [0., 0., 0., 1.]])

a = np.full((4,4), 7)
a
Out[46]:
array([[7, 7, 7, 7],
       [7, 7, 7, 7],
       [7, 7, 7, 7],
       [7, 7, 7, 7]])

a = np.ones((3,4))
a
Out[48]:
array([[1., 1., 1., 1.],
       [1., 1., 1., 1.],
       [1., 1., 1., 1.]])


a = np.array(range(1,21)).reshape((4,5))
```

```
a
Out[50]:
array([[ 1,  2,  3,  4,  5],
       [ 6,  7,  8,  9, 10],
       [11, 12, 13, 14, 15],
       [16, 17, 18, 19, 20]])a = np.zeros((2,2))
```

numpy 정수 인덱싱

```
a = np.array(range(1,21)).reshape((4,5))
a
Out[51]:
array([[ 1,  2,  3,  4,  5],
       [ 6,  7,  8,  9, 10],
       [11, 12, 13, 14, 15],
       [16, 17, 18, 19, 20]])

d = a[[0, 2], [1, 3]]
d
Out[53]: array([ 2, 14])
```

(a의 0+1행 1+1열과 a의 2+1행 3+1열)

numpy 배열 정렬(sort)

np.sort(a1, axis=0)
np.sort(a1, axis=1)
axis=0 은 상하 (작은것에서 큰 것 순으로)
axis=1 은 좌우 (작은것에서 큰 것 순으로)

```
a=[6,3,7,4,2,6,1,3,5,4,3,1,0,1,2,9]
a=np.array(a)
```

```
a=a.reshape(4,4)
a
Out[54]:
array([[6, 3, 7, 4],
        [2, 6, 1, 3],
        [5, 4, 3, 1],
        [0, 1, 2, 9]])

np.sort(a, axis=0)
Out[55]:
array([[0, 1, 1, 1],
        [2, 3, 2, 3],
        [5, 4, 3, 4],
        [6, 6, 7, 9]])

np.sort(a, axis=1)
Out[56]:
array([[3, 4, 6, 7],
        [1, 2, 3, 6],
        [1, 3, 4, 5],
        [0, 1, 2, 9]])
        [0, 1, 2, 3]])
```

argsort

a[np.argsort(a[:,-1])] 마지막 열 기준 상하 정렬 오름차순
a[np.argsort(a[:, 0])] 첫 열 기준 상하 정렬 오름차순
a[np.argsort(a[:, 1])] 두째 열 기준 상하 정렬 오름차순

```
a
Out[57]:
array([[6, 3, 7, 4],
       [2, 6, 1, 3],
       [5, 4, 3, 1],
       [0, 1, 2, 9]])

a[np.argsort(a[:,0])]
Out[58]:
array([[0, 1, 2, 9],
       [2, 6, 1, 3],
       [5, 4, 3, 1],
       [6, 3, 7, 4]])

a[np.argsort(a[:,1])]
Out[59]:
array([[0, 1, 2, 9],
       [6, 3, 7, 4],
       [5, 4, 3, 1],
       [2, 6, 1, 3]])

a[np.argsort(a[:,-1])]
Out[60]:
array([[5, 4, 3, 1],
       [2, 6, 1, 3],
       [6, 3, 7, 4],
       [0, 1, 2, 9]])
```

0 행 기준 좌우 정렬 오름차순

```
a
Out[61]:
array([[6, 3, 7, 4],
       [2, 6, 1, 3],
       [5, 4, 3, 1],
       [0, 1, 2, 9]])

a.T
Out[62]:
array([[6, 2, 5, 0],
       [3, 6, 4, 1],
       [7, 1, 3, 2],
       [4, 3, 1, 9]])

a.T[np.argsort(a.T[:, 0])]
Out[63]:
array([[3, 6, 4, 1],
       [4, 3, 1, 9],
       [6, 2, 5, 0],
       [7, 1, 3, 2]])

a.T[np.argsort(a.T[:, 0])].T
Out[64]:
array([[3, 4, 6, 7],
       [6, 3, 2, 1],
       [4, 1, 5, 3],
       [1, 9, 0, 2]])
```

1 행 기준 좌우 정렬 오름차순

```
a
Out[65]:
array([[6, 3, 7, 4],
       [2, 6, 1, 3],
       [5, 4, 3, 1],
       [0, 1, 2, 9]])

a.T[np.argsort(a.T[:, 1])].T
Out[66]:
array([[7, 6, 4, 3],
       [1, 2, 3, 6],
       [3, 5, 1, 4],
       [2, 0, 9, 1]])
```

리스트로 배열로 변환

```
a=[[6, 3, 7, 4], [2, 6, 1, 3], [5, 4, 3, 1], [0, 1, 2, 3]]
a=np.array(a)
a
Out[67]:
array([[6, 3, 7, 4],
       [2, 6, 1, 3],
       [5, 4, 3, 1],
       [0, 1, 2, 3]])

a.flatten()
Out[68]: array([6, 3, 7, 4, 2, 6, 1, 3, 5, 4, 3, 1, 0, 1, 2, 3])

b=a.flatten()

b.tolist()
```

```
Out[70]: [6, 3, 7, 4, 2, 6, 1, 3, 5, 4, 3, 1, 0, 1, 2, 3]

a=[[6, 3, 7, 4], [2, 6, 1, 3], [5, 4, 3, 1], [0, 1, 2, 3]]
a=np.array(a)
a
Out[71]:
array([[6, 3, 7, 4],
       [2, 6, 1, 3],
       [5, 4, 3, 1],
       [0, 1, 2, 3]])

a.tolist()
Out[72]: [[6, 3, 7, 4], [2, 6, 1, 3], [5, 4, 3, 1], [0, 1, 2, 3]]
```

np 명렬어들

```
a=[[4, 3, 2, 1], [3, 2, 1, 4], [2, 1, 4, 3], [1, 4, 3, 2]]
b=[[4, 3, 2, 1], [0, 0, 0, 0], [2, 1, 4, 3], [1, 4, 3, 2]]

np.add(a, b)
Out[74]:
array([[8, 6, 4, 2],
       [3, 2, 1, 4],
       [4, 2, 8, 6],
       [2, 8, 6, 4]])

np.subtract(a, b)
Out[75]:
array([[0, 0, 0, 0],
       [3, 2, 1, 4],
       [0, 0, 0, 0],
       [0, 0, 0, 0]])

np.multiply(a, b)
```

```
Out[76]:
array([[16,  9,  4,  1],
       [ 0,  0,  0,  0],
       [ 4,  1, 16,  9],
       [ 1, 16,  9,  4]])

np.dot(a,b)
Out[77]:
array([[21, 18, 19, 12],
       [18, 26, 22, 14],
       [19, 22, 29, 20],
       [12, 14, 20, 14]])

np.divide(b,a)
Out[78]:
array([[1., 1., 1., 1.],
       [0., 0., 0., 0.],
       [1., 1., 1., 1.],
       [1., 1., 1., 1.]])
```

axis=0 상하 axis=1좌우

```
b = np.arange(1, 10).reshape((3,3))
b
Out[80]:
array([[1, 2, 3],
       [4, 5, 6],
       [7, 8, 9]])

np.sum(b, axis=0)
Out[81]: array([12, 15, 18])

np.sum(b, axis=1)
Out[82]: array([ 6, 15, 24])
```

```
np.max(b, axis=0)
Out[83]: array([7, 8, 9])

np.max(b, axis=1)
Out[84]: array([3, 6, 9])
np.min(b, axis=0)
Out[85]: array([1, 2, 3])
np.min(b, axis=1)
Out[86]: array([1, 4, 7])

np.mean(b, axis=0)
Out[87]: array([4., 5., 6.])
np.mean(b, axis=1)
Out[88]: array([2., 5., 8.])
np.mean(b[:,-1])
Out[89]: 6.0

np.mean(b[:,-2])
Out[90]: 5.0

np.mean(b[:, 0])
Out[91]: 4.0

np.std(b, axis=0)
Out[92]: array([2.44948974, 2.44948974, 2.44948974])

np.std(b, axis=1)
Out[93]: array([0.81649658, 0.81649658, 0.81649658])

np.exp(b)
Out[94]:
array([[2.71828183e+00, 7.38905610e+00, 2.00855369e+01],
       [5.45981500e+01, 1.48413159e+02, 4.03428793e+02],
       [1.09663316e+03, 2.98095799e+03, 8.10308393e+03]])
```

배열 추가
np.append(b, a, axis=1) 좌우
np.append(b, a, axis=0) 상하

```
a=[[4, 3, 2, 1], [3, 2, 1, 4], [2, 1, 4, 3], [1, 4, 3, 2]]
b=[[1, 1, 1, 1], [0, 0, 0, 0], [2, 2, 2, 2], [5, 5, 5, 5]]
```

```
np.append(b, a, axis=1)
Out[96]:
array([[1, 1, 1, 1, 4, 3, 2, 1],
       [0, 0, 0, 0, 3, 2, 1, 4],
       [2, 2, 2, 2, 2, 1, 4, 3],
       [5, 5, 5, 5, 1, 4, 3, 2]])
```

```
np.append(b, a, axis=0)
Out[97]:
array([[1, 1, 1, 1],
       [0, 0, 0, 0],
       [2, 2, 2, 2],
       [5, 5, 5, 5],
       [4, 3, 2, 1],
       [3, 2, 1, 4],
       [2, 1, 4, 3],
       [1, 4, 3, 2]])
```

수평 방향 배열 결합 np.hstack((a, b))
수직 방향 배열 결합 np.vstack((a, b))

```
np.hstack((b, a))
Out[98]:
array([[1, 1, 1, 1, 4, 3, 2, 1],
       [0, 0, 0, 0, 3, 2, 1, 4],
       [2, 2, 2, 2, 2, 1, 4, 3],
       [5, 5, 5, 5, 1, 4, 3, 2]])
```

```
np.vstack((b,a))
Out[99]:
array([[1, 1, 1, 1],
       [0, 0, 0, 0],
       [2, 2, 2, 2],
       [5, 5, 5, 5],
       [4, 3, 2, 1],
       [3, 2, 1, 4],
       [2, 1, 4, 3],
       [1, 4, 3, 2]])
```

배열 분리
np.hsplit(a, 2) 수평 분리
np.vsplit(a, 2) 수직 분리

```
a = np.arange(1, 25).reshape((4, 6))
a
Out[100]:
array([[ 1,  2,  3,  4,  5,  6],
       [ 7,  8,  9, 10, 11, 12],
       [13, 14, 15, 16, 17, 18],
       [19, 20, 21, 22, 23, 24]])
```

```
np.hsplit(a, 2)
Out[101]:
[array([[ 1,  2,  3],
        [ 7,  8,  9],
        [13, 14, 15],
        [19, 20, 21]]), array([[ 4,  5,  6],
        [10, 11, 12],
        [16, 17, 18],
        [22, 23, 24]])]

np.vsplit(a, 2)
Out[102]:
[array([[ 1,  2,  3,  4,  5,  6],
        [ 7,  8,  9, 10, 11, 12]]), array([[13, 14, 15, 16, 17, 18],
        [19, 20, 21, 22, 23, 24]])]

np.hsplit(a, 3)
Out[103]:
[array([[ 1,  2],
        [ 7,  8],
        [13, 14],
        [19, 20]]), array([[ 3,  4],
        [ 9, 10],
        [15, 16],
        [21, 22]]), array([[ 5,  6],
        [11, 12],
        [17, 18],
        [23, 24]])]

np.vsplit(a, 4)
Out[104]:
[array([[1, 2, 3, 4, 5, 6]]),
 array([[ 7,  8,  9, 10, 11, 12]]),
 array([[13, 14, 15, 16, 17, 18]]),
 array([[19, 20, 21, 22, 23, 24]])]
```

배열 삽입

```
a = np.arange(1, 10)
np.insert(a, 1, 100)
Out[105]: array([  1, 100,   2,   3,   4,   5,   6,   7,   8,   9])

a = np.arange(1, 25).reshape((4, 6))

np.insert(a, 2, 100, axis=0)
Out[107]:
array([[  1,   2,   3,   4,   5,   6],
       [  7,   8,   9,  10,  11,  12],
       [100, 100, 100, 100, 100, 100],
       [ 13,  14,  15,  16,  17,  18],
       [ 19,  20,  21,  22,  23,  24]])

np.insert(a, 2, 100, axis=1)
Out[108]:
array([[  1,   2, 100,   3,   4,   5,   6],
       [  7,   8, 100,   9,  10,  11,  12],
       [ 13,  14, 100,  15,  16,  17,  18],
       [ 19,  20, 100,  21,  22,  23,  24]])
```

배열 삭제

```
a = np.arange(1, 10)
np.delete(a, 1)
Out[110]: array([1, 3, 4, 5, 6, 7, 8, 9])

a
Out[111]: array([1, 2, 3, 4, 5, 6, 7, 8, 9])

a = np.arange(1, 25).reshape((4, 6))
```

```
a
Out[113]:
array([[ 1,  2,  3,  4,  5,  6],
       [ 7,  8,  9, 10, 11, 12],
       [13, 14, 15, 16, 17, 18],
       [19, 20, 21, 22, 23, 24]])

np.delete(a, 2, axis=0)
Out[114]:
array([[ 1,  2,  3,  4,  5,  6],
       [ 7,  8,  9, 10, 11, 12],
       [19, 20, 21, 22, 23, 24]])

np.delete(a, 2, axis=1)
Out[115]:
array([[ 1,  2,  4,  5,  6],
       [ 7,  8, 10, 11, 12],
       [13, 14, 16, 17, 18],
       [19, 20, 22, 23, 24]])

a
Out[116]:
array([[ 1,  2,  3,  4,  5,  6],
       [ 7,  8,  9, 10, 11, 12],
       [13, 14, 15, 16, 17, 18],
       [19, 20, 21, 22, 23, 24]])
```

행렬의 합과 broadcasting

```
import math
from math import *
import numpy as np

np.arange(5)
array([0, 1, 2, 3, 4])
np.arange(5)+10
array([10, 11, 12, 13, 14])
np.ones((5,5))
array([[1., 1., 1., 1., 1.],
       [1., 1., 1., 1., 1.],
       [1., 1., 1., 1., 1.],
       [1., 1., 1., 1., 1.],
       [1., 1., 1., 1., 1.]])

np.ones((5,5))+np.arange(5)
array([[1., 2., 3., 4., 5.],
       [1., 2., 3., 4., 5.],
       [1., 2., 3., 4., 5.],
       [1., 2., 3., 4., 5.],
       [1., 2., 3., 4., 5.]])
np.ones((5,5))+np.arange(6)
Traceback (most recent call last):

  File "<ipython-input-186-3ee98284b6cb>", line 1, in <module>
    np.ones((5,5))+np.arange(6)

ValueError: operands could not be broadcast together with shapes (5,5) (6,)

np.arange(5).reshape(5,1)
array([[0],
       [1],
       [2],
```

```
        [3],
        [4]])

np.arange(5)
array([0, 1, 2, 3, 4])

np.arange(5).reshape(5,1)+np.arange(5)
array([[0, 1, 2, 3, 4],
       [1, 2, 3, 4, 5],
       [2, 3, 4, 5, 6],
       [3, 4, 5, 6, 7],
       [4, 5, 6, 7, 8]])

k=np.arange(5).reshape(5,1)
kk=np.hstack((k,k,k,k,k))
kk
array([[0, 0, 0, 0, 0],
       [1, 1, 1, 1, 1],
       [2, 2, 2, 2, 2],
       [3, 3, 3, 3, 3],
       [4, 4, 4, 4, 4]])

j=np.arange(5)
jj=np.vstack((j,j,j,j,j))
jj
array([[0, 1, 2, 3, 4],
       [0, 1, 2, 3, 4],
       [0, 1, 2, 3, 4],
       [0, 1, 2, 3, 4],
       [0, 1, 2, 3, 4]])


kk+jj
array([[0, 1, 2, 3, 4],
       [1, 2, 3, 4, 5],
       [2, 3, 4, 5, 6],
```

```
          [3, 4, 5, 6, 7],
          [4, 5, 6, 7, 8]])

kkjj=kk+jj
kkjj+j

array([[ 0,  2,  4,  6,  8],
       [ 1,  3,  5,  7,  9],
       [ 2,  4,  6,  8, 10],
       [ 3,  5,  7,  9, 11],
       [ 4,  6,  8, 10, 12]])
kkjj+jj
array([[ 0,  2,  4,  6,  8],
       [ 1,  3,  5,  7,  9],
       [ 2,  4,  6,  8, 10],
       [ 3,  5,  7,  9, 11],
       [ 4,  6,  8, 10, 12]])
```

• 이미지 연산

이미지는 red green blue 세 개의 행렬로 만들어짐을 다음 몇 개의 페이지들에서 바로 알 수 있다.
행렬을 다루는 것이 이미지를 다루는 것과 같다는 말이다.

```
import math
from math import *
import numpy as np
import matplotlib.pyplot as plt

from sklearn.datasets import load_sample_images
dataset = load_sample_images()
img_rgb = dataset.images[1]
img_rgb.shape
Out[2]: (427, 640, 3)

plt.figure(figsize=(100,5))
plt.imshow(img_rgb[:,:, :])
plt.title("PIC")
Out[3]: Text(0.5, 1.0, 'PIC')
```

```
img_rgb
Out[3]:
array([[[ 2, 19, 13],
        [ 3, 18, 13],
        [ 7, 20, 13],
        ...,
        [ 1, 77, 64],
        [ 0, 76, 64],
        [ 0, 75, 63]],

       [[ 1, 18, 12],
        [ 3, 18, 13],
        [ 7, 20, 13],
        ...,
        [ 0, 76, 64],
        [ 1, 74, 65],
        [ 1, 74, 65]],

       [[ 2, 17, 12],
        [ 6, 19, 12],
        [ 7, 20, 13],
        ...,
        [ 1, 74, 65],
        [ 1, 74, 67],
        [ 1, 74, 67]],

       ...,

       [[ 0, 46, 40],
        [ 1, 48, 40],
        [ 1, 47, 37],
        ...,
        [ 5, 44, 26],
        [ 6, 43, 26],
        [ 7, 44, 27]],
```

```
        [[ 0, 47, 41],
         [ 1, 48, 40],
         [ 1, 47, 37],
         ...,
         [ 6, 45, 27],
         [ 7, 44, 27],
         [ 7, 44, 27]],

        [[ 0, 47, 41],
         [ 1, 48, 40],
         [ 0, 46, 36],
         ...,
         [ 7, 46, 28],
         [ 8, 45, 28],
         [ 9, 43, 27]]], dtype=uint8)
t=[]
for i in range(len(img_rgb[:,:,0])):
    s=[]
    for j in reversed(range(3)):
        s.append(img_rgb[:,:,j][i])
    t.append(np.array(s).T)
t=np.array(t)

plt.figure(figsize=(100,5))
plt.imshow(t)
plt.axis("off")
plt.title("PIC")
Out[5]: Text(0.5, 1.0, 'PIC')
```

PIC

```
from sklearn.datasets import load_sample_images
dataset = load_sample_images()
img_rgb = dataset.images[1]

t=[]
for i in range(len(img_rgb[100:300,200:450,0])):
    s=[]
    for j in range(3):
        s.append(img_rgb[100:300,200:450,j][i])
    t.append(np.array(s).T)
t=np.array(t)

plt.figure(figsize=(100,5))
plt.imshow(t)
plt.axis("off")
plt.title("pic")
Out[7]: Text(0.5, 1.0, 'pic')
```

pic

```
img_rgb[200:210,300:310,0]
Out[8]:
array([[104, 118, 212, 255, 237, 190, 214, 216, 223, 216],
       [131, 127, 116, 153, 115, 109, 220, 210, 216, 221],
       [141, 144, 146, 137, 126, 103, 183, 217, 212, 223],
       [159, 163, 167, 171, 164,  93, 166, 208, 209, 231],
       [184, 177, 184, 186, 182,  81, 148, 235, 203, 214],
       [190, 200, 212, 209, 157,  85, 160, 232, 205, 228],
       [215, 211, 210, 223, 109, 102, 202, 221, 206, 163],
       [215, 212, 239, 193,  94, 181, 222, 191, 180, 192],
       [233, 226, 236, 162, 114, 206, 215, 196, 204, 198],
       [222, 232, 228, 153, 124, 211, 224, 211, 199, 195]], dtype=uint8)
```

```
plt.figure(figsize=(100,5))
plt.imshow(img_rgb[200:210,300:310,0])
plt.axis("off")
plt.title("pic")
Out[9]: Text(0.5, 1.0, 'pic')
```

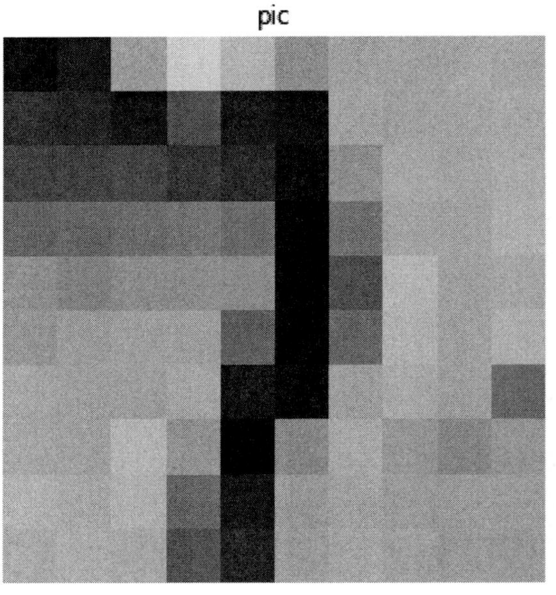

```
img_rgb[200:210,300:310,1]
Out[10]:
array([[  0,   8, 119, 181, 140,  61,  82,  91,  91,  89],
       [  3,   0,   4,  51,  29,   1,  81, 112, 100,  92],
       [  6,   4,   4,   2,   1,   0,  36,  80, 110,  84],
       [  1,   3,   0,   6,   0,   2,  26,  41,  88, 111],
       [  2,   0,   8,  46,  30,   1,  29,  94,  84, 123],
       [  1,   7,  54, 101,  31,   0,  38, 114,  94, 122],
       [ 37,  32,  80, 104,   7,   4,  80, 109,  69,  15],
       [ 76,  79, 127,  85,   0,  53, 132,  62,  20,  23],
       [106, 114, 145,  33,   0, 100, 112,  72,  72,  56],
       [102, 137, 113,   3,   2, 111, 133, 105,  72,  74]], dtype=uint8)

plt.figure(figsize=(100,5))
plt.imshow(img_rgb[200:210,300:310,1])
plt.axis("off")
plt.title("pic")
Out[11]: Text(0.5, 1.0, 'pic')
```

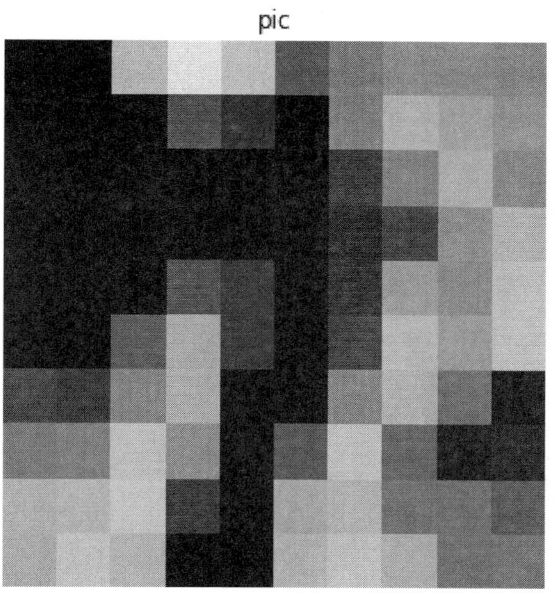


```
img_rgb[200:210,300:310,2]
Out[12]:
array([[ 13,   7,  60,  93,  63,  19,  17,  24,  26,  34],
       [  0,   2,   3,  26,  16,   1,  40,  51,  51,  50],
       [  3,   7,   2,   0,   7,   0,   3,  34,  62,  63],
       [  0,   5,   0,   2,  10,   1,   9,   0,  41,  84],
       [  0,   0,  11,  11,   9,   2,  25,  41,  42,  79],
       [  5,  10,  27,  29,  16,   0,  27,  64,  49,  70],
       [ 25,  28,  46,  46,   0,   3,  43,  45,  15,   1],
       [ 43,  60,  81,  36,   0,  44,  44,  20,   0,   4],
       [ 74,  74,  88,   4,   1,  50,  45,  12,   8,   8],
       [ 86, 107,  69,   4,   0,  51,  52,  43,   0,   5]], dtype=uint8)

plt.figure(figsize=(100,5))
plt.imshow(img_rgb[200:210,300:310,1])
plt.axis("off")
plt.title("pic")
Out[13]: Text(0.5, 1.0, 'pic')
```

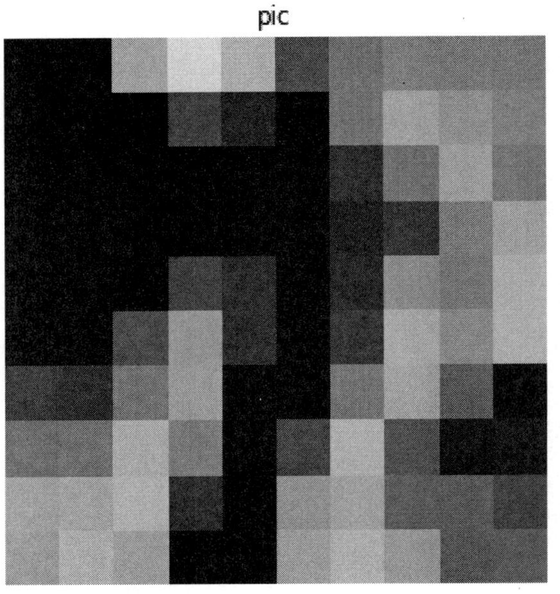

```
def make_symm_down_up():
    from sklearn.datasets import load_sample_images
    dataset = load_sample_images()
    img_rgb = dataset.images[1][213-200:213+200,320-200:320+200,:]
    n1=img_rgb.shape[0]
    n2=img_rgb.shape[1]
    n3=img_rgb.shape[2]
    a=img_rgb
    for i in range(n1):
        for j in range(n2):
            for k in range(n3):
                a[i,j,k]=a[n1-1-i,j,k]
    return a

make_symm_down_up()[:,:,1]
Out[17]:
array([[16, 16, 15, ..., 49, 48, 50],
       [14, 14, 15, ..., 48, 48, 50],
       [15, 15, 15, ..., 48, 49, 51],
       ...,
```

```
        [15, 15, 15, ..., 48, 49, 51],
        [14, 14, 15, ..., 48, 48, 50],
        [16, 16, 15, ..., 49, 48, 50]], dtype=uint8)

img_rgb = dataset.images[1][213-200:213+200,320-200:320+200,:]

img_rgb[:,:,1]
Out[19]:
array([[51, 51, 50, ..., 27, 26, 25],
        [51, 51, 50, ..., 27, 26, 24],
        [52, 51, 51, ..., 27, 25, 24],
        ...,
        [15, 15, 15, ..., 48, 49, 51],
        [14, 14, 15, ..., 48, 48, 50],
        [16, 16, 15, ..., 49, 48, 50]], dtype=uint8)
img_rgb=make_symm_down_up()
plt.figure(figsize=(100,5))
plt.imshow(img_rgb)
plt.axis("off")
plt.title("pic")
Out[21]: Text(0.5, 1.0, 'pic')
```

```
def make_symm_right_left():
    from sklearn.datasets import load_sample_images
    dataset = load_sample_images()
    img_rgb = dataset.images[1][213-200:213+200,320-200:320+200,:]
    n1=img_rgb.shape[0]
    n2=img_rgb.shape[1]
    n3=img_rgb.shape[2]
    a=img_rgb
    for i in range(n1):
        for j in range(n2):
            for k in range(n3):
                a[i,j,k]=a[i,n2-1-j,k]
    return a

make_symm_right_left()[:,:,0]
Out[24]:
array([[7, 6, 7, ..., 7, 6, 7],
       [6, 6, 7, ..., 7, 6, 6],
       [6, 5, 5, ..., 5, 5, 6],
       ...,
       [9, 7, 6, ..., 6, 7, 9],
       [8, 6, 6, ..., 6, 6, 8],
       [6, 4, 5, ..., 5, 4, 6]], dtype=uint8)

img_rgb = dataset.images[1][213-200:213+200,320-200:320+200,:]

img_rgb[:,:,0]
Out[26]:
array([[1, 1, 0, ..., 7, 6, 7],
       [1, 1, 0, ..., 7, 6, 6],
       [2, 1, 0, ..., 5, 5, 6],
       ...,
       [3, 3, 3, ..., 6, 7, 9],
       [2, 2, 3, ..., 6, 6, 8],
       [1, 1, 3, ..., 5, 4, 6]], dtype=uint8)
```

```
img_rgb=make_symm_right_left()
plt.figure(figsize=(100,5))
plt.imshow(img_rgb[:,:, :])
plt.axis("off")
plt.title("pic")
Out[27]: Text(0.5, 1.0, 'pic')
```

```
def make_symm_diag():
    from sklearn.datasets import load_sample_images
    dataset = load_sample_images()
    img_rgb = dataset.images[1][213-200:213+200,320-200:320+200,:]
    n1=img_rgb.shape[0]
    n2=img_rgb.shape[1]
    n3=img_rgb.shape[2]
    a=img_rgb
    for i in range(n1):
        for j in range(n2):
            for k in range(n3):
```

```
            if i>j:
                a[i,j,k]=a[j,i,k]
    return a


make_symm_diag()[:,:,0]
Out[28]:
array([[1, 1, 0, ..., 7, 6, 7],
       [1, 1, 0, ..., 7, 6, 6],
       [0, 0, 0, ..., 5, 5, 6],
       ...,
       [7, 7, 5, ..., 6, 7, 9],
       [6, 6, 5, ..., 7, 6, 8],
       [7, 6, 6, ..., 9, 8, 6]], dtype=uint8)

img_rgb = dataset.images[1][213-200:213+200,320-200:320+200,:]

img_rgb[:,:,0]
Out[30]:
array([[1, 1, 0, ..., 7, 6, 7],
       [1, 1, 0, ..., 7, 6, 6],
       [2, 1, 0, ..., 5, 5, 6],
       ...,
       [3, 3, 3, ..., 6, 7, 9],
       [2, 2, 3, ..., 6, 6, 8],
       [1, 1, 3, ..., 5, 4, 6]], dtype=uint8)


img_rgb=make_symm_diag()
plt.figure(figsize=(100,5))
plt.imshow(img_rgb)
plt.axis("off")
plt.title("pic")
Out[31]: Text(0.5, 1.0, 'pic')
```

```
def highlight():
    img_rgb = dataset.images[1]
    img_rgb=img_rgb.astype(np.float)
    n1=img_rgb.shape[0]
    n2=img_rgb.shape[1]
    n3=img_rgb.shape[2]
    for i in range(n1):
        for j in range(n2):
            for k in range(n3):
                if img_rgb[i,j,k]<80:
                    img_rgb[i,j,k]=0
                if 80<img_rgb[i,j,k]<150:
                    img_rgb[i,j,k]=img_rgb[i,j,k]+20
                if 150<img_rgb[i,j,k]<200:
                    img_rgb[i,j,k]=img_rgb[i,j,k]+50
    return img_rgb
```

```
from sklearn.datasets import load_sample_images
dataset = load_sample_images()
img_rgb = dataset.images[1]

img_rgb=highlight()

plt.figure(figsize=(100,5))
plt.imshow(img_rgb.astype(np.integer))
plt.axis("off")
plt.title("pic")
Out[32]: Text(0.5, 1.0, 'pic')
```

```
def highlight():
    img_rgb = dataset.images[1]
    img_rgb=img_rgb.astype(np.float)
    n1=img_rgb.shape[0]
    n2=img_rgb.shape[1]
    n3=img_rgb.shape[2]
    for i in range(n1):
        for j in range(n2):
```

```
            for k in range(n3):
                if img_rgb[i,j,k]<80:
                    img_rgb[i,j,k]=0
                if 80<img_rgb[i,j,k]<150:
                    img_rgb[i,j,k]=img_rgb[i,j,k]+20
                if 150<img_rgb[i,j,k]<200:
                    img_rgb[i,j,k]=img_rgb[i,j,k]+50
    return img_rgb

from sklearn.datasets import load_sample_images
dataset = load_sample_images()
img_rgb = dataset.images[1]

img_rgb=highlight()
plt.figure(figsize=(100,5))
plt.imshow(img_rgb.astype(np.integer)[:,:,2])
plt.axis("off")
plt.title("pic")
Out[33]: Text(0.5, 1.0, 'pic')
```

```
from sklearn.datasets import load_sample_images
dataset = load_sample_images()
img_rgb = dataset.images[0]

plt.figure(figsize=(100,5))
plt.imshow(img_rgb[50:400, 50:400, :])
plt.axis("off")
plt.title("pic")
Out[34]: Text(0.5, 1.0, 'pic')
```

pic

```
def make_symm_right_left():
    from sklearn.datasets import load_sample_images
    dataset = load_sample_images()
    img_rgb = dataset.images[0][50:400, 50:400, :]
    img_rgb=img_rgb.astype(np.float)
    n1=img_rgb.shape[0]
    n2=img_rgb.shape[1]
```

```
    n3=img_rgb.shape[2]
    a=img_rgb
    for i in range(n1):
        for j in range(n2):
            for k in range(n3):
                a[i,j,k]=a[i,n2-1-j,k]
    return a


img_rgb=make_symm_right_left()
plt.figure(figsize=(100,5))
plt.imshow(img_rgb.astype(np.integer))
plt.axis("off")
plt.title("pic")
Out[35]: Text(0.5, 1.0, 'pic')
```

```
class pic:
    def __init__(self):
        self.im={'im':np.array([[0]])}
    def go(self,k):
        from sklearn.datasets import load_sample_images
        self.dataset = load_sample_images()
        self.img_rgb =self.dataset.images[1][0:10,0:10,k]
        aa=np.array(self.img_rgb)
        self.a=aa.astype(np.float)
        n1=self.a.shape[0]
        n2=self.a.shape[1]
        for i in range(n1):
            for j in range(n2-1):
                if np.abs(self.a[i,j+1]-self.a[i,j])>2:
                    continue
                else:
                    self.a[i,j]=0
        self.a[:,-1]=0
        return np.array(self.a)


p=pic()

p.go(0)
Out[36]:
array([[ 0.,  3.,  0.,  0.,  0.,  0.,  5.,  0.,  6.,  0.],
       [ 0.,  3.,  0.,  0.,  0.,  0.,  0.,  9.,  6.,  0.],
       [ 2.,  0.,  0.,  0.,  0.,  0.,  0.,  0.,  0.,  0.],
       [ 3.,  0.,  0.,  0.,  0.,  4.,  0.,  6.,  0.,  0.],
       [ 5.,  0.,  0.,  0.,  0.,  0.,  0.,  7.,  0.,  0.],
       [ 0.,  5.,  0.,  0.,  0.,  4.,  0.,  8.,  0.,  0.],
       [ 0.,  0.,  0.,  0.,  0.,  3.,  7.,  0.,  0.,  0.],
       [ 0.,  0.,  0.,  0.,  0.,  3.,  7.,  0.,  0.,  0.],
       [ 0.,  0.,  0.,  0.,  0.,  0.,  8.,  0.,  0.,  0.],
       [ 0.,  0.,  0.,  0.,  0.,  0.,  0., 10.,  0.,  0.]])
```

```
p.img_rgb
Out[37]:
array([[ 2,  3,  7,  8,  6,  4,  5,  8,  6,  9],
       [ 1,  3,  7,  8,  7,  6,  7,  9,  6,  9],
       [ 2,  6,  7,  7,  5,  6,  7,  7,  8, 10],
       [ 3,  7,  7,  5,  5,  4,  7,  6,  9, 10],
       [ 5,  8,  8,  6,  5,  5,  7,  7, 10, 11],
       [ 4,  5,  8,  6,  5,  4,  7,  8, 11, 11],
       [ 4,  4,  5,  5,  3,  3,  7, 10, 12, 11],
       [ 4,  5,  6,  6,  4,  3,  7, 11, 12, 12],
       [ 5,  6,  6,  6,  7,  7,  8, 11, 12, 13],
       [ 4,  5,  6,  6,  7,  8,  8, 10, 13, 14]], dtype=uint8)
```

```
class pic:
    def __init__(self):
        self.im={'im':np.array([[0]])}
    def go(self,k):
        from sklearn.datasets import load_sample_images
        self.dataset = load_sample_images()
        self.img_rgb =self.dataset.images[1][:,:,k]
        aa=np.array(self.img_rgb)
        self.a=aa.astype(np.float)
        n1=self.a.shape[0]
        n2=self.a.shape[1]
        for i in range(n1-1):
            for j in range(n2-1):
                if np.abs(self.a[i,j+1]-self.a[i,j])>15 or np.abs(self.a[i+1,j]-self.a[i,j])>15:
                    if self.a[i,j]<155:
                        self.a[i,j]=self.a[i,j]+100
                else:
                    self.a[i,j]=0
        self.a[:,-1]=0
        return np.array(self.a)
```

```
t=[]
for k in range(3):
    p=pic()
    p.im['im']=p.go(k)
    t.append(p.im['im'])


plt.figure(figsize=(100,5))
plt.imshow(t[0])
plt.axis("off")
plt.title("pic")
Out[38]: Text(0.5, 1.0, 'pic')
```

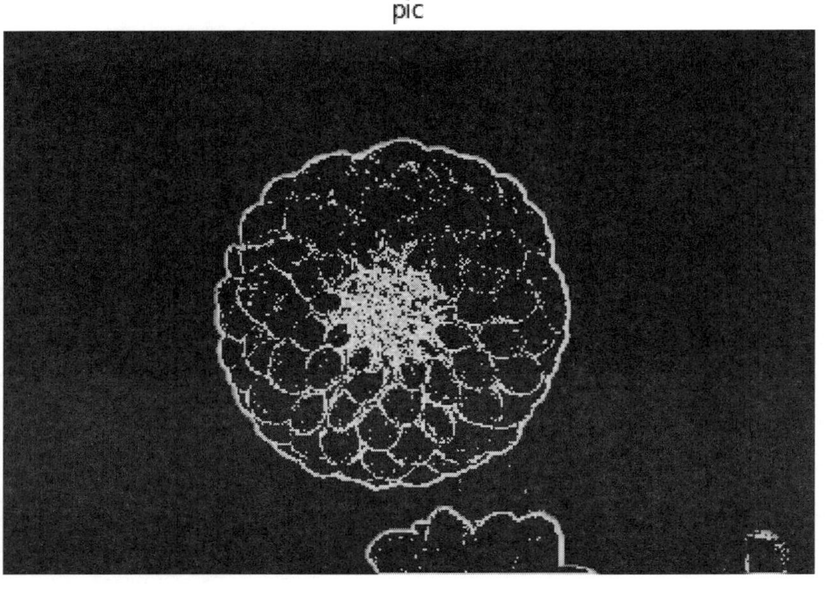

```
plt.figure(figsize=(100,5))
plt.imshow(t[1])
plt.axis("off")
plt.title("pic")
Out[39]: Text(0.5, 1.0, 'pic')
```

pic

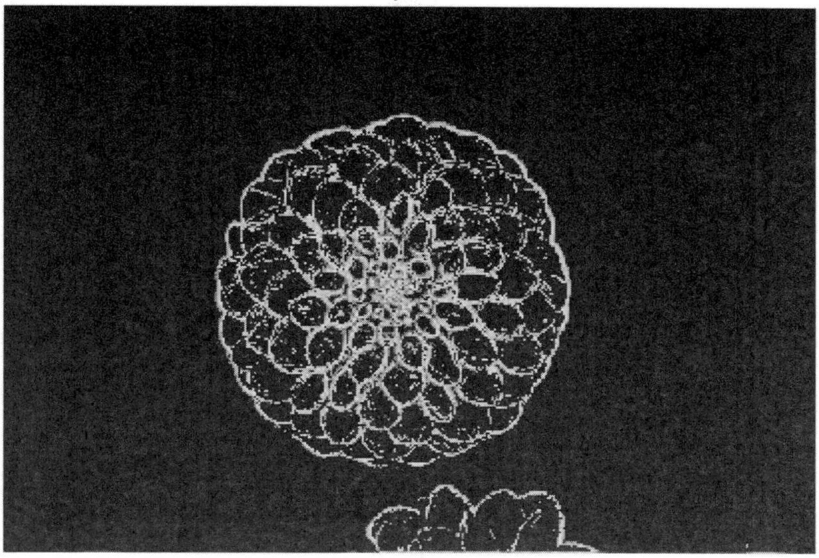

```
plt.figure(figsize=(100,5))
plt.imshow(t[2])
plt.axis("off")
plt.title("pic")
Out[40]: Text(0.5, 1.0, 'pic')
```

pic

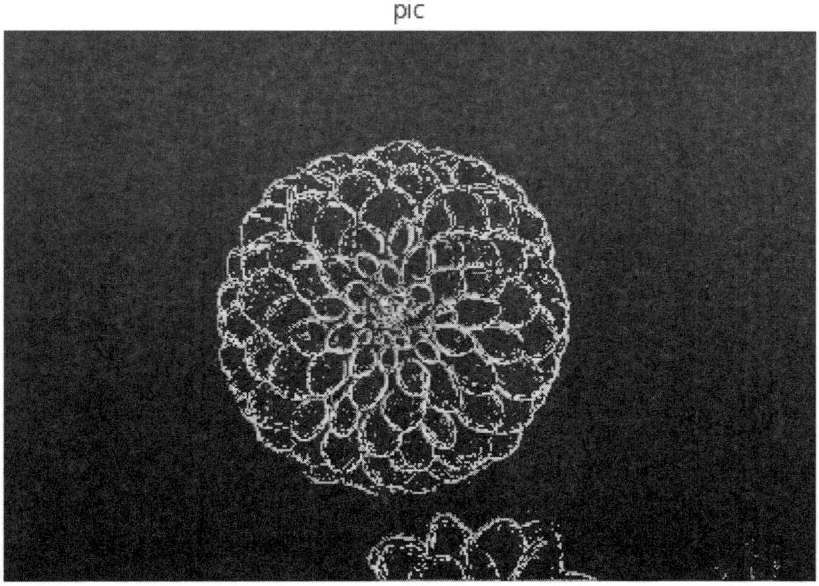

```
class pic:
    def __init__(self):
        self.im={'im':np.array([[0]])}
    def go(self,k):
        from sklearn.datasets import load_sample_images
        self.dataset = load_sample_images()
        self.img_rgb =self.dataset.images[1][:,:,k]
        aa=np.array(self.img_rgb)
        self.a=aa.astype(np.float)
        n1=self.a.shape[0]
        n2=self.a.shape[1]
        for i in range(n1-1):
            for j in range(n2-1):
                if np.abs(self.a[i,j+1]-self.a[i,j])>15 or np.abs(self.a[i+1,j]-self.a[i,j])>15:
                    self.a[i,j]=255
                else:
                    self.a[i,j]=0
        self.a[:,-1]=0
        return np.array(self.a)

t=[]
for k in range(3):
    p=pic()
    p.im['im']=p.go(k)
    t.append(p.im['im'])


tt=[]
for i in range(len(t[ 0])):
    s=[]
    for j in range(3):
        s.append(t[j][i])
    tt.append(np.array(s).T)
tt=np.array(tt)
```

```
plt.figure(figsize=(100,5))
plt.imshow(tt.astype(np.integer))
plt.axis("off")
plt.title("pic")
Out[41]: Text(0.5, 1.0, 'pic')
```

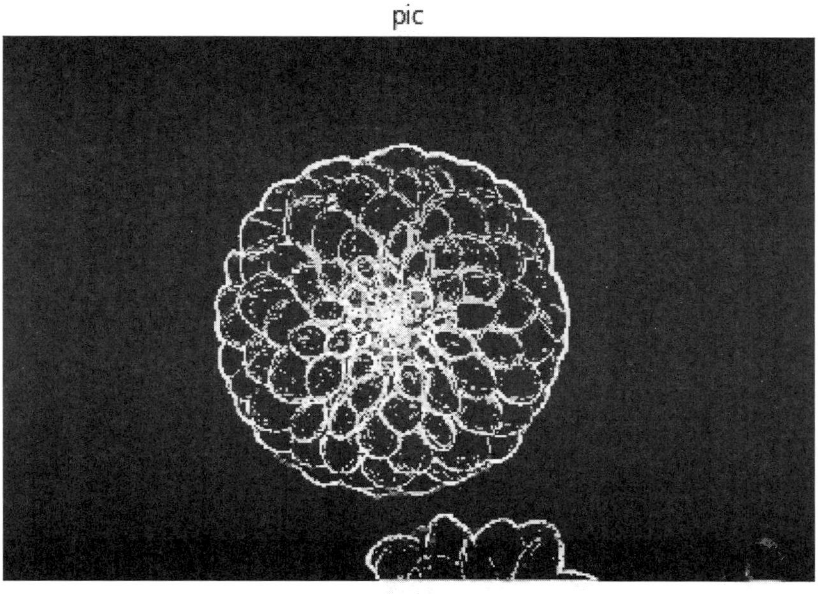

```
class pic:
    def __init__(self):
        self.im={'im':np.array([[0]])}
    def go(self,k):
        from sklearn.datasets import load_sample_images
        self.dataset = load_sample_images()
        self.img_rgb =self.dataset.images[0][:,:, k]
        aa=np.array(self.img_rgb)
        self.a=aa.astype(np.float)
        n1=self.a.shape[0]
        n2=self.a.shape[1]
        for i in range(n1-1):
            for j in range(n2-1):
                if np.abs(self.a[i,j+1]-self.a[i,j])>25 or np.abs(self.a[i+1,j]-self.a[i,j])>25:
                    continue
                else:
```

```
                self.a[i,j]=0
        self.a[:,-1]=0
        return np.array(self.a)

t=[]
for k in range(3):
    p=pic()
    p.im['im']=p.go(k)
    t.append(p.im['im'])
tt=[]
for i in range(len(t[ 0])):
    s=[]
    for j in range(3):
        s.append(t[j][i])
    tt.append(np.array(s).T)
tt=np.array(tt)
plt.figure(figsize=(100,5))
plt.imshow(tt.astype(np.integer))
plt.axis("off")
plt.title("pic")
Out[43]: Text(0.5, 1.0, 'pic')
```

```
class pic:
    def __init__(self):
        self.im={'im':np.array([[0]])}
    def go(self,k,m,n):
        from sklearn.datasets import load_sample_images
        self.dataset = load_sample_images()
        img_rgb = self.dataset.images[1]
        t=[]
        for i in range(len(img_rgb[:,:,k])):
            s=[]
            for j in reversed(range(3)):
                s.append(img_rgb[:,:,j][i])
            t.append(np.array(s).T)
        self.img_rgb=np.array(t)
        aa=np.array(self.img_rgb)
        self.a=aa.astype(np.float)
        n1=self.a.shape[0]
        n2=self.a.shape[1]
        for i in range(n1-1):
            for j in range(n2-1):
                if 213-70<=i<213+70 and 320-100<=j<320+100:
                    continue
                else:
                    self.a[i,j]=0
        self.a[m:m-(213-70)+(213+70),n:n-(320-100)+(320+100)]=self.a[213-70:213+70,320-100:320+100]
        return np.array(self.a)


t=[]
for k in range(3):
    p=pic()
    p.im['im']=p.go(k,250,350)
    t.append(p.im['im'])


plt.figure(figsize=(100,5))
```

```
plt.imshow(t[0].astype(np.integer))
plt.axis("off")
plt.title("pic")
```

```
class pic:
    def __init__(self):
        self.im={'im':np.array([[0]])}
    def go(self):
        from sklearn.datasets import load_sample_images
        self.dataset = load_sample_images()
        img_rgb = self.dataset.images[1]
        t=[]
        for i in range(len(img_rgb[:,:,0])):
            s=[]
            for j in reversed(range(3)):
                s.append(img_rgb[:,:,j][i])
            t.append(np.array(s).T)
        self.img_rgb=np.array(t)
        aa=np.array(self.img_rgb)
        self.a=aa.astype(np.float)
        n1=self.a.shape[0]
```

```
        n2=self.a.shape[1]
        for i in range(n1):
            for j in range(n2):
                if 213-80<=i<213+80 and 320-80<=j<320+80:
                    continue
                else:
                    self.a[i,j]=0
        for i in range(213-80, 213+80):
            for j in range(320-80,320+80):
                m=np.array([[np.cos(2*pi/8),-np.sin(2*pi/8)],
                   [np.sin(2*pi/8),np.cos(2*pi/8)]])
                p=np.array([ [-(213-80)+i,-(320-80)+j] ]).T
                c=np.dot(m,p).T.flatten()[0].astype(np.integer)
                d=np.dot(m,p).T.flatten()[1].astype(np.integer)
                self.a[(213-80)+c,(320-80)+d]=self.a[i,j]
                self.a[(213-80)+c+1,(320-80)+d]=self.a[i,j]
                self.a[(213-80)+c-1,(320-80)+d]=self.a[i,j]
                self.a[(213-80)+c,(320-80)+d-1]=self.a[i,j]
                self.a[(213-80)+c,(320-80)+d]=self.a[i,j]
                self.a[(213-80)+c,(320-80)+d+1]=self.a[i,j]
        return np.array(self.a)


p=pic()
p.im['im']=p.go()
plt.figure(figsize=(100,5))
plt.imshow(p.im['im'].astype(np.integer))
plt.axis("off")
plt.title("pic")
Out[47]: Text(0.5, 1.0, 'pic')
```

pic

```
class pic:
    def __init__(self):
        self.im={'im':np.array([[0]])}
    def go(self):
        d1=np.full((1400,2000),7)
        b1=np.full((1400,2000),8)
        c1=np.full((1400,2000),9)
        u=[]
        for i in range(len(d1)):
            s=[]
            s.append(d1[i])
            s.append(b1[i])
            s.append(c1[i])
            u.append(np.array(s).T)
        uu=np.array(u)
        uuu=uu.astype(np.float)
        self.pic=np.array(uuu)
        from sklearn.datasets import load_sample_images
        self.dataset = load_sample_images()
        img_rgb = self.dataset.images[1]
        aa=np.array(img_rgb)
```

```
        self.a1=aa.astype(np.float)
        self.pic[800+0:800+427,1000+0:1000+640]=self.a1[:,:]
        self.a=self.pic
        for i in range(800+0,800+427):
            for j in range(1000+0,1000+640):
                m=np.array([[np.cos(2*pi*(1/3)),-np.sin(2*pi/3)],
                   [np.sin(2*pi/3),np.cos(2*pi/3)]])
                p=np.array([ [-(800+0)+i,-(1000+0)+j] ]).T
                c=np.dot(m,p).T.flatten()[0].astype(np.integer)
                d=np.dot(m,p).T.flatten()[1].astype(np.integer)
                self.a[(800+0)+c,(1000+0)+d]=self.a[i,j]
                self.a[(800+0)+c+1,(1000+0)+d]=self.a[i,j]
                self.a[(800+0)+c-1,(1000+0)+d]=self.a[i,j]
                self.a[(800+0)+c,(1000+0)+d-1]=self.a[i,j]
                self.a[(800+0)+c,(1000+0)+d]=self.a[i,j]
                self.a[(800+0)+c,(1000+0)+d+1]=self.a[i,j]
                self.a[i,j]=0
        self.a[300:300+800,1000-350:1000+350]=self.a[0:800,1000-350:1000+350]
        self.a[0:300,:]=0
        return np.array(self.a)


p=pic()
p.im['im']=p.go()
plt.figure(figsize=(100,5))
plt.imshow(p.im['im'].astype(np.integer))
plt.axis("off")
Out[59]: (-0.5, 1999.5, 1399.5, -0.5)
```

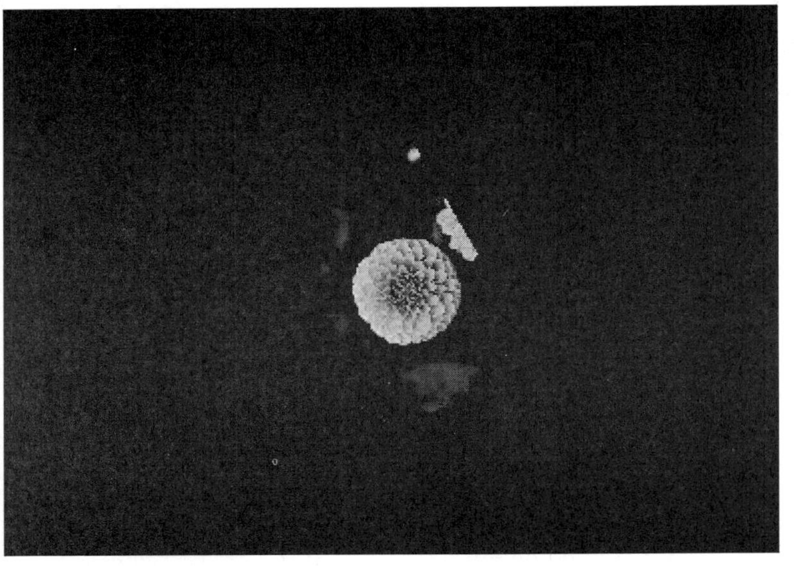

```
class pic:
    def __init__(self):
        self.im={'im':np.array([[0]])}
    def go(self,m,n,f,g,k):
        d1=np.full((m,n),7)
        b1=np.full((m,n),7)
        c1=np.full((m,n),7)
        u=[]
        for i in range(len(d1)):
            s=[]
            s.append(d1[i])
            s.append(b1[i])
            s.append(c1[i])
            u.append(np.array(s).T)
        uu=np.array(u)
        uuu=uu.astype(np.float)
        self.pic=np.array(uuu)
        from sklearn.datasets import load_sample_images
        self.dataset = load_sample_images()
        img_rgb = self.dataset.images[1]
        t=[]
        for i in range(len(img_rgb[:,:,0])):
```

```
            s=[]
            for j in reversed(range(3)):
                s.append(img_rgb[:,:,j][i])
            t.append(np.array(s).T)
        self.img_rgb=np.array(t)
        aa=np.array(self.img_rgb)
        self.a1=aa.astype(np.float)
        n1=self.a1.shape[0]
        n2=self.a1.shape[1]
        for i in range(n1):
            for j in range(n2):
                if 213-80<=i<213+80 and 320-100<=j<320+100:
                    continue
                else:
                    self.a1[i,j]=0
        self.pic[f:f+160,g:g+200]=self.a1[213-80:213+80,320-100:320+100]
        self.a=self.pic
        for i in range(f,f+160):
            for j in range(g,g+200):
                m=np.array([[np.cos(k*pi),-np.sin(k*pi)],
                   [np.sin(k*pi),np.cos(k*pi)]])
                p=np.array([ [-f+i,-g+230+j] ]).T
                c=np.dot(m,p).T.flatten()[0].astype(np.integer)
                d=np.dot(m,p).T.flatten()[1].astype(np.integer)
                self.a[f+c, g+d]=self.a[i,j]
                self.a[f+c+1, g+d]=self.a[i,j]
                self.a[f+c-1, g+d]=self.a[i,j]
                self.a[f+c, g+d-1]=self.a[i,j]
                self.a[f+c, g+d]=self.a[i,j]
                self.a[f+c, g+d+1]=self.a[i,j]
        return np.array(self.pic)


p=pic()
p.im['im']=p.go(1200,1200,600,600,1/4)
plt.figure(figsize=(100,5))
```

```
plt.imshow(p.im['im'].astype(np.integer))
plt.axis("off")
```

Out[49]: (-0.5, 1199.5, 1199.5, -0.5)

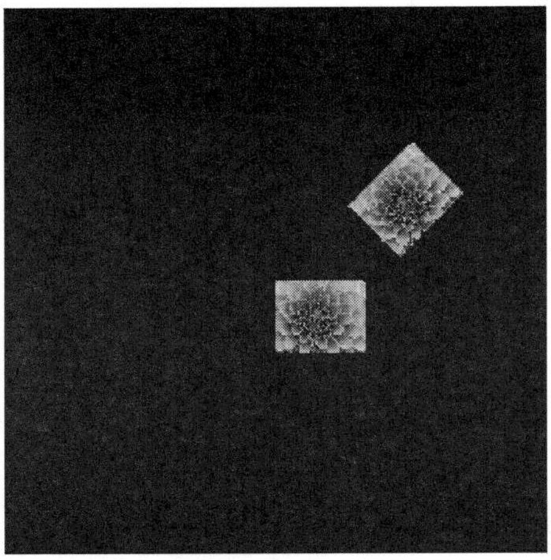

```
p=pic()
p.im['im']=p.go(1200,1200,600,600,3/2)
plt.figure(figsize=(100,5))
plt.imshow(p.im['im'].astype(np.integer))
plt.axis("off")
```

Out[50]: (-0.5, 1199.5, 1199.5, -0.5)

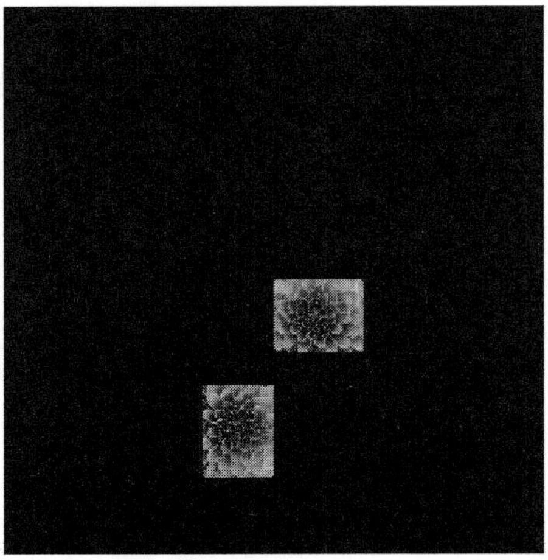

```
p=pic()
p.im['im']=p.go(1200,1200,600,600,2)
plt.figure(figsize=(100,5))
plt.imshow(p.im['im'].astype(np.integer))
plt.axis("off")
Out[51]: (-0.5, 1199.5, 1199.5, -0.5)
```

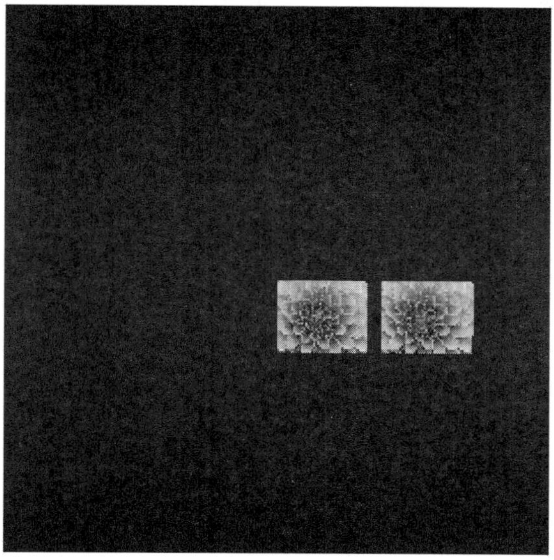

```
class pic:
    def __init__(self):
        self.im={'im':np.array([[0]])}
    def go(self,k):
        from sklearn.datasets import load_sample_images
        self.dataset = load_sample_images()
        img_rgb = self.dataset.images[1]
        t=[]
        for i in range(len(img_rgb[:,:,k])):
            s=[]
            for j in reversed(range(3)):
                s.append(img_rgb[:,:,j][i])
            t.append(np.array(s).T)
        self.img_rgb=np.array(t)
```

```
        aa=np.array(self.img_rgb)
        self.a=aa.astype(np.float)
        n1=self.a.shape[0]
        n2=self.a.shape[1]
        for i in range(n1-1):
            for j in range(n2-1):
                if 213-70<=i<213+70 and 320-100<=j<320+100:
                    continue
                else:
                    self.a[i,j]=0
        self.a[0:-(213-70)+(213+70),0:-(320-100)+(320+100)]
        =self.a[213-70:213+70,320-100:320+100]
        self.a[213-70:213+70,320-100:320+100]=0
        for i in range(len(self.a)):
            for j in range(len(self.a[0])):
                if 2*i+2<400 and 2*j+2<400:
                    self.a[2*i:2*i+2,220+2*j:220+2*j+2]=self.a[i:i+2,j:j+2]
        return np.array(self.a)


t=[]
for k in range(3):
    p=pic()
    p.im['im']=p.go(k)
    t.append(p.im['im'])


plt.figure(figsize=(100,5))
plt.imshow(t[0].astype(np.integer))
plt.axis("off")
```

5. 선형대수(Linear Algebra)

```
import math
from math import *
import numpy as np
```

2 by 2 행렬의 고유값 구하기

$A=\begin{pmatrix} w & b \\ c & d \end{pmatrix} \qquad A-\lambda I=\begin{pmatrix} w-\lambda & b \\ c & d-\lambda \end{pmatrix}$

$\det(A-\lambda I)=\lambda^2-(w+d)\lambda+wd-bc$

$m=-(w+d), \quad n=wd-bc$라 놓는다.

이차 방정식 $\lambda^2+m\lambda+n=0$의 해는

$\lambda=\dfrac{-m\pm\sqrt{m^2-4n}}{2}$ 이다.

$l=m^2-4n$로 놓으면

$k_1=\dfrac{-m+\sqrt{l}}{2} \quad k_2=\dfrac{-m-\sqrt{l}}{2}$

2 by 2 행렬의 고유값 구하기

```
def f(a):
    t=[]
    w=a[0][0]
    b=a[0][1]
    c=a[1][0]
    d=a[1][1]
    m=-(w+d)
    n=w*d-b*c
    l=m**2-4*n
    k_1=(1/2)*(-m+(l)**(1/2))
    k_2=(1/2)*(-m-(l)**(1/2))
    t.append(k_1)
```

```
    t.append(k_2)
    return t

class eigenv2:
    def __init__(self):
        self.dv=None
    def forward(self, a):
        t=[]
        w=a[0][0]
        b=a[0][1]
        c=a[1][0]
        d=a[1][1]
        m=-(w+d)
        n=w*d-b*c
        l=m**2-4*n
        k_1=(1/2)*(-m+(l)**(1/2))
        k_2=(1/2)*(-m-(l)**(1/2))
        t.append(k_1)
        t.append(k_2)
        return t

eig=eigenv2()

a=[[1,-2],[2,-1]]
f(a)
Out[10]:
[(1.0605752387249068e-16+1.7320508075688772j),
 (-1.0605752387249068e-16-1.7320508075688772j)]
a=[[1,-2],[2,-1]]

eig.forward(a)
Out[13]:
[(1.0605752387249068e-16+1.7320508075688772j),
 (-1.0605752387249068e-16-1.7320508075688772j)]
```

• LU 분해

python LU 분해 (upper part)

```
def upper(a):
    a=np.array(a)
    n=len(a)
    res=[]
    res.append(a[0])
    for d in range(n-1):
        tmp1=[]
        for k in range(d+1,n):
            cc=(a[k][d]/a[d][d])
            tmp2=[]
            for j in range(n):
                a[k][j]=a[k][j]-cc*(a[d][j])
                tmp2.append(a[k][j])
            tmp1.append(tmp2)
        res.append(tmp1[0])
    return np.array(res)


a=[[1,-2,-2,-3],[3,-9,0,-9],[-1,2,4,7],[-3,-6,26,2]]
upper(a)
Out[3]:
array([[ 1, -2, -2, -3],
       [ 0, -3,  6,  0],
       [ 0,  0,  2,  4],
       [ 0,  0,  0,  1]])
```

아래는

$A = \begin{pmatrix} 1 & -2 & -2 & -3 \\ 3 & -9 & 0 & -9 \\ -1 & 2 & 4 & 7 \\ -3 & -6 & 26 & 2 \end{pmatrix}$ 를 LU 분해 하는 방법이다.

$$\begin{pmatrix} 1 & 0 & 0 & 0 \\ 0 & 1 & 0 & 0 \\ 0 & 0 & 1 & 0 \\ 0 & 0 & 0 & 1 \end{pmatrix} \qquad \begin{pmatrix} 1 & -2 & -2 & -3 \\ 3 & -9 & 0 & -9 \\ -1 & 2 & 4 & 7 \\ -3 & -6 & 26 & 2 \end{pmatrix}$$

2행에서 1행에 3을 곱한 값을 뺀다

$$\begin{pmatrix} 1 & 0 & 0 & 0 \\ 3 & 1 & 0 & 0 \\ 0 & 0 & 1 & 0 \\ 0 & 0 & 0 & 1 \end{pmatrix} \qquad \begin{pmatrix} 1 & -2 & -2 & -3 \\ 0 & -3 & 6 & 0 \\ -1 & 2 & 4 & 7 \\ -3 & -6 & 26 & 2 \end{pmatrix}$$

3행에서 1행에 -1을 곱한 값을 뺀다

$$\begin{pmatrix} 1 & 0 & 0 & 0 \\ 3 & 1 & 0 & 0 \\ -1 & 0 & 1 & 0 \\ 0 & 0 & 0 & 1 \end{pmatrix} \qquad \begin{pmatrix} 1 & -2 & -2 & -3 \\ 0 & -3 & 6 & 0 \\ 0 & 0 & 2 & 4 \\ -3 & -6 & 26 & 2 \end{pmatrix}$$

4행에서 1행에 -3을 곱한 값을 뺀다

$$\begin{pmatrix} 1 & 0 & 0 & 0 \\ 3 & 1 & 0 & 0 \\ -1 & 0 & 1 & 0 \\ -3 & 0 & 0 & 1 \end{pmatrix} \qquad \begin{pmatrix} 1 & -2 & -2 & 3 \\ 0 & -3 & 6 & 0 \\ 0 & 0 & 2 & 4 \\ 0 & -12 & 20 & -7 \end{pmatrix}$$

4행에서 2행에 4을 곱한 값을 뺀다

$$\begin{pmatrix} 1 & 0 & 0 & 0 \\ 3 & 1 & 0 & 0 \\ -1 & 0 & 1 & 0 \\ -3 & 4 & 0 & 1 \end{pmatrix} \qquad \begin{pmatrix} 1 & -2 & -2 & -3 \\ 0 & -3 & 6 & 0 \\ 0 & 0 & 2 & 4 \\ 0 & 0 & -4 & -7 \end{pmatrix}$$

4행에서 3행에 -2을 곱한 값을 뺀다

$$\begin{pmatrix} 1 & 0 & 0 & 0 \\ 3 & 1 & 0 & 0 \\ -1 & 0 & 1 & 0 \\ -3 & 4 & -2 & 1 \end{pmatrix} \qquad \begin{pmatrix} 1 & -2 & -2 & -3 \\ 0 & -3 & 6 & 0 \\ 0 & 0 & 2 & 4 \\ 0 & 0 & 0 & 1 \end{pmatrix}$$

```
def upper(a):
    a=np.array(a)
    n=len(a)
    res=[]
    res.append(a[0])
    for d in range(n-1):
        tmp1=[]
        for k in range(d+1,n):
            cc=(a[k][d]/a[d][d])
            tmp2=[]
            for j in range(n):
                a[k][j]=a[k][j]-cc*(a[d][j])
                tmp2.append(a[k][j])
                print(tmp2)
            tmp1.append(tmp2)
            print(tmp1)
        res.append(tmp1[0])
    return np.array(res)
```

```
a=[[1,-2,-2,-3],[3,-9,0,-9],[-1,2,4,7],[-3,-6,26,2]]
upper(a)
[0]
[0, -3]
[0, -3, 6]
[0, -3, 6, 0]
[[0, -3, 6, 0]]
[0]
[0, 0]
```

```
[0, 0, 2]
[0, 0, 2, 4]
[[0, -3, 6, 0], [0, 0, 2, 4]]
[0]
[0, -12]
[0, -12, 20]
[0, -12, 20, -7]
[[0, -3, 6, 0], [0, 0, 2, 4], [0, -12, 20, -7]]
[0]
[0, 0]
[0, 0, 2]
[0, 0, 2, 4]
[[0, 0, 2, 4]]
[0]
[0, 0]
[0, 0, -4]
[0, 0, -4, -7]
[[0, 0, 2, 4], [0, 0, -4, -7]]
[0]
[0, 0]
[0, 0, 0]
[0, 0, 0, 1]
[[0, 0, 0, 1]]
Out[11]:
array([[ 1, -2, -2, -3],
       [ 0, -3,  6,  0],
       [ 0,  0,  2,  4],
       [ 0,  0,  0,  1]])
```

LU 분해

```
import math
from math import *
import numpy as np

class linear_lu:
    def __init__(self):
        self.e=None
    def upper(self,a):
        a=np.array(a)
        n=len(a)
        a=a.tolist()
        res=[]
        res.append(a[0])
        for d in range(n-1):
            tmp1=[]
            for k in range(d+1,n):
                cc=(a[k][d]/a[d][d])
                tmp2=[]
                for j in range(n):
                    a[k][j]=a[k][j]-cc*(a[d][j])
                    tmp2.append(a[k][j])
                tmp1.append(tmp2)
            res.append(tmp1[0])
        return np.array(res)
    def llower(self,a):
        a=np.array(a)
        n=len(a)
        a=a.tolist()
        res=[]
        res.append(a[0])
        temp=[]
        for d in range(n-1):
            t=[]
```

```
        for f in range(n):
            if d>f:
                t.append(0)
            elif d==f:
                t.append(1)
            elif f-1==d:
                tmp1=[]
                for k in range(d+1,n):
                    cc=(a[k][d]/a[d][d])
                    t.append(cc)
                    tmp2=[]
                    for j in range(n):
                        a[k][j]=a[k][j]-cc*(a[d][j])
                        tmp2.append(a[k][j])
                    tmp1.append(tmp2)
            else:
                continue
        temp.append(t)
        res.append(tmp1[0])
    return temp
def lower(self,a):
    a=np.array(a)
    n=len(a)
    tmp=[]
    for k in range(n):
        if k!=n-1:
            tmp.append(0)
        else:
            tmp.append(1)
    c=self.llower(a)
    c.append(tmp)
    c
    return np.array(c).T
def multip(self, a):
    return np.dot(self.lower(a),self.upper(a))
```

```
l=linear_lu()

a=[[1,-2,-2,-3],[3,-9,0,-9],[-1,2,4,7],[-3,-6,26,2]]

l.upper(a)
Out[2]:
array([[ 1., -2., -2., -3.],
       [ 0., -3.,  6.,  0.],
       [ 0.,  0.,  2.,  4.],
       [ 0.,  0.,  0.,  1.]])

l.lower(a)
Out[3]:
array([[ 1.,  0.,  0.,  0.],
       [ 3.,  1.,  0.,  0.],
       [-1., -0.,  1.,  0.],
       [-3.,  4., -2.,  1.]])

l.multip(a)
Out[4]:
array([[ 1., -2., -2., -3.],
       [ 3., -9.,  0., -9.],
       [-1.,  2.,  4.,  7.],
       [-3., -6., 26.,  2.]])

l.llower(a)
Out[5]: [[1, 3.0, -1.0, -3.0], [0, 1, -0.0, 4.0], [0, 0, 1, -2.0]]

a
Out[6]: [[1, -2, -2, -3], [3, -9, 0, -9], [-1, 2, 4, 7], [-3, -6, 26, 2]]

a=np.random.randn(4,4)
l.upper(a)
Out[7]:
array([[ 1.52368953e-01,  1.17919715e+00,  1.11389141e+00,
        -3.46614815e+00],
```

```
          [ 0.00000000e+00,  6.03503597e+00,  5.77960974e+00,
           -1.33879980e+01],
          [-2.22044605e-16,  0.00000000e+00,  1.54210799e+00,
           -1.03024026e+01],
          [-2.03487538e-16,  0.00000000e+00,  0.00000000e+00,
           -1.07982720e+01]])

a
Out[8]:
array([[ 0.15236895,  1.17919715,  1.11389141, -3.46614815],
       [-0.59116822,  1.45993146,  1.45788153,  0.06012646],
       [-1.62362421, -0.84614698,  0.89584736,  0.63474056],
       [-0.18609148,  0.01059376, -1.38427776, -0.34196071]])

l.lower(a)
Out[9]:
array([[  1.        ,   0.        ,   0.        ,   0.        ],
       [ -3.87984698,   1.        ,   0.        ,   0.        ],
       [-10.65587298,   1.94186549,   1.        ,   0.        ],
       [ -1.22132151,   0.24039171,  -0.9164264 ,   1.        ]])

l.multip(a)
Out[10]:
array([[ 0.15236895,  1.17919715,  1.11389141, -3.46614815],
       [-0.59116822,  1.45993146,  1.45788153,  0.06012646],
       [-1.62362421, -0.84614698,  0.89584736,  0.63474056],
       [-0.18609148,  0.01059376, -1.38427776, -0.34196071]])
```

• givens 행렬

기븐스 함수 givens_s(a, b), givens_c(a, b):

기븐스 행렬 id_cs(A,n,i,j)

참고 문헌 (Wikipedia, Jim Lambers MAT 610 Summer Session 2009-10 Lecture 9 Notes)

python givens_s(a, b) givens_c(a, b) id_cs(A,n,i,j)

```
def givens_s(a, b):
    if b==0 and a!=0:
        c=np.sign(a)
        s=0
        r=np.abs(a)
    elif a==0 and b!=0:
        c=0
        s=np.sign(b)
        r=np.abs(b)
    elif np.abs(a)>np.abs(b):
        t=b/a
        u=np.sign(a)*np.sqrt(1+t*t)
        c=1/u
        s=c*t
        r=a*u
    elif a==0 and b==0:
        c=1
        s=0
    else:
        t=a/b
        u=np.sign(b)*np.sqrt(1+t*t)
        s=1/u
        c=s*t
        r=b*u
    return s

def givens_c(a, b):
    if b==0 and a!=0:
```

```
        c=np.sign(a)
        s=0
        r=np.abs(a)
    elif a==0 and b!=0:
        c=0
        s=np.sign(b)
        r=np.abs(b)
    elif np.abs(a)>np.abs(b):
        t=b/a
        u=np.sign(a)*np.sqrt(1+t*t)
        c=1/u
        s=c*t
        r=a*u
    elif a==0 and b==0:
        c=1
        s=0
    else:
        t=a/b
        u=np.sign(b)*np.sqrt(1+t*t)
        s=1/u
        c=s*t
        r=b*u
    return c

def id_cs(A,n,i,j):
    A=np.array(A)
    n=len(A)
    a=np.eye(n)
    c=givens_c(A[i-1][j],A[i][j])
    s=givens_s(A[i-1][j],A[i][j])
    a[i-1][i-1]=c
    a[i][i-1]=-s
    a[i-1][i]=s
    a[i][i]=c
    return a
```

- **givens 행렬 과 QR 분해**

python rd(a) qd(a)

```
def rd(a):
    a=np.array(a)
    n=len(a)
    for j in range(len(a[0])):
        for i in  reversed(range(n)):
            if i >j:
                b=id_cs(a,n,i,j)
                a=np.dot(b,a)
            else:
                continue
    return a

def qd(a):
    a=np.array(a)
    n=len(a)
    qq=np.eye(n)
    for j in range(len(a[0])):
        for i in  reversed(range(n)):
            if i >j:
                b=id_cs(a,n,i,j)
                a=np.dot(b,a)
                qq=np.dot(b,qq)
            else:
                continue
    return qq.T
```

아래 (a,b)를 곱해서 $(c,0)$같이 되도록 하는

기븐스 행렬을 $\begin{pmatrix} * & * \\ * & * \end{pmatrix}$ (a, b 에 의해 결정됨)

차례로 곱하여 대각선 아래가 모두 영이 되도록 하는 방법이다.

$$\begin{pmatrix} \cos t & -\sin t \\ \sin t & \cos t \end{pmatrix}\begin{pmatrix} a \\ b \end{pmatrix} = \begin{pmatrix} c \\ 0 \end{pmatrix}$$

```
def rd(a):
    a=np.array(a)
    n=len(a)
    for j in range(len(a[0])):
        for i in  reversed(range(n)):
            if i >j:
                b=id_cs(a,n,i,j)
                print(b)
                a=np.dot(b,a)
            else:
                continue
    return a


b=[[1, 1, 2, 9], [3, 2, 1, 0], [2, 1, 2, 1], [3, 5, 0, 1]]

rd(b)
[[ 1.          0.          0.          0.        ]
 [ 0.          1.          0.          0.        ]
 [ 0.          0.          0.5547002   0.83205029]
 [ 0.          0.         -0.83205029  0.5547002 ]]
[[ 1.          0.          0.          0.        ]
 [ 0.          0.63960215  0.76870611  0.        ]
 [ 0.         -0.76870611  0.63960215  0.        ]
 [ 0.          0.          0.          1.        ]]
[[ 0.20851441  0.97801929  0.          0.        ]
 [-0.97801929  0.20851441  0.          0.        ]
 [ 0.          0.          1.          0.        ]
 [ 0.          0.          0.          1.        ]]
[[ 1.          0.          0.          0.        ]
 [ 0.          1.          0.          0.        ]
```

```
 [ 0.          0.          0.60580476  0.79561334]
 [ 0.          0.         -0.79561334  0.60580476]]
[[ 1.          0.          0.          0.        ]
 [ 0.          0.01821497  0.99983409  0.        ]
 [ 0.         -0.99983409  0.01821497  0.        ]
 [ 0.          0.          0.          1.        ]]
[[ 1.          0.          0.          0.        ]
 [ 0.          1.          0.          0.        ]
 [ 0.          0.          0.86001485 -0.510269  ]
 [ 0.          0.          0.510269    0.86001485]]
Out[46]:
array([[ 4.79583152e+00,  5.00434594e+00,  1.87662973e+00,
         2.91920180e+00],
       [-1.27932753e-16,  2.44059864e+00, -1.38953791e+00,
         1.60331298e-01],
       [-1.29301946e-16, -4.92445402e-17,  1.88346629e+00,
         7.82839897e+00],
       [ 1.20003575e-16,  8.50624434e-17, -1.73094963e-17,
         3.62887369e+00]])


rd(b)
Out[53]:
array([[ 4.79583152e+00,  5.00434594e+00,  1.87662973e+00,
         2.91920180e+00],
       [-1.27932753e-16,  2.44059864e+00, -1.38953791e+00,
         1.60331298e-01],
       [-1.29301946e-16, -4.92445402e-17,  1.88346629e+00,
         7.82839897e+00],
       [ 1.20003575e-16,  8.50624434e-17, -1.73094963e-17,
         3.62887369e+00]])


qd(b)
Out[54]:
```

```
array([[ 0.20851441, -0.01781459,  0.84097157,  0.49897013],
       [ 0.62554324, -0.4631793 , -0.43404984,  0.45360921],
       [ 0.41702883, -0.44536472,  0.31778649, -0.72577474],
       [ 0.62554324,  0.76602731, -0.05813168, -0.13608276]])

np.dot(qd(b),rd(b))
Out[55]:
array([[1.00000000e+00, 1.00000000e+00, 2.00000000e+00, 9.00000000e+00],
       [3.00000000e+00, 2.00000000e+00, 1.00000000e+00, 3.73800236e-16],
       [2.00000000e+00, 1.00000000e+00, 2.00000000e+00, 1.00000000e+00],
       [3.00000000e+00, 5.00000000e+00, 4.08990796e-16, 1.00000000e+00]])
```

g_k 는 givens 행렬 id_cs(A,n,i,j)

$g_n \cdots g_2 g_1 A = R(A) \qquad (g_n \cdots g_2 g_1)^T = Q(A)$

$A = (g_n \cdots (g_2 (g_1 A g_1^T) g_2^T) \cdots g_n^T)$

$g_k g_k^T = I$ 이다 직교행렬 A 와 $(g_1 A g_1^T)$은 아래와 같은 이유로 같은 고유값을 갖는다.

$\det(A - \lambda I) = \det(\,(g_1 A g_1^T) - \lambda I\,)$

$= \det(\,(g_1 A g_1^T) - g_1 \lambda g_1^T\,) = \det(\,g_1 (A - \lambda I) g_1^T\,)$

$= \det g_1 \det(A - \lambda I) \det(g_1^T) \equiv \det(g_1 g_1^T) \det(A - \lambda I) = \det(A - \lambda I)$

대각화 가능한 행렬의 대각화 (givens method)

def givens_s(a, b):

def givens_c(a, b):

def id_cs(A,n,i,j):

def rd(a):

def qd(a):

```
def f(a):
    t=[]
    w=a[0][0]
    b=a[0][1]
    c=a[1][0]
    d=a[1][1]
    m=-(w+d)
    n=w*d-b*c
    l=m**2-4*n
    k_1=(1/2)*(-m+(l)**(1/2))
    k_2=(1/2)*(-m-(l)**(1/2))
    t.append(k_1)
    t.append(k_2)
    return t


def comp(a,b):
    n=len(a)
    t=[]
    for k in range(n):
        if a[k]>=b[k]:
            t.append(0)
        else:
            t.append(1)
    sum=0
    for j in range(len(t)):
```

```
        sum=sum+t[j]
    if sum==len(a):
        return True
    else:
        return False


def tp(a):
    col = []
    for k in range(len(a[0])):
        t=[]
        for j in range(len(a)):
            t.append(a[j][k])
        col.append(t)
    return col


def d(a):
    a=np.array(a)
    diag=[]
    g=0
    while g<100:
        res=[]
        a
        n=len(a)
        if n==2:
            diag.append(f(a))
            break
        did=(a[n-1][n-1])*np.eye(n)
        a=a-did
        r=rd(a)
        q=qd(a)
        rq=np.dot(r,q)
        a=rq+did
        g=g+1
        t=[]
```

```
        a=a.tolist()
        for j in range(n-1):
            t.append(0.0001)
        tt=[]
        for i in range(n-1):
            tt.append(abs(a[n-1][i]))
        if comp(tt,t):
            diag.append(a[n-1][n-1])
            del a[n-1]
            a
            a=tp(a)
            del a[n-1]
            a
            a=tp(a)
            a
        else:
            continue
    return diag,g
```

```
a=[[1, 2, 3, 3], [2, 3, 3, 5], [8, 4, 5, -3], [9, 2, 2, 2]]

d(a)
Out[6]:
([2.6850720011229576,
  1.1773948812681538,
  [12.140023204662427, -5.002490087053538]],
 5)
```

```
a=[[1,0,0,0,0,0,0,0,0],[2,2,0,0,0,0,0,0,0],[3,2,3,0,0,0,0,0,0],[6,2,3,4,0,0,0,0,0],[1,9
,1,2,5,0,0,0,0],[1,1,1,2,5,6,0,0,0],[1,1,1,2,5,7,7,0,0],[1,1,1,2,5,10,8,8,0],[100,2222
,3,0,0,3,0,10,9]]
```

```
np.array(a)
Out[7]:
array([[   1,    0,    0,    0,    0,    0,    0,    0,    0],
       [   2,    2,    0,    0,    0,    0,    0,    0,    0],
       [   3,    2,    3,    0,    0,    0,    0,    0,    0],
       [   6,    2,    3,    4,    0,    0,    0,    0,    0],
       [   1,    9,    1,    2,    5,    0,    0,    0,    0],
       [   1,    1,    1,    2,    5,    6,    0,    0,    0],
       [   1,    1,    1,    2,    5,    7,    7,    0,    0],
       [   1,    1,    1,    2,    5,   10,    8,    8,    0],
       [ 100, 2222,    3,    0,    0,    3,    0,   10,    9]])

d(a)
Out[8]:
([8.999999999999998,
  8.000000568389021,
  7.0005161629106,
  5.999439214745432,
  5.000129317821734,
  3.9999195208999794,
  2.9999966376876768,
  [1.9999985735645074, 1.0000000039810686]],
 17)

a=np.random.randn(10,10)
b=(1/2)*(a+a.T)

d(b)
Out[10]:
([2.0608608440512793e-05,
  0.2148594982018546,
  0.9459673338041609,
  1.3698745354486384,
  -0.6896274232454546,
  2.3441425484451095,
  4.063331257625489,
```

```
 -1.9142914248847471,
 [-2.7483346822218464, -3.3061717308196044]],
16)
```

```
from numpy import linalg as LA
w,v=LA.eig(b)
print(w)
[ 4.06333126e+00  2.34414255e+00 -3.30617173e+00 -2.74833468e+00
 -1.91429142e+00  1.36987454e+00 -6.89627423e-01  9.45967334e-01
  2.14859498e-01  2.06085997e-05]
```

리스트 비교

python 리스트 비교

```
def comp(a,b):
    n=len(a)
    t=[]
    for k in range(n):
        if a[k]>=b[k]:
            t.append(0)
        else:
            t.append(1)
    sum=0
    for j in range(len(t)):
        sum=sum+t[j]
    if sum==len(a):
        return True
    else:
        return False
```

```
def comp(a,b):
    n=len(a)
    t=[]
    for k in range(n):
        if a[k]>=b[k]:
            t.append(0)
        else:
            t.append(1)
    sum=0
    for j in range(len(t)):
        sum=sum+t[j]
    if sum==len(a):
        return True
    else:
        return False


a=[2, 0, 3, 4]

b=[2, 1, 4, 5]

comp(a,b)
Out[9]: False

a=[0.00001,0.00001,0.00001]

b=[0.0001,0.0001,0.0001]

comp(a,b)
Out[54]: True
```

python 대각화

```
def d(a):
    a=np.array(a)
    diag=[]
    g=0
    while g<100:
        res=[]
        a
        n=len(a)
        if n==2:
            diag.append(f(a))
            break
        did=(a[n-1][n-1])*np.eye(n)
        a=a-did
        r=rd(a)
        q=qd(a)
        rq=np.dot(r,q)
        a=rq+did
        g=g+1
        t=[]
        a=a.tolist()
        for j in range(n-1):
            t.append(0.0001)
        tt=[]
        for i in range(n-1):
            tt.append(abs(a[n-1][i]))
        if comp(tt,t):
            diag.append(a[n-1][n-1])
            del a[n-1]
            a
            a=tp(a)
            del a[n-1]
            a
            a=tp(a)
            a
        else:
            continue
    return diag,g
```

설명: (**The QR Method for Finding Eigenvalues: google)**

항등행렬 (identity 행렬)을 I 라 하자.
행렬 A의 마지막 대각선 원소를 c 라 하고 $A-cI$을 QR분해하고($A-cI=QR$)
$A_1 = R_0 Q_0 + cI$로 놓자.

a=rq+did

행렬 A_1의 마지막 대각선 원소를 c_1 라 하고 $A_1 - c_1 I$ 을 QR분해하고
($A_1 - c_1 I = Q_1 R_1$)
$A_2 = R_1 Q_1 + c_1 I$ 로 놓자.

이 과정을 반복하여 $A_{m+1} = R_m Q_m + c_m I$ 을 계산한다. A_m의 마지막 열의 원소들이
(마지막 열의 마지막 원소를 제외하고) 거의 영이면 (아래 comp(tt,t) 로 비교)

```
for j in range(n-1):
        t.append(0.00000001)
    tt=[]
    for i in range(n-1):
        tt.append(abs(a[n-1][i]))
    if comp(tt,t):
        diag.append(a[n-1][n-1])
```

마지막 열의 마지막 원소가 고유값을 저장하고

```
diag.append(a[n-1][n-1])
```

마지막 열과 행을 지운다.

```
        del a[n-1]
        a
        a=tp(a)
        del a[n-1]
        a
        a=tp(a)
        a
```

$g_k g_k^T = I$ 이다 직교행렬 A 와 $(g_1 A g_1^T)$은 아래와 같은 이유로 같은 고유값을 갖는다.

$$\det(A-\lambda I) = \det(\ (g_1 A g_1^T) - \lambda I\ )$$
$$= \det(\ (g_1 A g_1^T) - g_1 \lambda g_1^T\ ) = \det(\ g_1 (A-\lambda I) g_1^T\ )$$
$$= \det g_1 \det(A-\lambda I)\det(g_1^T\ ) \equiv \det(g_1 g_1^T)\det(A-\lambda I) = \det(A-\lambda I)$$

$A_1 = RQ + cI$

$QA_1Q^T = Q(RQ+cI)Q^T = QR\,QQ^T + cI = QR + cI = A$이므로

$\det QA_1Q^T = \det A$

(The QR Method for Finding Eigenvalues google 참조)

```
a=[[1, 2, 3, 3], [2, 3, 3, 5], [8, 4, 5, -3], [9, 2, 2, 2]]

d(a)
([2.684924399307468,
  1.1775147725871524,
  [12.140018734344144, -5.0024579062387655]],
 7)
```

a=rq+did 아래
print(np.array(a))를 추가 하면

```
d(a)
[[ 3.04666667 12.54878834  4.23008704  2.37320395]
 [ 3.92208561  3.37333333  1.3293881  -1.97752217]
 [ 6.07531019 -1.05858682  2.31818182  2.3655936 ]
 [ 0.35450349 -0.16711455  0.1028519   2.26181818]]
[[ 4.69512447  7.02398975 -0.38026425  1.26816409]
 [10.39925128  2.11877054  8.47899289 -0.27858443]
```

```
 [ 0.34494273 -0.03752918  1.33519851 -3.03585101]
 [ 0.02928067 -0.01044146  0.11752867  2.85090648]]
[[ 5.45939496e+00  1.02542848e+01 -8.22334876e+00  2.76651078e-01]
 [ 6.87574123e+00  1.63458070e+00  2.13960817e+00  1.19217650e+00]
 [ 6.71791343e-02 -1.88813519e-02  1.20600055e+00  3.10616724e+00]
 [-4.18625592e-04  2.53900720e-04 -7.68348716e-03  2.70002380e+00]]
[[ 8.07580868e+00  5.82707784e+00  1.10718085e+00  1.24300923e+00]
 [ 9.12348324e+00 -9.53959569e-01  8.52229626e+00 -1.59116121e-01]
 [ 1.39756499e-02 -6.96798779e-03  1.19307889e+00 -3.10152014e+00]
 [ 8.44811768e-07 -6.24123292e-07  7.26302209e-05  2.68507200e+00]]
[[ 9.51815837e+00  8.03076781e+00 -7.47245074e+00]
 [ 4.74066472e+00 -2.38062525e+00  4.25992296e+00]
 [ 1.91796874e-05 -2.41753869e-05  1.17739488e+00]]
Out[86]:
([2.6850720011229576,
  1.1773948812681538,
  [12.140023204662427, -5.002490087053538]],
```

• Householder reflection

Householder 변환을 이용한 행렬의 QR 분해 (참고문헌 1)

$A = [c_1, c_2, c_3, \cdots, c_n]$

$$|c_1|^2 = c_1^T c_1 = (a_{11}\, a_{21} \cdots a_{n1}) \begin{pmatrix} a_{11} \\ a_{21} \\ \vdots \\ a_{n1} \end{pmatrix}$$

Householder 행렬 P

$P = I - 2vv^T = I - \dfrac{2uu^T}{|u|^2}$ 여기서 $v = \dfrac{u}{|u|}$ 이다.

$u = x - |x|\, e_1$

$|u|^2 = u^T u = (x - |x|e_1)^T (x - |x|e_1)$
$= x^T x - |x| x^T e_1 - |x| e_1^T x - |x|^2 e_1^T e_1 = 2(|x|^2 - |x| x_1)$

이므로

$$Px = \left(I - \frac{2uu^T}{|u|^2}\right)x = \left(I - \frac{2u\,(x - |x|e_1)^T}{|u|^2}\right)x = x - \left(\frac{2u\,(|x|^2 - |x|x_1)}{2(|x|^2 - |x|x_1)}\right)$$

$= x - u = |x|e_1 = |x|\,(1, 0, \cdots, 0) = (|x|, 0, \cdots, 0)$

다시 쓰면

$Px = (|x|, 0, \cdots, 0)$

따라서

아래의 프로그램 r.rd(a)을 실행해서 결과를 확인하면

각 열의 대각선 아래의 수들이 0으로 (while 문 의 k가 변함에 따라)

변함을 알 수 있다.

$v = \dfrac{u}{|u|}$ 이므로 $|v| = 1$ 이다. 그러므로 $|v|^2 = v^T v = 1$

$PP = (I - 2vv^T)(I - 2vv^T) = I - 2vv^T - 2vv^T + 4vv^Tvv^T$
$= I - 4vv^T + 4vv^T = I$

또한

$P^T = (I - 2vv^T)^T = I - 2(vv^T)^T = I - 2vv^T = P$

그러므로

$P^{-1} = P = P^T$ 이다.
즉 P 는 orthogonal 행렬이다.

$g_1 g_1^T = I$ 그러므로 g_1은 직교행렬이다. A 와 $(g_1 A g_1^T)$은
아래와 같은 이유로 같은 고유값을 갖는다.

$$\det(A - \lambda I) = \det(\,(g_1 A g_1^T) - \lambda I\,)$$
$$= \det(\,(g_1 A g_1^T) - g_1 \lambda g_1^T\,) = \det(\,g_1 (A - \lambda I) g_1^T\,)$$
$$= \det g_1 \det(A - \lambda I) \det(g_1^T\,) \equiv \det(g_1 g_1^T) \det(A - \lambda I\,) = \det(A - \lambda I)$$

• Tridiagonalization

(Householder transformation wikipedia 참조)

```
def alp(a):
    sum=0
    for j in range(len(a)-1):
        sum=sum+a[j+1][0]**2
        alp=-np.sign(a[1][0]*np.sqrt(sum))
    return alp

def tridiag(a):
    n=len(a)
    for k in range(n-2):
        a
        sum=0
        for j in range(k+1,n):
            sum=sum+(a[j][k])**2
        alp=-np.sign(a[k+1][k])*np.sqrt(sum)
        r=np.sqrt( (1/2)*( alp**2-(a[k+1][k])*alp ) )
        t=[]
        for i in range(k+1):
            t.append(0)
        for i in range(k+1,n):
            if i==k+1:
                t.append((a[i][k]-alp)/(2*r))
            if i>k+1:
                t.append((a[i][k])/(2*r))
        v=np.array(t)
        v=v.reshape(1, v.size)
        p=np.eye(n)-2*np.dot(v.T,v)
        a=np.dot(p, np.dot(a,p))
    return a
```

```
a=np.random.randn(5,5)
a=(1/2)*(a+a.T)
tridiag(a)
Out[12]:
array([[-3.92132964e-01, -1.24062652e+00,  9.98621148e-17,
        -1.13235174e-16, -2.90994941e-17],
       [-1.24062652e+00, -7.54930137e-01,  1.11092038e+00,
         3.78127425e-16, -1.48629961e-16],
       [ 9.98621148e-17,  1.11092038e+00,  1.16894698e+00,
        -1.21378654e+00,  1.94705847e-16],
       [-1.13235174e-16,  2.74958602e-16, -1.21378654e+00,
         4.32091613e-01,  1.08888275e+00],
       [-2.90994941e-17,  2.71406976e-18,  2.96535160e-17,
         1.08888275e+00, -6.42421650e-01]])
```

• Householder 변환을 이용한 행렬의 QR 분해

```
class rd:
    def __init__(self):
        self.mm=None
    def rd(self,a):
        k=0
        n=len(a)
        b=a
        while k<=n-2:
            a
            j=a[0:,0:1]
            j2=np.sqrt(np.dot(j.T,j))
            h=np.zeros((len(a),1))
            h[0,0]=1
            u=j-j2*h
            m2=np.sqrt(np.dot(u.T,u))
            q=np.eye(len(a))-2*(m2)**(-2)*np.dot(u,u.T)
            dd=np.eye(n)
            dd[k:,k:]=q
            print(dd)
            q1=dd
            b=np.dot(q1,b)
            print(b)
            k=k+1
            a=b[k:,k:]
        return b



r=rd()
a=[[1, 2, 3, 3], [2, 3, 3, 5], [8, 4, 5, -3], [9, 2, 2, 2]]
a=np.array(a)

r.rd(a)
```

```
[[ 0.08164966  0.16329932  0.65319726  0.73484692]
 [ 0.16329932  0.97096243 -0.1161503  -0.13066909]
 [ 0.65319726 -0.1161503   0.5353988  -0.52267634]
 [ 0.73484692 -0.13066909 -0.52267634  0.41198911]]
[[ 1.22474487e+01  4.73568017e+00  5.47052709e+00  5.71547607e-01]
 [ 1.94289029e-16  2.51354654e+00  2.56069556e+00  5.43182280e+00]
 [-1.11022302e-16  2.05418616e+00  3.24278223e+00 -1.27270880e+00]
 [-3.33066907e-16 -1.89040568e-01  2.31300097e-02  3.94320260e+00]]
[[ 1.          0.          0.          0.        ]
 [ 0.          0.77300263  0.6317334  -0.05813652]
 [ 0.          0.6317334  -0.75811322  0.16179387]
 [ 0.         -0.05813652  0.16179387  0.9851106 ]]
[[ 1.22474487e+01  4.73568017e+00  5.47052709e+00  5.71547607e-01]
 [ 9.94127852e-17  3.25166624e+00  4.02665353e+00  3.16555654e+00]
 [ 1.53018161e-16 -1.28987438e-16 -8.36976890e-01  5.03430724e+00]
 [-3.57365756e-16  3.45944397e-17  3.98577959e-01  3.36278690e+00]]
[[ 1.          0.          0.          0.        ]
 [ 0.          1.          0.          0.        ]
 [ 0.          0.         -0.90285318  0.429949  ]
 [ 0.          0.          0.429949    0.90285318]]
[[ 1.22474487e+01  4.73568017e+00  5.47052709e+00  5.71547607e-01]
 [ 9.94127852e-17  3.25166624e+00  4.02665353e+00  3.16555654e+00]
 [-2.91801982e-16  1.31330563e-16  9.27035438e-01 -3.09941342e+00]
 [-2.56858803e-16 -2.42243203e-17 -1.03540037e-16  5.20059819e+00]]
Out[3]:
array([[ 1.22474487e+01,  4.73568017e+00,  5.47052709e+00,
         5.71547607e-01],
       [ 9.94127852e-17,  3.25166624e+00,  4.02665353e+00,
         3.16555654e+00],
       [-2.91801982e-16,  1.31330563e-16,  9.27035438e-01,
        -3.09941342e+00],
       [-2.56858803e-16, -2.42243203e-17, -1.03540037e-16,
         5.20059819e+00]])

a
Out[4]:
```

```
array([[ 1,  2,  3,  3],
       [ 2,  3,  3,  5],
       [ 8,  4,  5, -3],
       [ 9,  2,  2,  2]])

j=a[0:,0:1]

j
Out[6]:
array([[1],
       [2],
       [8],
       [9]])

j2=np.sqrt(np.dot(j.T,j))

j2
Out[8]: array([[12.24744871]])

h=np.zeros((len(a),1))

h
Out[10]:
array([[0.],
       [0.],
       [0.],
       [0.]])

h[0,0]=1

h
Out[12]:
array([[1.],
       [0.],
       [0.],
       [0.]])
```

```
u=j-j2*h

u
Out[14]:
array([[-11.24744871],
       [  2.        ],
       [  8.        ],
       [  9.        ]])

m2=np.sqrt(np.dot(u.T,u))

m2
Out[16]: array([[16.59834638]])

q=np.eye(len(a))-2*(m2)**(-2)*np.dot(u,u.T)

q
Out[18]:
array([[ 0.08164966,  0.16329932,  0.65319726,  0.73484692],
       [ 0.16329932,  0.97096243, -0.1161503 , -0.13066909],
       [ 0.65319726, -0.1161503 ,  0.5353988 , -0.52267634],
       [ 0.73484692, -0.13066909, -0.52267634,  0.41198911]])

dd=np.eye(4)

dd[0:,0:]=q

q1=dd

q1
Out[22]:
array([[ 0.08164966,  0.16329932,  0.65319726,  0.73484692],
       [ 0.16329932,  0.97096243, -0.1161503 , -0.13066909],
       [ 0.65319726, -0.1161503 ,  0.5353988 , -0.52267634],
       [ 0.73484692, -0.13066909, -0.52267634,  0.41198911]])
```

```
b=np.dot(q1,a)

b
Out[24]:
array([[ 1.22474487e+01,  4.73568017e+00,  5.47052709e+00,
         5.71547607e-01],
       [ 1.94289029e-16,  2.51354654e+00,  2.56069556e+00,
         5.43182280e+00],
       [-1.11022302e-16,  2.05418616e+00,  3.24278223e+00,
        -1.27270880e+00],
       [-3.33066907e-16, -1.89040568e-01,  2.31300097e-02,
         3.94320260e+00]])


import math
from math import *
import numpy as np

class qrd:
    def __init__(self):
        self.mm=None
    def rd(self,a):
        k=0
        n=len(a)
        b=a
        while k<=n-2:
            a
            j=a[0:,0:1]
            j2=np.sqrt(np.dot(j.T,j))
            h=np.zeros((len(a),1))
            h[0,0]=1
            u=j-j2*h
            m2=np.sqrt(np.dot(u.T,u))
            q=np.eye(len(a))-2*(m2)**(-2)*np.dot(u,u.T)
            dd=np.eye(n)
```

```
            dd[k:,k:]=q
            q1=dd
            b=np.dot(q1,b)
            k=k+1
            a=b[k:,k:]
        return b
    def qd(self,a):
        k=0
        n=len(a)
        b=a
        qq=np.eye(n)
        while k<=n-2:
            a
            j=a[0:,0:1]
            j2=np.sqrt(np.dot(j.T,j))
            h=np.zeros((len(a),1))
            h[0,0]=1
            u=j-j2*h
            m2=np.sqrt(np.dot(u.T,u))
            q=np.eye(len(a))-2*(m2)**(-2)*np.dot(u,u.T)
            dd=np.eye(n)
            dd[k:,k:]=q
            q1=dd
            b=np.dot(q1,b)
            qq=np.dot(q1,qq)
            k=k+1
            a=b[k:,k:]
        return qq.T


qr=qrd()
a=[[1, 2, 3, 3], [2, 3, 3, 5], [8, 4, 5, -3], [9, 2, 2, 2]]
a=np.array(a)

qr.rd(a)
Out[25]:
```

```
array([[ 1.22474487e+01,  4.73568017e+00,  5.47052709e+00,
          5.71547607e-01],
       [ 9.94127852e-17,  3.25166624e+00,  4.02665353e+00,
          3.16555654e+00],
       [-2.91801982e-16,  1.31330563e-16,  9.27035438e-01,
         -3.09941342e+00],
       [-2.56858803e-16, -2.42243203e-17, -1.03540037e-16,
          5.20059819e+00]])

qr.qd(a)
Out[26]:
array([[ 0.08164966,  0.49615588,  0.59920633,  0.62298833],
       [ 0.16329932,  0.68477713, -0.70190798,  0.1083458 ],
       [ 0.65319726,  0.27883141,  0.32782911, -0.62298833],
       [ 0.73484692, -0.45515126, -0.20200259,  0.46046963]])

np.dot(qr.qd(a), qr.rd(a))
Out[27]:
array([[ 1.,  2.,  3.,  3.],
       [ 2.,  3.,  3.,  5.],
       [ 8.,  4.,  5., -3.],
       [ 9.,  2.,  2.,  2.]])
```

- **대각화**

클래스 만들어서 대각화 불가능을 유사 대각화 만들기

```
import math
from math import *
import numpy as np
from numpy import linalg as LA

class eigenv2:
    def __init__(self):
        self.dv=None
    def forward(self, a):
        t=[]
        w=a[0][0]
        b=a[0][1]
        c=a[1][0]
        d=a[1][1]
        m=-(w+d)
        n=w*d-b*c
        l=m**2-4*n
        k_1=(1/2)*(-m+(l)**(1/2))
        k_2=(1/2)*(-m-(l)**(1/2))
        t.append(k_1)
        t.append(k_2)
        return t

eig=eigenv2()


class qrd:
    def __init__(self):
        self.mm=None
    def rdqd(self,a):
        k=0
```

```
        n=len(a)
        b=a
        qq=np.eye(n)
        while k<=n-2:
            a
            j=a[0:,0:1]
            j2=np.sqrt(np.dot(j.T,j))
            h=np.zeros((len(a),1))
            h[0,0]=1
            u=j-j2*h
            m2=np.sqrt(np.dot(u.T,u))
            q=np.eye(len(a))-2*(m2)**(-2)*np.dot(u,u.T)
            dd=np.eye(n)
            dd[k:,k:]=q
            q1=dd
            qq=np.dot(q1,qq)
            b=np.dot(q1,b)
            k=k+1
            a=b[k:,k:]
        return [b, qq.T]

qr=qrd()

class diagonalization:
    def __init__(self):
        self.eig=eigenv2()
        self.qr=qrd()
    def forward(self, a):
        diag=[]
        a=np.array(a)
        while True:
            if len(a)==2:
                b=a.tolist()
                b=self.eig.forward(b)
                diag.append(b)
                break
```

```
n=len(a)
did=(a[n-1][n-1])*np.eye(n)
a=a-did
r=self.qr.rdqd(a)[0]
q=self.qr.rdqd(a)[1]
rq=np.dot(r,q)
a=rq+did
bb=a[n-2:,n-2:]
b=bb.tolist()
kk=(b[0][0]+b[1][1])**2-4*(b[0][0]*b[1][1]-b[0][1]*b[1][0])
m=b[0][0]+b[1][1]
nn=b[0][0]*b[1][1]-b[0][1]*b[1][0]
if np.max(np.abs(a[n-1,:n-1]))<0.0001:
    diag.append(a[n-1][n-1])
    a=a[:n-1,:n-1]
    if len(a)==2:
        b=a.tolist()
        b=self.eig.forward(b)
        diag.append(b)
        break
    if len(a)==1:
        b=a.tolist()
        diag.append(b)
        break
    continue
if np.max(np.abs(a[n-1,:n-2]))<0.0001  and kk<0 and nn!=0 and
m!=0:
    ap=a[n-2:,n-2:]
    b=ap.tolist()
    b=self.eig.forward(b)
    diag.append(b)
    a=a[:n-2,:n-2]
    if len(a)==2:
        b=a.tolist()
        b=self.eig.forward(b)
        diag.append(b)
```

```
                break
            if len(a)==1:
                b=a.tolist()
                diag.append(b)
                break
            continue
        return diag

dg=diagonalization()
a=[[1, 2, 3, 3], [2, 3, 3, 5], [8, 4, 5, -3], [9, 2, 2, 2]]
dg.forward(a)
Out[28]:
[2.6850720011229336,
 1.1773948812686699,
 [12.140023204662588, -5.002490087054193]]

a=[[1,2,0],[0,1,2],[0,-3,2]]
dg.forward(a)
Out[29]:
[[(1.5000000000000009+2.3979157616563587j),
  (1.5000000000000004-2.3979157616563587j)],
 [[1.0]]]

a=[[1,2,0],[-3,2,0],[0,0,0]]
dg.forward(a)
Out[30]:                [0.0,                [(1.5+2.3979157616563596j),
(1.4999999999999996-2.3979157616563596j)]]

a=[[1,2,2],[2,1,2],[2,2,1]]
dg.forward(a)
Out[31]: [-1.0000000000000004, [5.0, -1.0]]

a=[[0,-1,0],[0,0,1],[-4,-17,8]]
dg.forward(a)
Out[32]: [4.003061398711271, [3.7289894075987764, 0.26794919368996717]]
```

```
a=[[1,0,0,0,0,0,0,0,0],[2,2,0,0,0,0,0,0,0],[3,2,3,0,0,0,0,0,0],[6,2,3,4,0,0,0,0,0],[1,9
,1,2,5,0,0,0,0],[1,1,1,2,5,6,0,0,0],[1,1,1,2,5,7,7,0,0],[1,1,1,2,5,10,8,8,0],[100,2222
,3,0,0,3,0,10,9]]

dg.forward(a)
Out[33]:
[9.000000000000064,
 8.000000568389538,
 7.000516162908896,
 5.999439214747544,
 5.0001293178205835,
 3.999919520900275,
 2.9999966376875564,
 [1.9999985735658796, 1.0000000039797385]]

y=np.random.randn(11,11)
a=y
dg.forward(a)
Out[34]:
[-0.6748857935532976,
 [(-1.0368622873881115+0.17498746176816818j),
  (-1.0368622873881115-0.17498746176816818j)],
 1.4887704660810193,
 1.3353896620234524,
 [(-0.694010734078132+1.8788221836631493j),
  (-0.6940107340781322-1.8788221836631493j)],
 [(1.855681129970543+1.7476374705450162j),
  (1.855681129970543-1.7476374705450162j)],
 [(1.7583974809184375+3.174548941744531j),
  (1.758397480918437-3.174548941744531j)]]

from numpy import linalg as LA
a=y
w,v=LA.eig(a)
print(w)
[ 1.75841533+3.17453447j  1.75841533-3.17453447j  1.85567512+1.74768052j
```

```
 1.85567512-1.74768052j -0.69359888+1.87734336j -0.69359888-1.87734336j
 1.48955423+0.j          1.33515418+0.j          -1.03754155+0.1751958j
-1.03754155-0.1751958j  -0.67492293+0.j          ]

y=np.random.randn(10,10)
y=(1/2)*(y+y.T)
a=y
dg.forward(a)
Out[36]:
[-0.13916304458099762,
 0.28422075738587,
 0.689539456458056,
 -1.4582887953384345,
 -2.3987646209914013,
 -3.3772861919439627,
 -4.00739488877987,
 1.8755141105360258,
 [4.673982235719971, 2.894784492245247]]

y=(1/2)*(y+y.T)
a=y
w,v=LA.eig(a)
print(w)
[ 4.67398224  2.89478449  1.87551411 -4.00739489 -3.37728619 -2.39876463
 -1.45828879  0.68953946  0.28422076 -0.13916305]
```

계산 다소 시간을 줄이는 방법

```
class eigenv2:
class qrd:

class diagonalization:
    def __init__(self):
        self.eig=eigenv2()
        self.qr=qrd()
    def forward(self, a):
        k1,g1,g2,g3,diag=[],[],[],[],[]
        a=np.array(a)
        g=0
        while True:
            n=len(a)
            did=(a[n-1][n-1])*np.eye(n)
            a=a-did
            r=self.qr.rdqd(a)[0]
            q=self.qr.rdqd(a)[1]
            rq=np.dot(r,q)
            a=rq+did
            g=g+1
            bb=a[n-2:,n-2:]
            b=bb.tolist()
            kk=(b[0][0]+b[1][1])**2-4*(b[0][0]*b[1][1]-b[0][1]*b[1][0])
            m=b[0][0]+b[1][1]
            nn=b[0][0]*b[1][1]-b[0][1]*b[1][0]
            if np.max(np.abs(a[n-1,:n-1]))<0.0001:
                diag.append(a[n-1][n-1])
                a=a[:n-1,:n-1]
                k1.append(g)
                g=0
                if len(a)==2:
                    b=a.tolist()
                    b=self.eig.forward(b)
```

```
                diag.append(b)
                break
            if len(a)==1:
                b=a.tolist()
                diag.append(b)
                break
            continue
        if g<70 and np.max(abs(a[n-1,:n-2]))<0.0001  and kk<0 and nn!=0 and m!=0:
            ap=a[n-2:,n-2:]
            b=ap.tolist()
            b=self.eig.forward(b)
            diag.append(b)
            a=a[:n-2,:n-2]
            g1.append(g)
            g=0
            if len(a)==2:
                b=a.tolist()
                b=self.eig.forward(b)
                diag.append(b)
                break
            if len(a)==1:
                b=a.tolist()
                diag.append(b)
                break
            continue
        if n>5 and 70<=g<100 and np.max(abs(a[n-1,:n-3]))<0.0001 and kk<0 and nn!=0 and m!=0:
            ap=a[n-2:,n-2:]
            b=ap.tolist()
            b=self.eig.forward(b)
            diag.append(b)
            a=a[:n-2,:n-2]
            g2.append(g)
            g=0
            if len(a)==2:
```

```
                    b=a.tolist()
                    b=self.eig.forward(b)
                    diag.append(b)
                    break
                if len(a)==1:
                    b=a.tolist()
                    diag.append(b)
                    break
                continue
            if n>5 and 100<=g and np.max(abs(a[n-1,:n-4]))<0.0001 and kk<0 and nn!=0 and m!=0:
                ap=a[n-2:,n-2:]
                b=ap.tolist()
                b=self.eig.forward(b)
                diag.append(b)
                a=a[:n-2,:n-2]
                g3.append(g)
                g=0
                if len(a)==2:
                    b=a.tolist()
                    b=self.eig.forward(b)
                    diag.append(b)
                    break
                if len(a)==1:
                    b=a.tolist()
                    diag.append(b)
                    break
                continue
        return [diag,k1,g1,g2,g3]

dg=diagonalization()
y=np.random.randn(70,70)
a=y
dg.forward(a)
```

• 역행렬

항등행렬 $I=\begin{pmatrix}1&0\\0&1\end{pmatrix}$에 대하여 $AB=I=BA$일 때 B를 A의 역행렬이라 하고 $B=A^{-1}$ (inverse of A)로 표시한다.

$$\begin{pmatrix}a&b\\c&d\end{pmatrix}\frac{1}{ad-bc}\begin{pmatrix}d&-b\\-c&a\end{pmatrix}=\begin{pmatrix}1&0\\0&1\end{pmatrix}$$

$\frac{1}{ad-bc}\begin{pmatrix}d&-b\\-c&a\end{pmatrix}\begin{pmatrix}a&b\\c&d\end{pmatrix}=\begin{pmatrix}1&0\\0&1\end{pmatrix}$이므로 $A=\begin{pmatrix}a&b\\c&d\end{pmatrix}$의 역행렬은

$A^{-1}=\frac{1}{ad-bc}\begin{pmatrix}d&-b\\-c&a\end{pmatrix}$이다.

2×2행렬 A의 행렬식을 $\det A=\begin{vmatrix}a&b\\c&d\end{vmatrix}=ad-bc$로 표시한다.

3×3행렬의 행렬식과 역행렬

$$\det A=\begin{vmatrix}a&b&c\\d&e&f\\g&h&i\end{vmatrix}$$

$\det A$의 계산 방법: 임의의 한 행이나 한 열을 택한다.
2열을 택했다고 하자. 그러면 2행 1열, 2행 2열 그리고 2행 3열을 제외한 나머지행렬식

$\begin{vmatrix}d&f\\g&i\end{vmatrix}$는 b에 걸쳐있는 행과 열을 제외한 나머지의 행렬식

$\begin{vmatrix}a&c\\g&i\end{vmatrix}$는 e에 걸쳐있는 행과 열을 제외한 나머지의 행렬식

$\begin{vmatrix}a&c\\d&f\end{vmatrix}$는 h에 걸쳐있는 행과 열을 제외한 나머지의 행렬식 앞에 $(-1)^{i+j}$의 부호를 곱한다.

$$\det A=(-1)^{1+2}b\begin{vmatrix}d&f\\g&i\end{vmatrix}+(-1)^{2+2}e\begin{vmatrix}a&c\\g&i\end{vmatrix}+(-1)^{3+2}h\begin{vmatrix}a&c\\d&f\end{vmatrix}$$

1행을 택했다고 하자. 그러면 같은 방법으로

$$\det A=(-1)^{1+1}a\begin{vmatrix}e&f\\h&i\end{vmatrix}+(-1)^{1+2}b\begin{vmatrix}d&f\\g&i\end{vmatrix}+(-1)^{1+3}c\begin{vmatrix}d&e\\g&h\end{vmatrix}$$

이다.

python (행렬식)determinant of array)

```
a=[[3, 6, 8, 9], [10, 1, 0, 5], [4, 9, 5, 7], [9,1,8,2]]
a=np.array(a)

a
Out[113]:
array([[ 3,  6,  8,  9],
       [10,  1,  0,  5],
       [ 4,  9,  5,  7],
       [ 9,  1,  8,  2]])

def predet(a):
    a=np.array(a)
    b=a
    row=[]
    for k in range(len(a)):
        b=np.delete(b, 0, axis=0)
        b=np.delete(b, k, axis=1)
        row.append(b)
        b=a
    return row


predet(a)
Out[114]:
[array([[1, 0, 5],
        [9, 5, 7],
        [1, 8, 2]]), array([[10,  0,  5],
        [ 4,  5,  7],
        [ 9,  8,  2]]), array([[10,  1,  5],
        [ 4,  9,  7],
        [ 9,  1,  2]]), array([[10,  1,  0],
        [ 4,  9,  5],
        [ 9,  1,  8]])]
```

다음은 재귀함수 방법을 이용해 행렬식을 계산하는 방법이다.

행렬이 2 by 2이면 $A = \begin{pmatrix} a & b \\ c & d \end{pmatrix}$ 의 행렬식 $\det A = ad - bc$ 입력하고

행렬이 n by n이면($n \geq 3$) 1씩 줄어 2가 될 때 까지 재귀함수 반복을 실행한다.

주의 할 점은 위의 a=predet(arr)에서 np.delete 명령어를 사용했으므로 배열의 크기가 변했음으로

listc=list(range(len(arr)))
로 갱신한다.

1행 1열, 1행 2열, 1행 3열 그리고 1행 4열의 부호 (sign=(-1)**(0+1+k+1))
1행의 각 각의 요소에 sign*arr[0][k] 다음 4개의 3 by 3의 행렬식을 재귀 반복한다.
subdet=det_re(a[k])
sum=sum+(sign*arr[0][k])*subdet

[[[1, 0, 5], [9, 5, 7], [1, 8, 2]], [[10, 0, 5], [4, 5, 7], [9, 8, 2]], [[10, 1, 5], [4, 9, 7], [9, 1, 2]], [[10, 1, 0], [4, 9, 5], [9, 1, 8]]]

$$\det A = (-1)^{1+1}3\begin{vmatrix} 1 & 0 & 5 \\ 9 & 5 & 7 \\ 1 & 8 & 2 \end{vmatrix} + (-1)^{1+2}6\begin{vmatrix} 10 & 0 & 5 \\ 4 & 5 & 7 \\ 9 & 8 & 2 \end{vmatrix} + (-1)^{1+3}8\begin{vmatrix} 10 & 1 & 5 \\ 4 & 9 & 7 \\ 9 & 1 & 2 \end{vmatrix} (-1)^{1+4}9\begin{vmatrix} 10 & 1 & 0 \\ 4 & 9 & 5 \\ 9 & 1 & 8 \end{vmatrix}$$

행렬 $A = \begin{pmatrix} a & b & c \\ d & e & f \\ g & h & i \end{pmatrix}$의 역행렬을 구하는 방법을 알아보자.

$\det A \neq 0$이 아닐 경우에 $A^{-1} = \frac{1}{\det A}\begin{pmatrix} B_{11} & B_{21} & B_{31} \\ B_{12} & B_{22} & B_{32} \\ B_{13} & B_{23} & B_{33} \end{pmatrix}$

여기서 B_{ij}는 A에서 i행 j열을 제외한 나머지 행렬의
행렬식에 $(-1)^{i+j}$부호를 곱한 것이다.

예제에서 $A = \begin{pmatrix} 1 & 1 & 1 \\ 1 & 0 & 1 \\ 1 & 0 & 0 \end{pmatrix}$의 $\det A = 1$이었다.

$A^{-1} = \begin{pmatrix} 0 & 0 & 1 \\ 1 & -1 & 0 \\ 0 & 1 & -1 \end{pmatrix}$이다.

$$\begin{pmatrix} 1 & 0 & 0 \\ 0 & 1 & 0 \\ 0 & 0 & 1 \end{pmatrix} = \begin{pmatrix} 1 & 1 & 1 \\ 1 & 0 & 1 \\ 1 & 0 & 0 \end{pmatrix}\begin{pmatrix} +\begin{vmatrix} 0 & 1 \\ 0 & 0 \end{vmatrix} & -\begin{vmatrix} 1 & 1 \\ 0 & 0 \end{vmatrix} & +\begin{vmatrix} 1 & 1 \\ 0 & 1 \end{vmatrix} \\ -\begin{vmatrix} 1 & 1 \\ 1 & 0 \end{vmatrix} & +\begin{vmatrix} 1 & 1 \\ 1 & 0 \end{vmatrix} & -\begin{vmatrix} 1 & 1 \\ 1 & 1 \end{vmatrix} \\ +\begin{vmatrix} 1 & 0 \\ 1 & 0 \end{vmatrix} & -\begin{vmatrix} 1 & 1 \\ 1 & 0 \end{vmatrix} & +\begin{vmatrix} 1 & 1 \\ 1 & 0 \end{vmatrix} \end{pmatrix}$$

$$= \begin{pmatrix} 1 & 1 & 1 \\ 1 & 0 & 1 \\ 1 & 0 & 0 \end{pmatrix} \begin{pmatrix} 0 & 0 & 1 \\ 1 & -1 & 0 \\ 0 & 1 & -1 \end{pmatrix}$$

B_{ij}는 A에서 j행 k열을 제외한 나머지 행렬의 행렬식에 $(-1)^{i+j}$부호를 곱한 것이다.
d=det_re(c)을 이용하여 재귀 반복하였다.
또한 전치행렬 bb=tp(row)를 구하여 다음 행렬을 구한다.

$$\det(A)\ A^{-1} = \begin{pmatrix} B_{11} & B_{21} & B_{31} \\ B_{12} & B_{22} & B_{32} \\ B_{13} & B_{23} & B_{33} \end{pmatrix}$$

python 역행렬 구하기(inverse of array)

```
def predet(a):
    a=np.array(a)
    b=a
    row=[]
    for k in range(len(a)):
        b=np.delete(b, 0, axis=0)
        b=np.delete(b, k, axis=1)
        row.append(b)
        b=a
    return row


a=[[3, 6, 8, 9], [10, 1, 0, 5], [4, 9, 5, 7], [9,1,8,2]]

predet(a)
Out[157]:
[array([[1, 0, 5],
        [9, 5, 7],
        [1, 8, 2]]), array([[10,  0,  5],
        [ 4,  5,  7],
        [ 9,  8,  2]]), array([[10,  1,  5],
        [ 4,  9,  7],
        [ 9,  1,  2]]), array([[10,  1,  0],
        [ 4,  9,  5],
        [ 9,  1,  8]])]

def det_re(a):
    sum=0
    listc=list(range(len(a)))
    if len(a)==2 and len(a[0])==2:
        det_2 =a[0][0]*a[1][1]-a[0][1]*a[1][0]
        return det_2
    else:
        b=predet(a)
        for k in listc:
            sign=(-1)**(0+1+k+1)
            subdet=det_re(b[k])
            sum=sum+(sign*a[0][k])*subdet
    return sum


det_re(a)
Out[159]: -3890
```

```
import math
from math import *
import numpy as np


class inverse:
    def __init__(self):
        self.d=None
    def predet(self,a):
        a=np.array(a)
        b=a
        row=[]
        for k in range(len(a)):
            b=np.delete(b, 0, axis=0)
            b=np.delete(b, k, axis=1)
            row.append(b)
            b=a
        return row
    def det_re(self,a):
        sum=0
        listc=list(range(len(a)))
        if len(a)==2 and len(a[0])==2:
            det_2 =a[0][0]*a[1][1]-a[0][1]*a[1][0]
            return det_2
        else:
            a1=self.predet(a)
            for k in listc:
                sign=(-1)**(0+1+k+1)
                subdet=self.det_re(a1[k])
                sum=sum+(sign*a[0][k])*subdet
        return sum
    def inverse(self,a):
        a=np.array(a)
        b=a
        row=[]
        b=a.T
```

```
        if len(a)==2:
            bb=(1/self.det_re(a))*np.array([[a[1,1],-a[0,1]],[-a[1,0],a[0,0]]])
        for j in range(len(a)):
            if len(a)==2:
                break
            tmp=[]
            for k in range(len(a)):
                b=np.delete(b, k, axis=0)
                c=b.T
                c=np.delete(c, j, axis=0)
                d=self.det_re(c)
                sign=(-1)**(j+1+k+1)
                b=a.T
                tmp.append(sign*d*(1/(self.det_re(a))))
            row.append(tmp)
            bb=np.array(row).T
        return  bb
    def multip(self, a):
        a=np.array(a)
        b=self.inverse(a)
        return np.dot(a,b)


i=inverse()
a=[[3, 6, 8, 9], [10, 1, 0, 5], [4, 9, 5, 7], [9,1,8,2]]
i.inverse(a)
Out[16]:
array([[-0.07429306,  0.06143959,  0.03701799,  0.05115681],
       [-0.13496144, -0.04755784,  0.20565553,  0.00642674],
       [ 0.05655527, -0.0848329 , -0.03856041,  0.09254499],
       [ 0.17557841,  0.08663239, -0.1151671 , -0.10359897]])

i.multip(a)
Out[17]:
array([[ 1.00000000e+00, -5.55111512e-17,  1.38777878e-17,
         6.93889390e-17],
```

```
[-1.11022302e-16,  1.00000000e+00, -4.16333634e-17,
  1.38777878e-17],
[-1.11022302e-16, -5.55111512e-17,  1.00000000e+00,
  4.16333634e-17],
[-5.55111512e-17,  0.00000000e+00, -2.77555756e-17,
  1.00000000e+00]])
```

행렬이 6 by 6 보다 크면 계산 속도가 느리다.(단점)

연립방정식의 해와 가우스소거법

$$2x+y=1 \quad (1)$$
$$x-y=2 \quad (2)$$

(2)에 -2를 곱해 (1)과 더하면

$$2x+\ y\ =\ 1 \quad (1)$$
$$-2x+2y=-4 \quad (2)$$

다음을 얻는다.

$$2x+y=1 \quad (1)$$
$$3y=-3 \quad (2)$$

그러므로 $y=-1$이고 (1)에 대입하면 $x=1$이다.

예제 1

$$2x+y+z=1 \quad (1)$$
$$x-y-z=-2 \quad (2)$$
$$x+y-z=3 \quad (3)$$

▸ **풀이** (2)와 (3)에 -2를 곱해서 (1)과 더하면

$$2x+\ y+\ z=1 \quad (1)$$
$$-2x+2y+2z=4 \quad (2)$$
$$-2x-2y+2z=-6 \quad (3)$$

다음을 얻는다.

$$\begin{aligned} 2x+y+\ z &= 1 \quad (1) \\ 3y+3z &= 5 \quad (2) \\ -y+3z &= -5 \quad (3) \end{aligned}$$

(3)에 3 곱해서 (2)에 더하면

$$\begin{aligned} 2x+y+\ z &= 1 \quad (1) \\ 3y+3z &= 5 \quad (2) \\ -3y+9z &= -15 \quad (3) \end{aligned}$$

다음을 얻는다.

$$\begin{aligned} 2x+y+\ z &= 1 \quad (1) \\ 3y+3z &= 5 \quad (2) \\ 12z &= -10 \quad (3) \end{aligned}$$

(3)에서 $z=\frac{-10}{12}=\frac{-5}{6}$을 얻고 (2)에 대입하면 y를 얻고 (1)에서 x값을 얻는다.

예제 2

$$\begin{aligned} 2x+y+z &= 1 \quad (1) \\ x-y-z &= 2 \quad (2) \\ x+y+z &= 3 \quad (3) \end{aligned}$$

▸ **풀이** (2)와 (3)에 -2를 곱해서 (1)과 더하면

$$\begin{aligned} 2x+\ y+\ z &= 1 \quad (1) \\ -2x+2y+2z &= -4 \quad (2) \\ -2x-2y-2z &= -6 \quad (3) \end{aligned}$$

다음을 얻는다.

$$\begin{aligned} 2x+y+\ z &= 1 \quad (1) \\ 3y+3z &= -3 \quad (2) \\ -y-\ z &= -5 \quad (3) \end{aligned}$$

(2)에 $\frac{1}{3}$를 곱하고 (3)에 -1 곱하면

$$
\begin{aligned}
2x+y+z &= 1 \quad (1)\\
y+z &= -1 \quad (2)\\
y+z &= 5 \quad (3)
\end{aligned}
$$

(2)와 (3)에서 해가 존재하지 않는다.

역행렬구하기 (가우스 소거법)

다음은 가우스 소거법을 이용하여 역행렬을 구하는 방법이다

먼저 정방행렬(3 by 3) a 와 같은 크기의 단위행렬을 b=np.eye(3) 좌우로 놓고 가우스 소거법을 a와 b에 동시에 적용하는데, 행렬 a가 단위행렬이 될 때 b가 가우스 소거로 변화된 결과가 역행렬이 되는 것이다.

$$\begin{pmatrix} 2 & 1 & 1 \\ 1 & -1 & -1 \\ 1 & 1 & -1 \end{pmatrix}\begin{pmatrix} 1 & 0 & 0 \\ 0 & 1 & 0 \\ 0 & 0 & 1 \end{pmatrix}$$

$$\begin{pmatrix} 2 & 1 & 1 \\ 0 & -2/3 & -2/3 \\ 1 & 1 & -1 \end{pmatrix}\begin{pmatrix} 1 & 0 & 0 \\ -1/2 & 1 & 0 \\ 0 & 0 & 1 \end{pmatrix}$$

$$\begin{pmatrix} 2 & 1 & 1 \\ 0 & -2/3 & -2/3 \\ 0 & 1/2 & -2/3 \end{pmatrix}\begin{pmatrix} 1 & 0 & 0 \\ -1/2 & 1 & 0 \\ 0 & 0 & 1 \end{pmatrix}$$

$$\begin{pmatrix} 2 & 1 & 1 \\ 0 & -2/3 & -2/3 \\ 0 & 1/2 & -2/3 \end{pmatrix}\begin{pmatrix} 1 & 0 & 0 \\ -1/2 & 1 & 0 \\ 0 & 0 & 1 \end{pmatrix}$$

다음으로 3행 2열을 0으로 만든다.

첫 번째로 대각선 아래가 모두 0이 되도록 아래와 같이 실행한다.

upperid(a)

그러면 b는 대각선 위가 모두 0이 된다.

두 번째로 대각선이 1이 되도록 만든다.

upperid_mul(a)

마지막으로 대각선 위를 0으로 만들어야 함으로 다음과 같이
gauss_inverse(a)에서
ul 함수 사용하여 upperid(a)처럼 계산하고
다시 ul함수로 변환한다.

```
class linear:
    def __init__(self):
        self.e=None
    def ul(self,a):
        a=np.array(a)
        n=len(a)
        tmp=[]
        a_1=a.T
        for k in reversed(range(n)):
            tmp.append(a_1[k])
        a_2=np.array(tmp)
        a_3=a_2.T
        tmp_2=[]
        for k in reversed(range(n)):
            tmp_2.append(a_3[k])
        a_4=np.array(tmp_2)
        return a_4
    def upperid(self,a):
        a=np.array(a)
        n=len(a)
        b=np.eye(n)
        aa=a.tolist()
        res,resb=[],[]
        res.append(aa[0])
        resb.append(b[0])
        for d in range(n-1):
            tmp1,tmp1b=[],[]
            for k in range(d+1,n):
                cc=(aa[k][d]/aa[d][d])
                tmp2,tmp2b=[],[]
```

```
                for j in range(n):
                    aa[k][j]=aa[k][j]-cc*(aa[d][j])
                    tmp2.append(aa[k][j])
                    b[k][j]=b[k][j]-cc*(b[d][j])
                    tmp2b.append(b[k][j])
                    tmp1.append(tmp2)
                tmp1b.append(tmp2b)
            res.append(tmp1[0])
            resb.append(tmp1b[0])
        return [np.array(res), np.array(resb),aa]
    def upperid_mul(self,a):
        a=np.array(a)
        n=len(a)
        b=np.eye(n)
        aa=a.tolist()
        res,resb=[],[]
        res.append(aa[0])
        resb.append(b[0])
        for d in range(n-1):
            tmp1,tmp1b=[],[]
            for k in range(d+1,n):
                cc=(aa[k][d]/aa[d][d])
                tmp2,tmp2b=[],[]
                for j in range(n):
                    aa[k][j]=aa[k][j]-cc*(aa[d][j])
                    tmp2.append(aa[k][j])
                    b[k][j]=b[k][j]-cc*(b[d][j])
                    tmp2b.append(b[k][j])
                tmp1.append(tmp2)
                tmp1b.append(tmp2b)
            res.append(tmp1[0])
            resb.append(tmp1b[0])
        s,ss=[],[]
        for h in range(len(res)):
            t,tt=[],[]
            for g in range(len(res[0])):
```

```
                res_hg=(res[h][g]/res[h][h])
                t.append(res_hg)
                resb_hg=(resb[h][g]/res[h][h])
                tt.append(resb_hg)
            s.append(t)
            ss.append(tt)
        return [np.array(s),np.array(ss),aa]
    def gauss_inverse(self,a):
        a=np.array(a)
        n=len(a)
        b=np.eye(n)
        m_2=self.upperid_mul(a)[1]
        m_1=self.upperid_mul(a)[0]
        g=self.ul(m_1)
        h=self.ul(m_2)
        res,resb=[],[]
        res.append(g[0])
        resb.append(h[0])
        for d in range(n-1):
            tmp1,tmp1b=[],[]
            for k in range(d+1,n):
                cc=(g[k][d]/g[d][d])
                tmp2,tmp2b=[],[]
                for j in range(n):
                    g[k][j]=g[k][j]-cc*(g[d][j])
                    tmp2.append(g[k][j])
                    h[k][j]=h[k][j]-cc*(h[d][j])
                    tmp2b.append(h[k][j])
                tmp1.append(tmp2)
                tmp1b.append(tmp2b)
            res.append(tmp1[0])
            resb.append(tmp1b[0])
            gg=self.ul(res)
            hh=self.ul(resb)
        return  np.array(hh)
    def multip(self, a):
```

```
        a=np.array(a)
        b=self.gauss_inverse(a)
        return np.dot(a,b)



a=[[3, 6, 8, 9], [10, 1, 0, 5], [4, 9, 5, 7], [9,1,8,2]]
l=linear()

l.ul(a)
Out[14]:
array([[ 2,  8,  1,  9],
       [ 7,  5,  9,  4],
       [ 5,  0,  1, 10],
       [ 9,  8,  6,  3]])
l.ul(l.ul(a))
Out[38]:
array([[ 3,  6,  8,  9],
       [10,  1,  0,  5],
       [ 4,  9,  5,  7],
       [ 9,  1,  8,  2]])

l.upperid(a)
Out[15]:
[array([[  3.        ,   6.        ,   8.        ,   9.        ],
        [  0.        , -19.        , -26.66666667, -25.        ],
        [  0.        ,   0.        ,  -7.07017544,  -6.31578947],
        [  0.        ,   0.        ,   0.        ,  -9.65260546]]),
 array([[ 1.        ,  0.        ,  0.        ,  0.        ],
        [-3.33333333,  1.        ,  0.        ,  0.        ],
        [-1.50877193,  0.05263158,  1.        ,  0.        ],
        [-1.69478908, -0.83622829,  1.11166253,  1.        ]]),
 [[3, 6, 8, 9],
  [0.0, -19.0, -26.666666666666668, -25.0],
  [0.0, 0.0, -7.070175438596491, -6.315789473684211],
  [0.0, 0.0, 0.0, -9.652605459057073]]]
```

```
l.upperid_mul(a)
Out[16]:
[array([[ 1.        ,  2.        ,  2.66666667,  3.        ],
        [-0.        ,  1.        ,  1.40350877,  1.31578947],
        [-0.        , -0.        ,  1.        ,  0.89330025],
        [-0.        , -0.        , -0.        ,  1.        ]]),
 array([[ 0.33333333,  0.        ,  0.        ,  0.        ],
        [ 0.1754386 , -0.05263158, -0.        , -0.        ],
        [ 0.2133995 , -0.00744417, -0.14143921, -0.        ],
        [ 0.17557841,  0.08663239, -0.1151671 , -0.10359897]]),
 [[3, 6, 8, 9],
  [0.0, -19.0, -26.666666666666668, -25.0],
  [0.0, 0.0, -7.070175438596491, -6.315789473684211],
  [0.0, 0.0, 0.0, -9.652605459057073]]]

l.gauss_inverse(a)
Out[17]:
array([[-0.07429306,  0.06143959,  0.03701799,  0.05115681],
       [-0.13496144, -0.04755784,  0.20565553,  0.00642674],
       [ 0.05655527, -0.0848329 , -0.03856041,  0.09254499],
       [ 0.17557841,  0.08663239, -0.1151671 , -0.10359897]])

l.multip(a)
Out[18]:
array([[ 1.00000000e+00, -5.55111512e-17,  1.38777878e-17,
        -4.16333634e-17],
       [ 4.16333634e-16,  1.00000000e+00, -8.18789481e-16,
         1.38777878e-17],
       [ 1.38777878e-16,  5.55111512e-17,  1.00000000e+00,
        -6.93889390e-17],
       [ 4.99600361e-16, -1.11022302e-16, -7.49400542e-16,
         1.00000000e+00]])

a=np.random.randn(4,4)
a
```

```
Out[29]:
array([[ 0.37477197, -0.21902833,  0.67629635,  0.64335454],
       [ 0.57824305, -0.07489818, -0.03362181,  0.8787183 ],
       [-0.36954867,  0.19037229, -0.67576053,  0.92953082],
       [ 2.86797474, -1.40403305, -1.00519413, -1.03925744]])

l.gauss_inverse(a)
Out[30]:
array([[-1.29261873,  2.18857772, -1.27222541, -0.08760252],
       [-3.4467697 ,  4.33050273, -2.5478341 , -0.7510105 ],
       [ 0.52968388,  0.12158771, -0.6850346 , -0.18200005],
       [ 0.57709047,  0.0715871 ,  0.59381406, -0.01332958]])

l.multip(a)
Out[31]:
array([[ 1.00000000e+00, -1.22315008e-16, -1.57311292e-16,
         1.09480460e-17],
       [-1.16840158e-16,  1.00000000e+00, -2.73135112e-16,
        -1.59127545e-17],
       [ 3.42353739e-16,  8.47566502e-17,  1.00000000e+00,
         1.57416588e-18],
       [-1.17410804e-15, -1.81936745e-15,  1.03237421e-15,
         1.00000000e+00]])
```

6. pandas Dataframe

• 통계 분석

국민건강보험공단 국가건강검진 데이터 엑셀파일을 다운로드하고 peda1.csv로 저장하여 다음과 같이 읽어온다.

```
data=pd.read_csv('peda1.csv')
data.columns
Out[3]: Index(['SEX', 'BTH_G', 'SBP', 'DBP', 'FBS', 'DIS', 'BMI'], dtype='object')
np.array(data)
Out[4]:
array([[  1. ,   1. , 116. , ...,  94. ,   4. ,  16.6],
       [  1. ,   1. , 100. , ...,  79. ,   4. ,  22.3],
       [  1. ,   1. , 100. , ...,  87. ,   4. ,  21.9],
       ...,
       [  2. ,  27. , 115. , ..., 110. ,   1. ,  25.2],
       [  2. ,  27. , 120. , ...,  90. ,   2. ,  19.7],
       [  2. ,  27. , 116. , ...,  92. ,   4. ,  17.6]])
data
Out[5]:
        SEX  BTH_G  SBP  DBP  FBS  DIS   BMI
0         1      1  116   78   94    4  16.6
1         1      1  100   60   79    4  22.3
2         1      1  100   60   87    4  21.9
3         1      1  111   70   72    4  20.2
4         1      1  120   80   98    4  20.0
...     ...    ...  ...  ...  ...  ...   ...
999995    2     27  120   70   81    2  23.1
999996    2     27  110   70  104    2  27.2
999997    2     27  115   53  110    1  25.2
999998    2     27  120   70   90    2  19.7
999999    2     27  116   73   92    4  17.6

[1000000 rows x 7 columns]
```

```
data2=pd.DataFrame( np.array(data),
columns=['남여',  '나이',  'SBP',  'DBP',  'FBS',  'DIS',   '체질량'])
data2
Out[6]:
         남여    나이   SBP   DBP   FBS  DIS   체질량
0        1.0    1.0  116.0  78.0   94.0  4.0  16.6
1        1.0    1.0  100.0  60.0   79.0  4.0  22.3
2        1.0    1.0  100.0  60.0   87.0  4.0  21.9
3        1.0    1.0  111.0  70.0   72.0  4.0  20.2
4        1.0    1.0  120.0  80.0   98.0  4.0  20.0
    ...  ...   ...   ...    ...   ...  ...
999995  2.0  27.0  120.0  70.0   81.0  2.0  23.1
999996  2.0  27.0  110.0  70.0  104.0  2.0  27.2
999997  2.0  27.0  115.0  53.0  110.0  1.0  25.2
999998  2.0  27.0  120.0  70.0   90.0  2.0  19.7
999999  2.0  27.0  116.0  73.0   92.0  4.0  17.6
```

엑셀과 같아 보인다. 그러나 0행과 0열을 제외하면 np.array(data) 이므로 초고성능 numpy 행렬 작업을 할 수 있다. pd.DataFrame 명령어로 다시 pandas로 갈 수 있다. numpy 행렬 작업으로도 충분히 원하는 작업을 할 수 있다는 것을 알 수 있다. 그러한 예를 설명 할 것이다.

국민건강보험공단 국가건강검진 데이터 엑셀파일을 다운로드하고 peda1.csv로 저장하여 다음과 같이 읽어온다.
columns의 영어약자 몇 개를 한글로 바꾸자. ('남여' '나이' '체질량')
d=data
d2=d[(d.남여==2) & (d.나이>22)& (d.나이<28)]
bmi=d2.체질량
하면 d=data 의 남녀가 2 이고 나이가 22보다 크고 28보다 적은 항목들을 가져와서 그것의 체질량을 분석한다.

```
import math
from math import *
import numpy as np
import pandas as pd
import matplotlib.pyplot as plt

data=pd.read_csv('peda1.csv')
data
Out[2]:
          SEX  BTH_G  SBP  DBP  FBS  DIS   BMI
0           1      1  116   78   94    4  16.6
1           1      1  100   60   79    4  22.3
2           1      1  100   60   87    4  21.9
3           1      1  111   70   72    4  20.2
4           1      1  120   80   98    4  20.0
...       ...    ...  ...  ...  ...  ...   ...
999995      2     27  120   70   81    2  23.1
999996      2     27  110   70  104    2  27.2
999997      2     27  115   53  110    1  25.2
999998      2     27  120   70   90    2  19.7
999999      2     27  116   73   92    4  17.6

[1000000 rows x 7 columns]

data.columns.values
Out[3]: array(['SEX', 'BTH_G', 'SBP', 'DBP', 'FBS', 'DIS', 'BMI'], dtype=object)
```

```
data.columns
Out[4]: Index(['SEX', 'BTH_G', 'SBP', 'DBP', 'FBS', 'DIS', 'BMI'],
dtype='object')

len(data.columns.values)
Out[5]: 7

def find():
    t=[]
    for k in range(len(data.columns.values)):
        if data.columns.values[k]=='BMI':
            t.append(k)
        else:
            continue
    return t

find()
Out[6]: [6]

data.columns.values[6]
Out[7]: 'BMI'

da=np.array(data)
da
Out[8]:
array([[  1. ,   1. , 116. , ...,  94. ,   4. ,  16.6],
       [  1. ,   1. , 100. , ...,  79. ,   4. ,  22.3],
       [  1. ,   1. , 100. , ...,  87. ,   4. ,  21.9],
       ...,
       [  2. ,  27. , 115. , ..., 110. ,   1. ,  25.2],
       [  2. ,  27. , 120. , ...,  90. ,   2. ,  19.7],
       [  2. ,  27. , 116. , ...,  92. ,   4. ,  17.6]])
```

```
data2=pd.DataFrame( np.array(data),
columns=['남여',  '나이',  'SBP',  'DBP',  'FBS',  'DIS',   '체질량'])
data2
Out[9]:
          남여    나이    SBP    DBP    FBS   DIS    체질량
0         1.0   1.0  116.0  78.0   94.0  4.0  16.6
1         1.0   1.0  100.0  60.0   79.0  4.0  22.3
2         1.0   1.0  100.0  60.0   87.0  4.0  21.9
3         1.0   1.0  111.0  70.0   72.0  4.0  20.2
4         1.0   1.0  120.0  80.0   98.0  4.0  20.0
    ...   ...   ...   ...   ...  ...   ...
999995  2.0  27.0  120.0  70.0   81.0  2.0  23.1
999996  2.0  27.0  110.0  70.0  104.0  2.0  27.2
999997  2.0  27.0  115.0  53.0  110.0  1.0  25.2
999998  2.0  27.0  120.0  70.0   90.0  2.0  19.7
999999  2.0  27.0  116.0  73.0   92.0  4.0  17.6

[1000000 rows x 7 columns]

d=data2
d2=d[ ( d.남여==2 ) & (d.나이>22)& (d.나이<28)]
d2
Out[10]:
          남여    나이    SBP    DBP    FBS   DIS    체질량
925317  2.0  23.0  120.0  83.0   94.0  1.0  19.1
925318  2.0  23.0   90.0  60.0   92.0  4.0  20.8
925319  2.0  23.0  120.0  80.0  109.0  2.0  24.5
925320  2.0  23.0  135.0  83.0  114.0  3.0  25.6
925321  2.0  23.0  130.0  70.0   96.0  4.0  22.2
    ...   ...   ...   ...   ...  ...   ...
999995  2.0  27.0  120.0  70.0   81.0  2.0  23.1
999996  2.0  27.0  110.0  70.0  104.0  2.0  27.2
999997  2.0  27.0  115.0  53.0  110.0  1.0  25.2
999998  2.0  27.0  120.0  70.0   90.0  2.0  19.7
999999  2.0  27.0  116.0  73.0   92.0  4.0  17.6
[74683 rows x 7 columns]
```

```
def condition_2():
    d=np.array(data2)
    b=d.tolist()
    t=[]
    for k in range(len(b)):
        if b[k][0]==2  and 22<b[k][1]<28:
            t.append(b[k])
        else:
            continue
    c=np.array(t)
    p=pd.DataFrame(c,columns=['남여', '나이', 'SBP', 'DBP', 'FBS', 'DIS', '체
질량'])
    return p


condition_2()
Out[11]:
        남여    나이     SBP    DBP    FBS  DIS    체질량
0        2.0   23.0   120.0  83.0   94.0  1.0  19.1
1        2.0   23.0    90.0  60.0   92.0  4.0  20.8
2        2.0   23.0   120.0  80.0  109.0  2.0  24.5
3        2.0   23.0   135.0  83.0  114.0  3.0  25.6
4        2.0   23.0   130.0  70.0   96.0  4.0  22.2
  ...    ...    ...    ...    ...   ...   ...
74678  2.0   27.0   120.0  70.0   81.0  2.0  23.1
74679  2.0   27.0   110.0  70.0  104.0  2.0  27.2
74680  2.0   27.0   115.0  53.0  110.0  1.0  25.2
74681  2.0   27.0   120.0  70.0   90.0  2.0  19.7
74682  2.0   27.0   116.0  73.0   92.0  4.0  17.6

[74683 rows x 7 columns]


da=np.array(data)
np.hstack((da[:,0:1],da[:,4:7]))
```

```
Out[12]:
array([[  1. ,  94. ,   4. ,  16.6],
       [  1. ,  79. ,   4. ,  22.3],
       [  1. ,  87. ,   4. ,  21.9],
       ...,
       [  2. , 110. ,   1. ,  25.2],
       [  2. ,  90. ,   2. ,  19.7],
       [  2. ,  92. ,   4. ,  17.6]])

data3=pd.DataFrame( np.hstack((da[:,0:1],da[:,4:7])),
columns=['남여', 'FBS', 'DIS', '체질량'])
data3
Out[13]:
         남여    FBS  DIS   체질량
0        1.0   94.0  4.0  16.6
1        1.0   79.0  4.0  22.3
2        1.0   87.0  4.0  21.9
3        1.0   72.0  4.0  20.2
4        1.0   98.0  4.0  20.0
   ...   ...    ...  ...
999995   2.0   81.0  2.0  23.1
999996   2.0  104.0  2.0  27.2
999997   2.0  110.0  1.0  25.2
999998   2.0   90.0  2.0  19.7
999999   2.0   92.0  4.0  17.6

[1000000 rows x 4 columns]

bmi=d2.체질량
bmi
Out[14]:
925317     19.1
925318     20.8
925319     24.5
925320     25.6
```

```
925321      22.2

999995      23.1
999996      27.2
999997      25.2
999998      19.7
999999      17.6
Name: 체질량, Length: 74683, dtype: float64

np.size(bmi)
Out[15]: 74683

np.mean(bmi)
Out[16]: 24.151199068062226

np.std(bmi)
Out[17]: 3.307334541094135

mu=np.mean(bmi)
sigma=np.std(bmi)

np.min(bmi)
Out[19]: 14.8

np.max(bmi)
Out[20]: 40.2

def pdf_3(mu,sigma,x):
    hh=(1/ (sigma*((2*pi)**(1/2)) ))
    y=((1/e)**(( x-mu )**2 /(2*((sigma)**2) ) ) )*(hh)
    return y


x=np.linspace(min(bmi),max(bmi),1000)
y=pdf_3(mu,sigma,x)
plt.plot(x,y,color='green'),plt.grid(True)
```

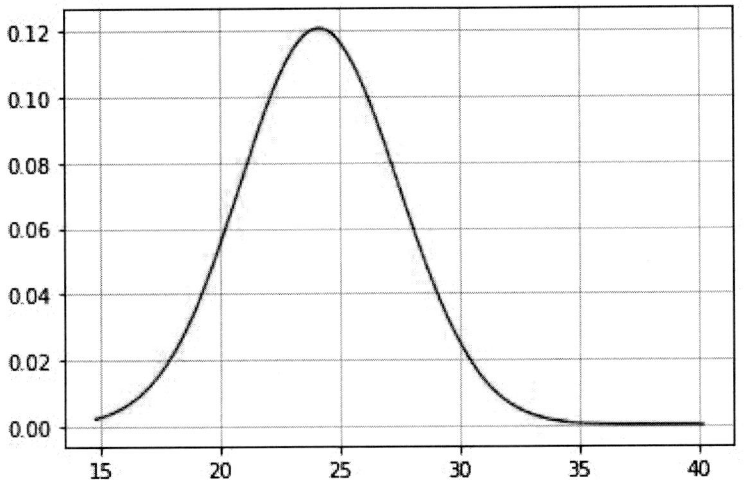

```
def integral_trapezoid(f,a,b):
    sum=0
    n=1000
    for k in range(1, 1000+1):
        sum =sum+ ( ( f( a+(b-a)*((k-1)/n)) + f( a+(b-a)*(k/n)) )/2  )*((b-a)/n)
    return sum


def cdf(x):
    hh=(1/ (np.std(bmi)*((2*pi)**(1/2)) ))
    f=lambda x:((1/e)**(( x-np.mean(bmi) )**2 /(2*((np.std(bmi))**2) ) ) )*(hh)
    sum=integral_trapezoid(f,np.min(bmi),x)
    return sum


y=cdf(x)
plt.plot(x,y),plt.grid(True)
```

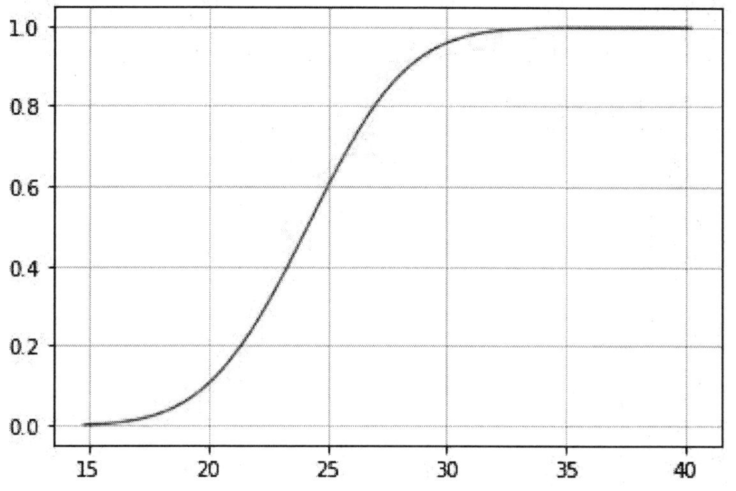


```
from scipy.stats import norm
mu=np.mean(bmi)
sigma=np.std(bmi)
x=np.linspace(min(bmi),max(bmi),1000)
y1=norm.pdf(x,mu,sigma)
plt.plot(x,y1, label='PDF'),
plt.title('Female BMI'),
plt.legend(loc='upper right',fontsize='large'),plt.grid(True)
```

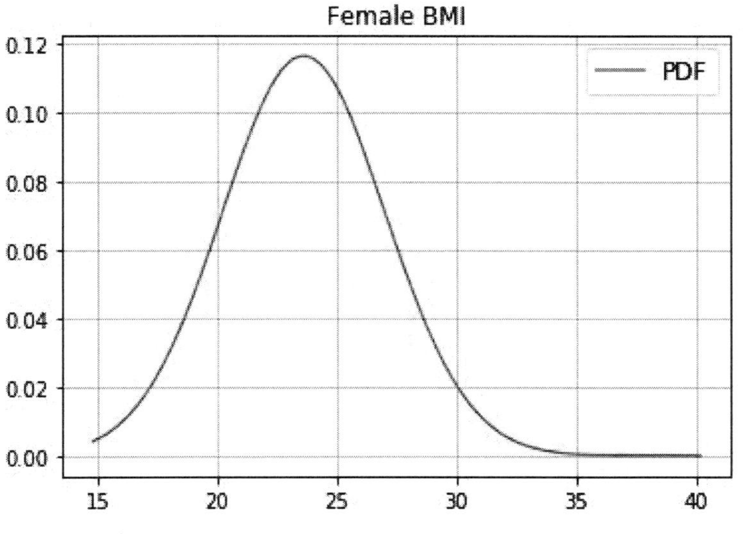

```
bmi.hist(bins=25,rwidth=0.6,histtype='bar',label='Women',color='green'),plt.ti
tle('Female  BMI'),plt.legend(loc='upper  right',fontsize='large'),plt.grid(True)
```

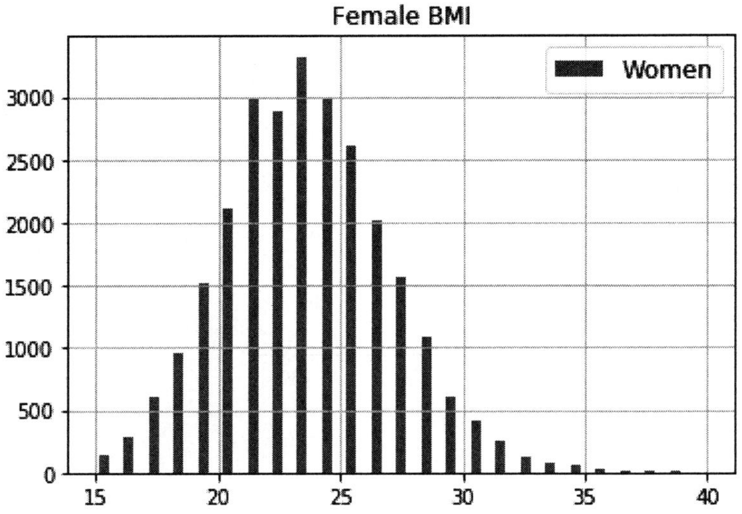

예제 1

```
data=pd.read_csv('peda1.csv')
data=pd.DataFrame( np.array(data),
columns=['남여', '나이', 'SBP', 'DBP', 'FBS', 'DIS', '체질량'])

d=data
d1=d[(d.나이==7) & (d.남여==1)]
men_bmi=d1.체질량

from scipy.stats import norm
mu=men_bmi.mean()
sigma=men_bmi.std()
x=np.linspace(min(men_bmi),max(men_bmi),1000)
y=norm.pdf(x,mu,sigma)
plt.plot(x,y,color='red'),plt.grid(True)
```

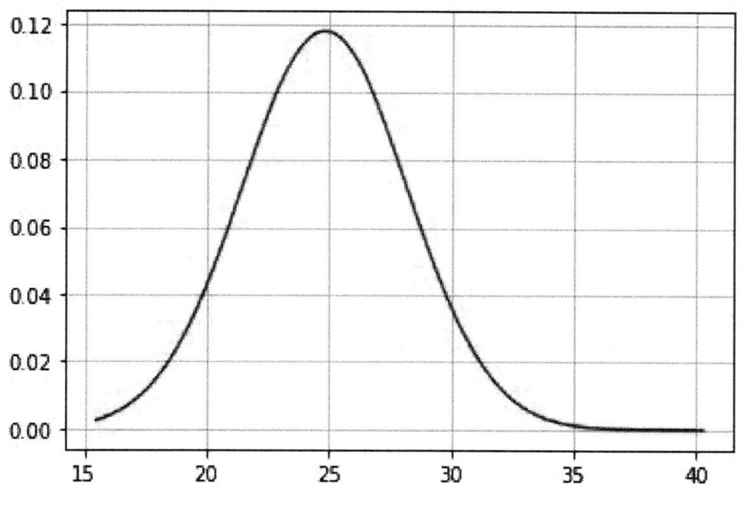

```
from scipy.stats import norm
x=np.linspace(min(men_bmi),max(men_bmi),1000)
y=norm.cdf(x,mu,sigma)
plt.plot(x,y,color='red'),plt.grid(True)
```

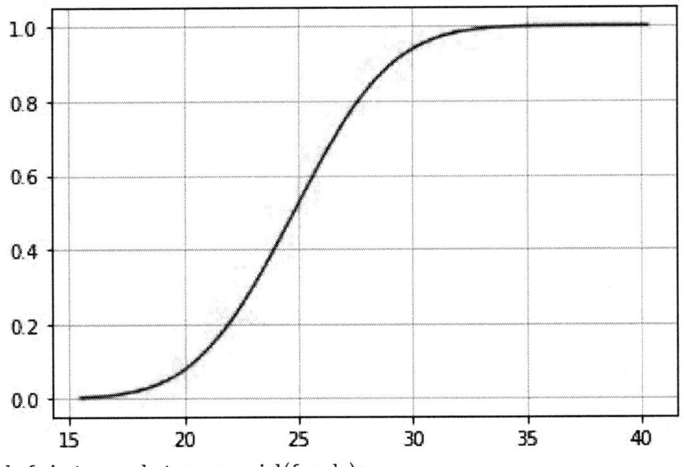


```
def integral_trapezoid(f,a,b):
    sum=0
    n=1000
    for k in range(1, 1000+1):
        sum =sum+ ( ( f( a+(b-a)*((k-1)/n)) + f( a+(b-a)*(k/n)) )/2  )*((b-a)/n)
    return sum

def cdf(x):
    hh=(1/ (np.std(men_bmi)*((2*pi)**(1/2)) ))
    f=lambda x:((1/e)**(( x-np.mean(men_bmi) )**2 /(2*((np.std(men_bmi))**2) ) ) )*(hh)
    sum=integral_trapezoid(f,np.min(men_bmi),x)
    return sum

x=np.linspace(min(men_bmi),max(men_bmi),1000)
y=cdf(x)

plt.plot(x,y,color='red'),plt.grid(True)
```

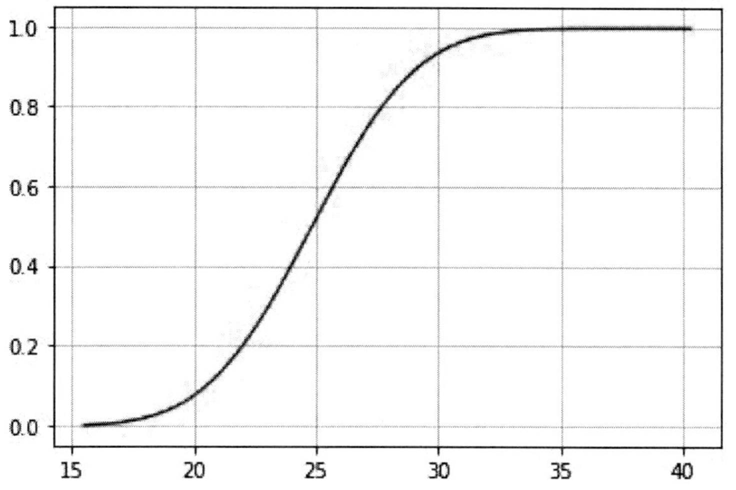

```
data=pd.read_csv('peda1.csv')
data=pd.DataFrame( np.array(data),
columns=['남여',  '나이',  'SBP',  'DBP',  'FBS',  'DIS',   '체질량'])

d=data
d1=d[(d.나이==7) & (d.남여==1)]
men_bmi=d1.체질량

log_mu=np.mean(np.log(men_bmi))
log_sigma=np.std(np.log(men_bmi))

def pdf_log(log_mu,log_sigma,x):
    hh=(1/ ((log_sigma)*((2*pi)**(1/2)) ) )
    y=(1/x)*((1/e)**(( (np.log(x))-log_mu )**2 /(2*((log_sigma)**2) ) ) )*(hh)
    return y

x=np.linspace(min(men_bmi),max(men_bmi),1000)
log_y=pdf_log(log_mu,log_sigma,x)
plt.plot(x,log_y, label='Lognormal',color='red'),
plt.legend(loc='upper right',fontsize='large'),plt.grid(True)
```

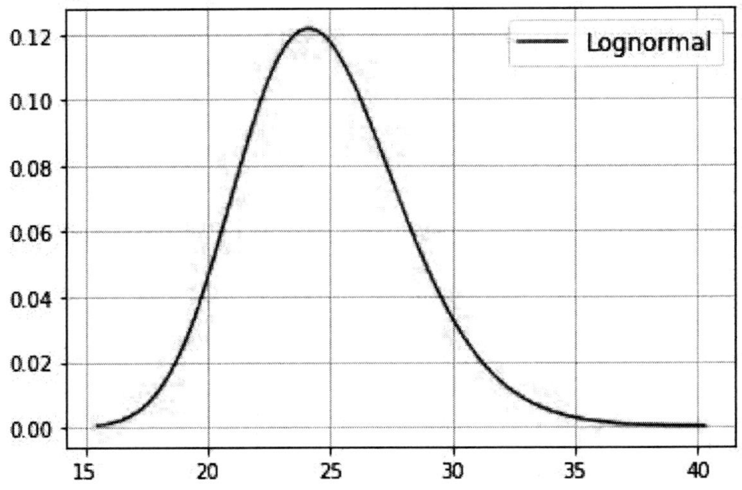


```
def integral_trapezoid(f,a,b):
    sum=0
    n=1000
    for k in range(1, 1000+1):
        sum =sum+ ( ( f( a+(b-a)*((k-1)/n)) + f( a+(b-a)*(k/n)) )/2  )*((b-a)/n)
    return sum

log_mu=np.mean(np.log(men_bmi))
log_sigma=np.std(np.log(men_bmi))

def cdf_log(x):
    hh=(1/ ((log_sigma)*((2*pi)**(1/2)) ) )
    f=lambda x:(1/x)*((1/e)**(( (np.log(x))-log_mu )**2 /(2*((log_sigma)**2) )
) )*(hh)
    sum=integral_trapezoid(f,np.min(men_bmi),x)
    return sum

x=np.linspace(min(men_bmi),max(men_bmi),1000)
y=cdf_log(x)

plt.plot(x,y, label='cdf-log',color='red'),
plt.legend(loc='lower right',fontsize='large'),plt.grid(True)
```

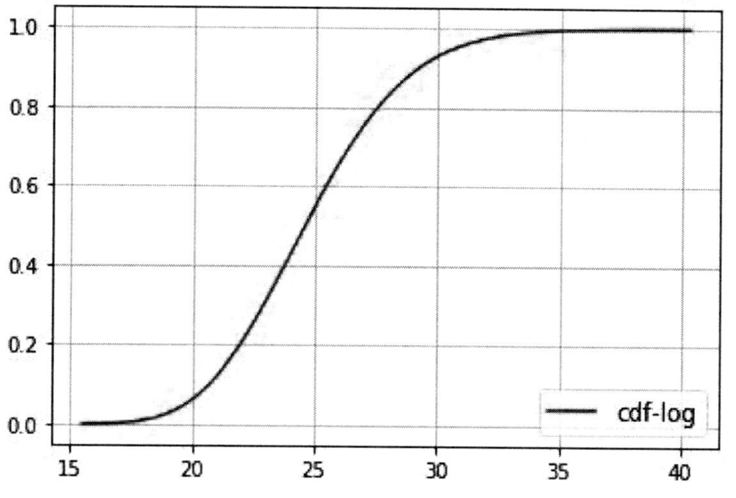

1.0
0.8
0.6
0.4
0.2
0.0
15
20
25
30
35
40
cdf-log

예제 2

```
data=pd.read_csv('peda1.csv')
data
Out[27]:
        SEX  BTH_G  SBP  DBP  FBS  DIS   BMI
0         1      1  116   78   94    4  16.6
1         1      1  100   60   79    4  22.3
2         1      1  100   60   87    4  21.9
3         1      1  111   70   72    4  20.2
4         1      1  120   80   98    4  20.0
    ...    ...    ...  ...  ...  ...  ...
999995    2     27  120   70   81    2  23.1
999996    2     27  110   70  104    2  27.2
999997    2     27  115   53  110    1  25.2
999998    2     27  120   70   90    2  19.7
999999    2     27  116   73   92    4  17.6

[1000000 rows x 7 columns]

data.sort_values(by=['BTH_G'], axis=0,ascending=False,kind='quicksort')
Out[28]:
        SEX  BTH_G  SBP  DBP  FBS  DIS   BMI
500000    1     27  103   53  104    3  21.2
506276    1     27  112   66   89    4  21.7
506296    1     27  102   72  121    4  26.8
506295    1     27  127   78  110    4  18.2
506294    1     27  133   63   91    2  22.9
    ...    ...    ...  ...  ...  ...  ...
520690    2      1  104   68   78    4  20.3
520689    2      1  107   64   93    4  19.9
520688    2      1  112   67   75    4  18.9
520687    2      1  110   70   70    4  22.4
0         1      1  116   78   94    4  16.6

[1000000 rows x 7 columns]
```

```
data.sort_values(by=['BMI'], axis=0,ascending=False,kind='quicksort')
Out[29]:
        SEX  BTH_G  SBP  DBP  FBS  DIS   BMI
750135    2     14  150   90  117    2  40.3
866847    2     19  100   60   69    3  40.3
894378    2     21  138   85   91    2  40.3
908217    2     22  130   80  119    3  40.3
219010    1     11  152   95  112    2  40.3
   ...  ...    ...  ...  ...  ...  ...
996361    2     27  120   70  156    2  14.8
233816    1     12   94   71  178    3  14.8
612501    2      9  112   71  118    4  14.8
57287     1      5  110   76   96    4  14.8
770336    2     15  108   68   80    2  14.8

[1000000 rows x 7 columns]

data=pd.read_csv('peda1.csv')
df=data
df2=df[(df.BMI >40 )  & ( df.SEX==2 ) ]

df2
Out[31]:
        SEX  BTH_G  SBP  DBP  FBS  DIS   BMI
517979    2      1  130   85   99    4  40.2
531511    2      2  135   80  120    4  40.3
572950    2      5  120   80   93    4  40.2
574806    2      6  110   70   91    1  40.1
575063    2      6  154   93   72    4  40.2
582436    2      6  150   85   72    4  40.2
599746    2      8  120   80   97    4  40.1
607548    2      9  136   77  106    4  40.2
621192    2      9  140   92  110    4  40.2
629641    2      9  142   83  124    3  40.2
639654    2     10  135  100  102    4  40.3
```

```
680077    2    11  130   80  107    4  40.2
697578    2    12  150  100  109    4  40.1
704903    2    12  137   89   76    4  40.1
708313    2    13  139   91  234    1  40.2
709295    2    13  110   70  180    3  40.1
750135    2    14  150   90  117    2  40.3
757509    2    15  150  100  147    1  40.1
784067    2    16  126   82  129    1  40.1
784525    2    16  120   70  100    1  40.1
804921    2    16  120   80  109    1  40.3
810644    2    17  130   80   82    2  40.2
848824    2    18  120   80  108    4  40.1
866847    2    19  100   60   69    3  40.3
874687    2    20  129   90  141    3  40.3
887031    2    20  127   75   97    2  40.1
894378    2    21  138   85   91    2  40.3
908217    2    22  130   80  119    3  40.3
917211    2    22  145   88   95    2  40.2
957264    2    25  135   80  122    1  40.1
964487    2    26  143   82  111    2  40.1
992639    2    27  134   83  100    2  40.2

np.size(df2)
Out[32]: 224

np.size(df2.SEX)
Out[33]: 32

np.min(df2)
Out[34]:
SEX          2.0
BTH_G        1.0
SBP        100.0
DBP         60.0
FBS         69.0
DIS          1.0
```

```
BMI         40.1
dtype: float64

np.max(df2)
Out[35]:
SEX          2.0
BTH_G       27.0
SBP        154.0
DBP        100.0
FBS        234.0
DIS          4.0
BMI         40.3
dtype: float64

df2.hist(bins=25,rwidth=0.6,histtype='bar',color='green'),plt.grid(True)
```

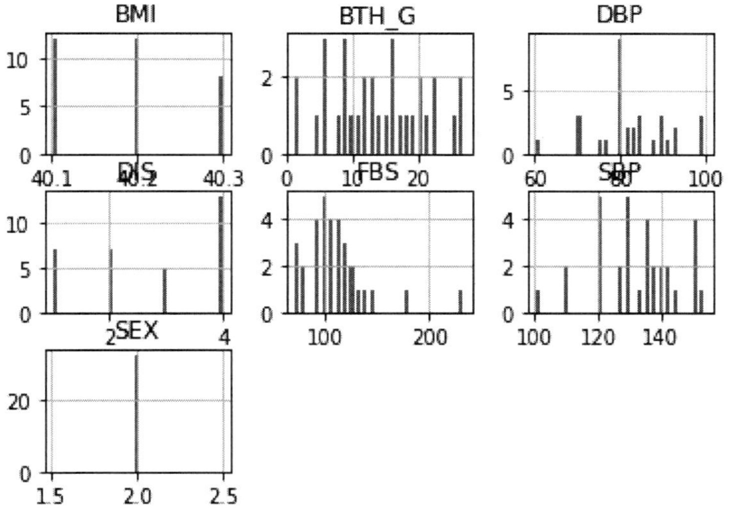

```
b=df2.BMI
b.hist(bins=25,rwidth=0.6,histtype='bar',label='Men',color='green'),plt.title('M
ale BMI'),plt.legend(loc='upper right',fontsize='large'),plt.grid(True)
```

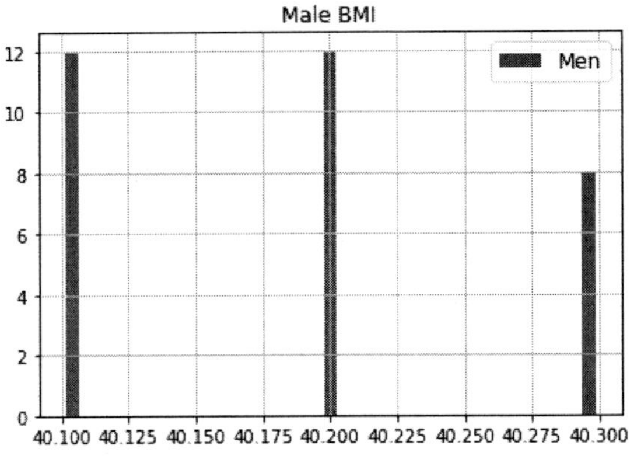

```
data=pd.read_csv('peda1.csv')
df=data
df2=df[ ( df.SEX==2 ) ]
bmi=df2.BMI
bmi.hist(bins=25,rwidth=0.6,histtype='bar',label='BMI', color='green'),
plt.title('women bmi'),
plt.legend(loc='upper right',fontsize='large'),
plt.grid(True)
```

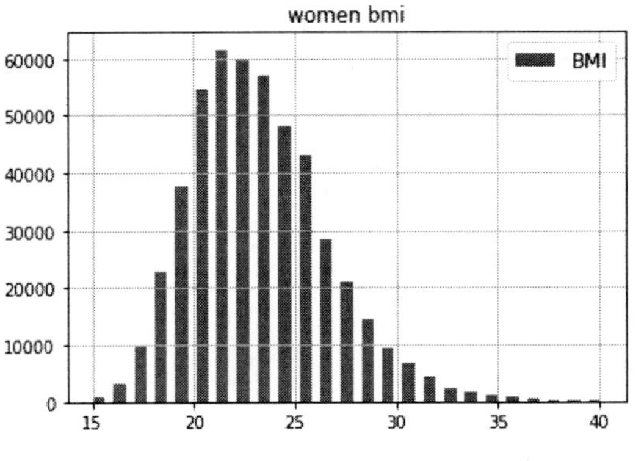

데이터 불러오기

```
import math
from math import *
import numpy as np
import pandas as pd
```

다음의 엑샐파일의 내용을 sc4.csv 이름으로 저장하고

0	수학	영어	국어	사회	역사	자연
김	95	85		55	80	50
이	55	60	75	55		100
박	63	62			66	88
철	65	66	88		85	

빈 칸에 숫자 영을 채우고 다음과 같이 pandas DataFrame 으로 만들어 보자

```
b=pd.DataFrame(call(),columns=['수학', '영어 ', '국어', '사회 ', '역사 ', '자연'])

b
Out[28]:
     수학    영어     국어    사회     역사        자연
0  95.0  85.0   0.0  55.0  80.0   50.0
1  55.0  60.0  75.0  55.0   0.0  100.0
2  63.0  62.0   0.0   0.0  66.0   88.0
3  65.0  66.0  88.0   0.0  85.0    0.0
```

우선 다음을 실행해보자.

```
import math
from math import *
import numpy as np
import pandas as pd
from scipy.stats import norm
import matplotlib.pyplot as plt

data=np.loadtxt('sc4.csv', delimiter=',' , dtype='<U5')
data
Out[1]:
array([['0', '수학', '영어 ', '국어', '사회 ', '역사 ', '자연'],
       ['김', '95', '85', '', '55', '80', '50'],
       ['이', '55', '60', '75', '55', '', '100'],
       ['박', '63', '62', '', '', '66', '88'],
       ['철', '65', '66', '88', '', '85', '']], dtype='<U5')

f = open('sc4.csv', encoding='cp949')
a=f.readline()
a
Out[2]: '0,수학,영어 ,국어,사회 ,역사 ,자연\n'

b=f.readline()
b
Out[3]: '김,95,85,,55,80,50\n'

a.strip().split(',')
Out[4]: ['0', '수학', '영어 ', '국어', '사회 ', '역사 ', '자연']

b.strip().split(',')
Out[5]: ['김', '95', '85', '', '55', '80', '50']

b = "a,         b,c,d"

b.strip().split(',')
Out[7]: ['a', '         b', 'c', 'd']
```

```
b.replace(" ", "").split(',')
Out[8]: ['a', 'b', 'c', 'd']

a=pd.DataFrame(np.array([[1, 2, 3], [4, 5, 6],[1,1,1]]),columns=['a', 'b', 'c'])
a
Out[9]:
   a  b  c
0  1  2  3
1  4  5  6
2  1  1  1

def call():
    f = open('sc4.csv', encoding='cp949')
    t=[]
    for line in f:
        a = line.strip().replace(" ", "").split(',')
        t.append(a)
    t=np.array(t)
    c=t[1:,1:]
    for k in range(len(c)):
        for j in range(len(c[0])):
            if c[k,j]=='':
                c[k,j]=0
    c=c.astype(np.float)
    return c


call()
Out[11]:
array([[ 95.,  85.,   0.,  55.,  80.,  50.],
       [ 55.,  60.,  75.,  55.,   0., 100.],
       [ 63.,  62.,   0.,   0.,  66.,  88.],
       [ 65.,  66.,  88.,   0.,  85.,   0.]])

b=pd.DataFrame(call(),columns=['수학', '영어 ', '국어', '사회 ', '역사 ', '자연'])
b
```

```
Out[12]:
     수학   영어     국어   사회    역사     자연
0  95.0  85.0   0.0  55.0  80.0   50.0
1  55.0  60.0  75.0  55.0   0.0  100.0
2  63.0  62.0   0.0   0.0  66.0   88.0
3  65.0  66.0  88.0   0.0  85.0    0.0

data=np.loadtxt('po4.csv', delimiter=',' , dtype='<U5')
data
Out[13]:
array([['중간', '기말', '공통', '성적'],
       ['45', '60', '90', '195'],
       ['40', '60', '90', '190'],
       ['45', '50', '90', '185'],
       ['45', '60', '80', '185'],
       ['39', '', '80', '179'],
       ['47', '43', '80', '170'],
       ['37', '60', '70', '167'],
       ['33', '50', '80', '163']], dtype='<U5')

def call(data):
    b=data
    c=b[1: , : ]
    for k in range(len(c)):
        for j in range(len(c[0])):
            if c[k,j]=='':
                c[k,j]=0
    c=c.astype(np.float)
    return c

call(data)
Out[14]:
array([[ 45.,  60.,  90., 195.],
       [ 40.,  60.,  90., 190.],
       [ 45.,  50.,  90., 185.],
       [ 45.,  60.,  80., 185.],
```

```
        [ 39.,   0.,  80., 179.],
        [ 47.,  43.,  80., 170.],
        [ 37.,  60.,  70., 167.],
        [ 33.,  50.,  80., 163.]])

b=pd.DataFrame(call(data),columns=['중간', '기말', '공통', '성적'])
b
Out[15]:
     중간    기말    공통     성적
0  45.0  60.0  90.0  195.0
1  40.0  60.0  90.0  190.0
2  45.0  50.0  90.0  185.0
3  45.0  60.0  80.0  185.0
4  39.0   0.0  80.0  179.0
5  47.0  43.0  80.0  170.0
6  37.0  60.0  70.0  167.0
7  33.0  50.0  80.0  163.0
```

텍스트 파일로 load 해서 cvs 파이로 저장하고 읽어온다.

```
data=np.loadtxt('po4.csv', delimiter=',' , dtype='<U5')
data
Out[13]:
array([['중간', '기말', '공통', '성적'],
       ['45', '60', '90', '195'],
       ['40', '60', '90', '190'],
       ['45', '50', '90', '185'],
       ['45', '60', '80', '185'],
       ['39', '', '80', '179'],
       ['47', '43', '80', '170'],
       ['37', '60', '70', '167'],
       ['33', '50', '80', '163']], dtype='<U5')
```

```
def call(data):
    b=data
    c=b[1: , : ]
    for k in range(len(c)):
        for j in range(len(c[0])):
            if c[k,j]=='':
                c[k,j]=0
    c=c.astype(np.float)
    return c

call(data)
Out[14]:
array([[ 45.,  60.,  90., 195.],
       [ 40.,  60.,  90., 190.],
       [ 45.,  50.,  90., 185.],
       [ 45.,  60.,  80., 185.],
       [ 39.,   0.,  80., 179.],
       [ 47.,  43.,  80., 170.],
       [ 37.,  60.,  70., 167.],
       [ 33.,  50.,  80., 163.]])

b=pd.DataFrame(call(data),columns=['중간', '기말', '공통', '성적'])
b
Out[15]:
     중간    기말    공통     성적
0  45.0  60.0  90.0  195.0
1  40.0  60.0  90.0  190.0
2  45.0  50.0  90.0  185.0
3  45.0  60.0  80.0  185.0
4  39.0   0.0  80.0  179.0
5  47.0  43.0  80.0  170.0
6  37.0  60.0  70.0  167.0
7  33.0  50.0  80.0  163.0

data=np.loadtxt('po.csv', delimiter=',' , dtype='<U20')
```

```
d=data

def call(data):
    b=data
    c=b[1: , : ]
    for k in range(len(c)):
        for j in range(len(c[0])):
            if c[k,j]=='':
                c[k,j]=0
    c=c.astype(np.float)
    return c


b=pd.DataFrame(call(d),columns=['학번', '중간', '기말','과제', '합'])
b
Out[16]:
      학번    중간    기말    과제      합
0  778.0  45.0  60.0  90.0  195.0
1  795.0  40.0  60.0  90.0  190.0
2  746.0  45.0  50.0  90.0  185.0
3  811.0  45.0  60.0  80.0  185.0
4  845.0  39.0  60.0  80.0  179.0
5  762.0  47.0  43.0  80.0  170.0
6  786.0  37.0  60.0  70.0  167.0
7  779.0  33.0  50.0  80.0  163.0
8  782.0  42.0  23.0  90.0  155.0

b2=b[(b.중간 >40 )  & ( b.합>180 ) ]
b2
Out[17]:
      학번    중간    기말    과제      합
0  778.0  45.0  60.0  90.0  195.0
2  746.0  45.0  50.0  90.0  185.0
3  811.0  45.0  60.0  80.0  185.0

b.to_csv("bo.csv", mode='w')
```

```
data2=pd.read_csv('bo.csv')
data2
Out[18]:
   Unnamed: 0     학번    중간    기말    과제      합
0           0  778.0  45.0  60.0  90.0  195.0
1           1  795.0  40.0  60.0  90.0  190.0
2           2  746.0  45.0  50.0  90.0  185.0
3           3  811.0  45.0  60.0  80.0  185.0
4           4  845.0  39.0  60.0  80.0  179.0
5           5  762.0  47.0  43.0  80.0  170.0
6           6  786.0  37.0  60.0  70.0  167.0
7           7  779.0  33.0  50.0  80.0  163.0
8           8  782.0  42.0  23.0  90.0  155.0

data2.iloc[:,1:]
Out[19]:
      학번    중간    기말    과제      합
0  778.0  45.0  60.0  90.0  195.0
1  795.0  40.0  60.0  90.0  190.0
2  746.0  45.0  50.0  90.0  185.0
3  811.0  45.0  60.0  80.0  185.0
4  845.0  39.0  60.0  80.0  179.0
5  762.0  47.0  43.0  80.0  170.0
6  786.0  37.0  60.0  70.0  167.0
7  779.0  33.0  50.0  80.0  163.0
8  782.0  42.0  23.0  90.0  155.0

d=data2.iloc[:,1:]
d.sort_values(by=['합'], axis=0, ascending=False)
Out[20]:
      학번    중간    기말    과제      합
0  778.0  45.0  60.0  90.0  195.0
1  795.0  40.0  60.0  90.0  190.0
2  746.0  45.0  50.0  90.0  185.0
3  811.0  45.0  60.0  80.0  185.0
4  845.0  39.0  60.0  80.0  179.0
```

```
5  762.0  47.0  43.0  80.0  170.0
6  786.0  37.0  60.0  70.0  167.0
7  779.0  33.0  50.0  80.0  163.0
8  782.0  42.0  23.0  90.0  155.0

d2=np.array(d)
d2[np.argsort(d2[:,1])]
Out[21]:
array([[779.,  33.,  50.,  80., 163.],
       [786.,  37.,  60.,  70., 167.],
       [845.,  39.,  60.,  80., 179.],
       [795.,  40.,  60.,  90., 190.],
       [782.,  42.,  23.,  90., 155.],
       [778.,  45.,  60.,  90., 195.],
       [746.,  45.,  50.,  90., 185.],
       [811.,  45.,  60.,  80., 185.],
       [762.,  47.,  43.,  80., 170.]])

d2[np.argsort(d2[:,4])][::-1]
Out[22]:
array([[778.,  45.,  60.,  90., 195.],
       [795.,  40.,  60.,  90., 190.],
       [811.,  45.,  60.,  80., 185.],
       [746.,  45.,  50.,  90., 185.],
       [845.,  39.,  60.,  80., 179.],
       [762.,  47.,  43.,  80., 170.],
       [786.,  37.,  60.,  70., 167.],
       [779.,  33.,  50.,  80., 163.],
       [782.,  42.,  23.,  90., 155.]])
```

```
b=pd.DataFrame(d2[np.argsort(d2[:,4])][::-1],columns=['학번', '중간', '기말','과제', '합'])
b
```

Out[23]:

	학번	중간	기말	과제	합
0	778.0	45.0	60.0	90.0	195.0
1	795.0	40.0	60.0	90.0	190.0
2	811.0	45.0	60.0	80.0	185.0
3	746.0	45.0	50.0	90.0	185.0
4	845.0	39.0	60.0	80.0	179.0
5	762.0	47.0	43.0	80.0	170.0
6	786.0	37.0	60.0	70.0	167.0
7	779.0	33.0	50.0	80.0	163.0
8	782.0	42.0	23.0	90.0	155.0

예제 3

아래의 condition() 함수의 결과와 pandas 명령어
d2=d[(d.BMI >20) & (d.BMI<20.3) & (d.SEX==2)]
가 같은 결과임을 확인하자.

```
data=pd.read_csv('peda1.csv')
d=data
d
Out[24]:
        SEX  BTH_G  SBP  DBP  FBS  DIS   BMI
0         1      1  116   78   94    4  16.6
1         1      1  100   60   79    4  22.3
2         1      1  100   60   87    4  21.9
3         1      1  111   70   72    4  20.2
4         1      1  120   80   98    4  20.0
  ...   ...    ...  ...  ...  ...  ...
999995    2     27  120   70   81    2  23.1
999996    2     27  110   70  104    2  27.2
999997    2     27  115   53  110    1  25.2
999998    2     27  120   70   90    2  19.7
999999    2     27  116   73   92    4  17.6

[1000000 rows x 7 columns]

d.columns.values[0]
Out[25]: 'SEX'

d.columns.values[6]
Out[26]: 'BMI'
```

```
def find2():
    t=[]
    for k in range(len(data.columns)):
        if data.columns[k]=='BMI':
            t.append(k)
        else:
            continue
    return t

find2()
Out[27]: [6]
d2=d[(d.BMI >20 ) & ( d.BMI<20.3 ) &  ( d.SEX==2 ) ]
d2
Out[28]:
        SEX  BTH_G  SBP  DBP  FBS  DIS   BMI
510317    2      1  120   80   93    4  20.1
510321    2      1  115   60   88    4  20.1
510373    2      1  110   70   80    4  20.1
510404    2      1  114   72   84    4  20.1
510486    2      1   93   61  100    4  20.2
   ...  ...    ...  ...  ...  ...  ...
999825    2     27  140   90  103    4  20.2
999867    2     27  127   76   94    2  20.1
999877    2     27  137   76   93    4  20.2
999879    2     27  160   80   91    4  20.1
999919    2     27  130   70   89    4  20.1
[10024 rows x 7 columns]

def condition():
    c=np.array(data)
    c=c[20<c[:,6],:]
    c=c[c[:,6]<20.3,:]
    c=c[c[:,0]==2,:]
    p=pd.DataFrame(c,columns=['SEX','BTH_G','SBP','DBP','FBS',
'DIS','BMI'])
    return p
```

```
co=condition()
co
Out[29]:
         SEX  BTH_G    SBP   DBP    FBS  DIS   BMI
0        2.0    1.0  120.0  80.0   93.0  4.0  20.1
1        2.0    1.0  115.0  60.0   88.0  4.0  20.1
2        2.0    1.0  110.0  70.0   80.0  4.0  20.1
3        2.0    1.0  114.0  72.0   84.0  4.0  20.1
4        2.0    1.0   93.0  61.0  100.0  4.0  20.2
...      ...    ...    ...   ...    ...  ...   ...
10019    2.0   27.0  140.0  90.0  103.0  4.0  20.2
10020    2.0   27.0  127.0  76.0   94.0  2.0  20.1
10021    2.0   27.0  137.0  76.0   93.0  4.0  20.2
10022    2.0   27.0  160.0  80.0   91.0  4.0  20.1
10023    2.0   27.0  130.0  70.0   89.0  4.0  20.1

[10024 rows x 7 columns]

d.iloc[:11,]
Out[30]:
    SEX  BTH_G  SBP  DBP  FBS  DIS   BMI
0     1      1  116   78   94    4  16.6
1     1      1  100   60   79    4  22.3
2     1      1  100   60   87    4  21.9
3     1      1  111   70   72    4  20.2
4     1      1  120   80   98    4  20.0
5     1      1  115   79   95    4  23.1
6     1      1  110   70   80    4  20.6
7     1      1  115   75   80    4  22.6
8     1      1  130   80   90    4  28.4
9     1      1  100   65   95    4  21.7
10    1      1  111   76   94    4  21.4

d.iloc[:11,0:4]
Out[31]:
```

```
    SEX  BTH_G  SBP  DBP
0     1      1  116   78
1     1      1  100   60
2     1      1  100   60
3     1      1  111   70
4     1      1  120   80
5     1      1  115   79
6     1      1  110   70
7     1      1  115   75
8     1      1  130   80
9     1      1  100   65
10    1      1  111   76
```

파일 읽고 자료 추출하고 저장한 자료 다시 읽기

```
data=pd.read_csv('peda1.csv')
d=data
d
Out[32]:
        SEX  BTH_G  SBP  DBP  FBS  DIS   BMI
0         1      1  116   78   94    4  16.6
1         1      1  100   60   79    4  22.3
2         1      1  100   60   87    4  21.9
3         1      1  111   70   72    4  20.2
4         1      1  120   80   98    4  20.0
...     ...    ...  ...  ...  ...  ...   ...
999995    2     27  120   70   81    2  23.1
999996    2     27  110   70  104    2  27.2
999997    2     27  115   53  110    1  25.2
999998    2     27  120   70   90    2  19.7
999999    2     27  116   73   92    4  17.6

[1000000 rows x 7 columns]
```

```
d=np.array(d)
a=d[0:5,:]
b=d[-5::,:]
a
Out[33]:
array([[  1. ,   1. , 116. ,  78. ,  94. ,   4. ,  16.6],
       [  1. ,   1. , 100. ,  60. ,  79. ,   4. ,  22.3],
       [  1. ,   1. , 100. ,  60. ,  87. ,   4. ,  21.9],
       [  1. ,   1. , 111. ,  70. ,  72. ,   4. ,  20.2],
       [  1. ,   1. , 120. ,  80. ,  98. ,   4. ,  20. ]])

b
Out[34]:
array([[  2. ,  27. , 120. ,  70. ,  81. ,   2. ,  23.1],
       [  2. ,  27. , 110. ,  70. , 104. ,   2. ,  27.2],
       [  2. ,  27. , 115. ,  53. , 110. ,   1. ,  25.2],
       [  2. ,  27. , 120. ,  70. ,  90. ,   2. ,  19.7],
       [  2. ,  27. , 116. ,  73. ,  92. ,   4. ,  17.6]])

c=np.vstack((a, b))
c
Out[35]:
array([[  1. ,   1. , 116. ,  78. ,  94. ,   4. ,  16.6],
       [  1. ,   1. , 100. ,  60. ,  79. ,   4. ,  22.3],
       [  1. ,   1. , 100. ,  60. ,  87. ,   4. ,  21.9],
       [  1. ,   1. , 111. ,  70. ,  72. ,   4. ,  20.2],
       [  1. ,   1. , 120. ,  80. ,  98. ,   4. ,  20. ],
       [  2. ,  27. , 120. ,  70. ,  81. ,   2. ,  23.1],
       [  2. ,  27. , 110. ,  70. , 104. ,   2. ,  27.2],
       [  2. ,  27. , 115. ,  53. , 110. ,   1. ,  25.2],
       [  2. ,  27. , 120. ,  70. ,  90. ,   2. ,  19.7],
       [  2. ,  27. , 116. ,  73. ,  92. ,   4. ,  17.6]])

aa=pd.DataFrame( c,
columns=['SEX', 'BTH_G', 'SBP', 'DBP', 'FBS', 'DIS', 'BMI'])
```

```
aa
Out[36]:
   SEX  BTH_G    SBP   DBP    FBS  DIS   BMI
0  1.0    1.0  116.0  78.0   94.0  4.0  16.6
1  1.0    1.0  100.0  60.0   79.0  4.0  22.3
2  1.0    1.0  100.0  60.0   87.0  4.0  21.9
3  1.0    1.0  111.0  70.0   72.0  4.0  20.2
4  1.0    1.0  120.0  80.0   98.0  4.0  20.0
5  2.0   27.0  120.0  70.0   81.0  2.0  23.1
6  2.0   27.0  110.0  70.0  104.0  2.0  27.2
7  2.0   27.0  115.0  53.0  110.0  1.0  25.2
8  2.0   27.0  120.0  70.0   90.0  2.0  19.7
9  2.0   27.0  116.0  73.0   92.0  4.0  17.6
```

```
aa.to_csv("aaa.csv", mode='w')
data2=pd.read_csv('aaa.csv')
data2
Out[37]:
   Unnamed: 0  SEX  BTH_G    SBP   DBP    FBS  DIS   BMI
0           0  1.0    1.0  116.0  78.0   94.0  4.0  16.6
1           1  1.0    1.0  100.0  60.0   79.0  4.0  22.3
2           2  1.0    1.0  100.0  60.0   87.0  4.0  21.9
3           3  1.0    1.0  111.0  70.0   72.0  4.0  20.2
4           4  1.0    1.0  120.0  80.0   98.0  4.0  20.0
5           5  2.0   27.0  120.0  70.0   81.0  2.0  23.1
6           6  2.0   27.0  110.0  70.0  104.0  2.0  27.2
7           7  2.0   27.0  115.0  53.0  110.0  1.0  25.2
8           8  2.0   27.0  120.0  70.0   90.0  2.0  19.7
9           9  2.0   27.0  116.0  73.0   92.0  4.0  17.6
```

```
d=data2.iloc[:,1:]
d
Out[38]:
   SEX  BTH_G    SBP   DBP    FBS  DIS   BMI
0  1.0    1.0  116.0  78.0   94.0  4.0  16.6
1  1.0    1.0  100.0  60.0   79.0  4.0  22.3
2  1.0    1.0  100.0  60.0   87.0  4.0  21.9
3  1.0    1.0  111.0  70.0   72.0  4.0  20.2
4  1.0    1.0  120.0  80.0   98.0  4.0  20.0
5  2.0   27.0  120.0  70.0   81.0  2.0  23.1
6  2.0   27.0  110.0  70.0  104.0  2.0  27.2
7  2.0   27.0  115.0  53.0  110.0  1.0  25.2
8  2.0   27.0  120.0  70.0   90.0  2.0  19.7
9  2.0   27.0  116.0  73.0   92.0  4.0  17.6

data=pd.read_csv('peda1.csv')
d=data
c=np.array(d)
a=c[0:5,:]
b=c[-5::,:]
e=np.vstack((a,b))


e
Out[40]:
array([[  1. ,   1. , 116. ,  78. ,  94. ,   4. ,  16.6],
       [  1. ,   1. , 100. ,  60. ,  79. ,   4. ,  22.3],
       [  1. ,   1. , 100. ,  60. ,  87. ,   4. ,  21.9],
       [  1. ,   1. , 111. ,  70. ,  72. ,   4. ,  20.2],
       [  1. ,   1. , 120. ,  80. ,  98. ,   4. ,  20. ],
       [  2. ,  27. , 120. ,  70. ,  81. ,   2. ,  23.1],
       [  2. ,  27. , 110. ,  70. , 104. ,   2. ,  27.2],
       [  2. ,  27. , 115. ,  53. , 110. ,   1. ,  25.2],
       [  2. ,  27. , 120. ,  70. ,  90. ,   2. ,  19.7],
       [  2. ,  27. , 116. ,  73. ,  92. ,   4. ,  17.6]])
```

```
aa=e[:,0:2]
bb=e[:,-2::]
ee=np.hstack((aa,bb))
ee
Out[41]:
array([[ 1. ,  1. ,  4. , 16.6],
       [ 1. ,  1. ,  4. , 22.3],
       [ 1. ,  1. ,  4. , 21.9],
       [ 1. ,  1. ,  4. , 20.2],
       [ 1. ,  1. ,  4. , 20. ],
       [ 2. , 27. ,  2. , 23.1],
       [ 2. , 27. ,  2. , 27.2],
       [ 2. , 27. ,  1. , 25.2],
       [ 2. , 27. ,  2. , 19.7],
       [ 2. , 27. ,  4. , 17.6]])

d.columns
Out[42]: Index(['SEX', 'BTH_G', 'SBP', 'DBP', 'FBS', 'DIS', 'BMI'], dtype='object')

p=pd.DataFrame(ee,columns=['SEX','BTH_G', 'DIS','BMI'])
p

Out[43]:
   SEX  BTH_G  DIS   BMI
0  1.0    1.0  4.0  16.6
1  1.0    1.0  4.0  22.3
2  1.0    1.0  4.0  21.9
3  1.0    1.0  4.0  20.2
4  1.0    1.0  4.0  20.0
5  2.0   27.0  2.0  23.1
6  2.0   27.0  2.0  27.2
7  2.0   27.0  1.0  25.2
8  2.0   27.0  2.0  19.7
9  2.0   27.0  4.0  17.6
```

예제 4

```
data=pd.read_csv('peda1.csv')
d=data
d
Out[39]:
        SEX  BTH_G  SBP  DBP  FBS  DIS   BMI
0         1      1  116   78   94    4  16.6
1         1      1  100   60   79    4  22.3
2         1      1  100   60   87    4  21.9
3         1      1  111   70   72    4  20.2
4         1      1  120   80   98    4  20.0
    ...   ...  ...  ...  ...  ...  ...
999995    2     27  120   70   81    2  23.1
999996    2     27  110   70  104    2  27.2
999997    2     27  115   53  110    1  25.2
999998    2     27  120   70   90    2  19.7
999999    2     27  116   73   92    4  17.6

[1000000 rows x 7 columns]

d.BMI.max()
Out[40]: 40.3

d.BMI.min()
Out[41]: 14.8

d.BMI.mean()
Out[43]: 23.804029400008574

d.BMI.std()
Out[44]: 3.2972867870463656

d2=d[ (d['SEX']==2) & (d['BTH_G']>20) & (d['BTH_G']<23) & (d['BMI']>25) ]
d2
Out[46]:
```

```
        SEX  BTH_G  SBP  DBP  FBS  DIS   BMI
891953    2     21  114   60   95    2  29.3
891955    2     21  120   80  104    2  25.4
891958    2     21  117   80   93    4  26.9
891960    2     21  131   70  136    1  25.7
891961    2     21  142   80   96    2  26.7
...     ...    ...  ...  ...  ...  ...
925299    2     22  110   70  107    2  25.2
925303    2     22  137   86  118    4  25.6
925304    2     22  131   84   94    2  28.1
925306    2     22  120   80  129    3  34.6
925311    2     22  128   79  106    4  28.6

[13098 rows x 7 columns]
```

성적 처리

```
data=pd.read_csv('score.csv')
d=data
d
Out[86]:
    num  mid  end  res
0     1   80   60  140
1     2   80   19   99
2     3  100   70  170
3     4   70   60  130
4     5   60   10   70
5     6   40    5   45
6     7  100   38  138
7     8   90   23  113
8     9   95   23  118
9    10   80   49  129
10   11   70   30  100
11   12   90   10  100
12   13   90   43  133
```

```
13   14   95   80  175
14   15   30    3   33
15   16   70   18   88
16   17   80   10   90
17   18   90   38  128
18   19   30   30   60
19   20  100   73  173
20   21   50   23   73
21   22  100   25  125
22   23   90   73  163
23   24   70   25   95
24   25  100   70  170
25   26   80   30  110
26   27   50   10   60
27   28   90   38  128
28   29  100   70  170
29   30   70   13   83
30   31   50   13   63

class find:
    def __init__(self):
        self.a=[]
    def setdata(self,x):
        self.data=x
    def pass_1(self):
        for k in range(len(self.data)):
            if (self.data)[k][3]>=130:
                self.a.append((self.data)[k][0])
            else:
                continue
        print("총점 130 이상인 합격자 번호리스트 %s "  % self.a)

f=find()
f.setdata(np.array(d))
f.pass_1()
총점 130 이상인 합격자 번호리스트 [1, 3, 4, 7, 13, 14, 20, 23, 25, 29]
```

```
c=data.sort_values(by=['res'], axis=0, ascending=False)
c
Out[88]:
    num  mid  end  res
13   14   95   80  175
19   20  100   73  173
2     3  100   70  170
28   29  100   70  170
24   25  100   70  170
22   23   90   73  163
0     1   80   60  140
6     7  100   38  138
12   13   90   43  133
3     4   70   60  130
9    10   80   49  129
27   28   90   38  128
17   18   90   38  128
21   22  100   25  125
8     9   95   23  118
7     8   90   23  113
25   26   80   30  110
10   11   70   30  100
11   12   90   10  100
1     2   80   19   99
23   24   70   25   95
16   17   80   10   90
15   16   70   18   88
29   30   70   13   83
20   21   50   23   73
4     5   60   10   70
30   31   50   13   63
18   19   30   30   60
26   27   50   10   60
5     6   40    5   45
14   15   30    3   33
```

```
mu=np.mean(c.res)
sigma=np.std(c.res)

mu
Out[48]: 112.0

sigma
Out[49]: 39.38642307420979

x=np.linspace(min(c.res),max(c.res),1000)
def pdf_3(mu,sigma,x):
    hh=(1/ (sigma*((2*pi)**(1/2)) ))
    y=((1/e)**(( x-mu )**2 /(2*((sigma)**2) ) ) )*(hh)
    return y

y=pdf_3(mu,sigma,x)
plt.plot(x,y,color='green'),plt.grid(True)
```

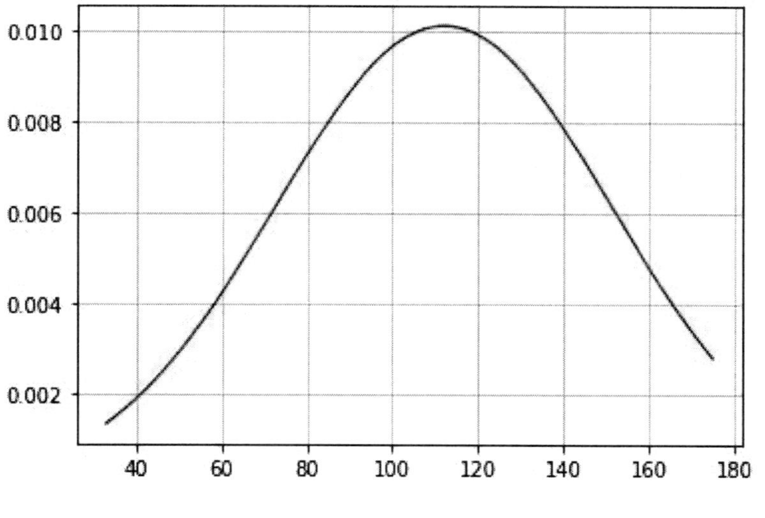

```
d1=d[(d.end>50) & (d.mid>50)]
d1
Out[13]:
    num  mid  end  res
0     1   80   60  140
2     3  100   70  170
3     4   70   60  130
13   14   95   80  175
19   20  100   73  173
22   23   90   73  163
24   25  100   70  170
28   29  100   70  170

mu=np.mean(d1.res)
sigma=np.std(d1.res)
x=np.linspace(min(d1.res),max(d1.res),100)

def pdf_3(mu,sigma,x):
    hh=(1/ (sigma*((2*pi)**(1/2)) ))
    y=((1/e)**(( x-mu )**2 /(2*((sigma)**2) ) ) )*(hh)
    return y

y=pdf_3(mu,sigma,x)
plt.plot(x,y,color='green'),plt.grid(True)
```

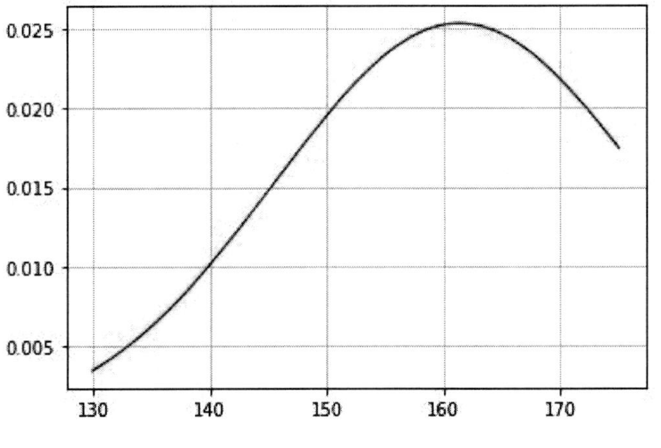

```
mu
Out[15]: 161.375
sigma
Out[16]: 15.763387167737777
mu=d1.res.mean()
sigma=d1.res.std()
x=np.linspace(min(d1.res),max(d1.res),1000)
y=norm.pdf(x,mu,sigma)
plt.plot(x,y,color='red'),plt.grid(True)
```

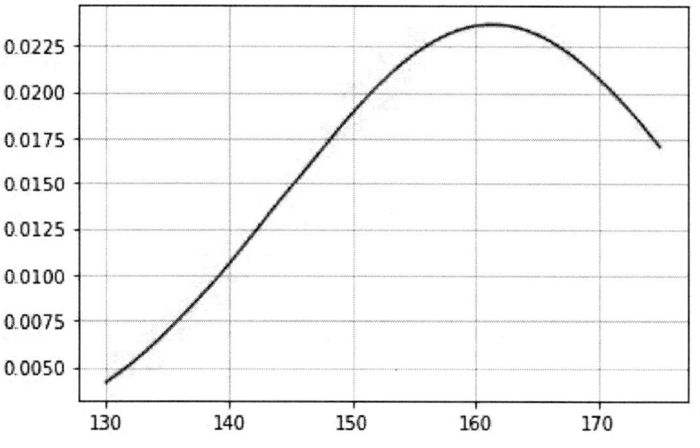

7. 딥러닝 입문

참고문현 [2], [3], [7], GitHub
이 7장의 목적은 오차역전파 클래스의 모든 계산을 직접 확인해 가면서 어떤 값이 변하여 계산이 이루어지는지를 일일이 확인하는 것이다. 따라서 제 1장의 클래스 연습이 필요하다. 다 생략하고 요약하면, 행렬을 앞으로 곱하고 뒤로 곱하는 것을 오차가 줄어드는 방향으로 목적 값에 도달할 때까지 반복하는데 **a.params[key] -= learning_rate * grad[key]** 의하여 아래의 두 개의 딕셔어리의 값이 갱신된다.
(아래는 설명의 편의상 클래스의 여러 것들을 생략함)

```
class one_layer:
    def __init__(self):
        self.params = {
        'W':np.array([[1.0,2.0],[0.5,1.0]]),
        'b':np.zeros(2)
        }
        self.Affine=Affine(self.params['W'],self.params['b'])
        self.last_layer = SoftmaxLoss()
    def gradient(self, x, t):
        self.loss(x, t)
        dout = 1
        dout = self.last_layer.backward(dout)
        dout = self.Affine.backward(dout)
        grads = {
        'W': self.Affine.dW, 'b': self.Affine.db
        }
        return grads
a=one_layer()
s=SoftmaxLoss()
iters_num =3
learning_rate = 0.1
for k in range(1, iters_num+1):
    grad = a.gradient(x,t)
```

```
    for key in ('W', 'b'):
        a.params[key] -= learning_rate * grad[key]
```

```
import math
from math import *
import numpy as np
import matplotlib.pyplot as plt
```

설명:
overflow를 방지하기 위해 아래 softmax를 사용한다.
reshape 명령어를 사용하여 행렬의 shape를 바꿔서 행렬 곱을 할 수 있게 한다. t=3*y3+600*y4
x=np.vstack((y3,y4)) theta=softmax(np.array([[0.1,33]])) 이다.
np.dot(theta,x)와 t의 오차 (평균제곱오차 또는 cross entropy error)를 줄여주는 쪽으로 theta를 갱신해서 np.dot(theta,x) 이 t가 되도록 하는 프로그램이다.
즉 if np.max(np.abs(bp[-1]-t))<0.00000000001: 이면 멈춘다.

```
def softmax(a):
    exp_a = np.exp(a - np.max(a))
    sum_exp_a = np.sum(exp_a)
    return exp_a / sum_exp_a


x1=np.linspace((-2)*pi,2*pi,100)
y1=list(map(lambda x1:np.sin(x1), x1))
y2=list(map(lambda x1:np.cos(x1), x1))
y3=softmax(np.array(y1).reshape(1,np.array(y1).size))
y4=softmax(np.array(y2).reshape(1,np.array(y2).size))
x=np.vstack((y3,y4))

t=3*y3+600*y4
theta=softmax(np.array([[0.1,33]]))
```

```
def forward(x):
    return np.dot(theta,x)

def error(x,t):
    return (1/2)*np.sum( ( forward(x)-t )**2 )

eta=0.1
er=error(x,t)
k=0
thet,e,bp=[],[],[]
while True:
    k=k+1
    bp.append(forward(x))
    theta=theta-eta*np.dot (forward(x)-t, x.T )
    thet.append(theta)
    error_n=error(x,t)
    e.append(error_n)
    if np.max(np.abs(bp[-1]-t))<0.00000000001:
        break
    if k==100000:
        break
print(k)
60173

thet[0:3]
Out[3]:
[array([[0.58834122, 1.85424088]]),
 array([[1.17501395, 2.706694  ]]),
 array([[1.76002232, 3.55736354]])]

theta=softmax(np.array([[0.1,33]]))
theta
Out[4]: array([[5.14886548e-15, 1.00000000e+00]])
```

```
thet[-3:]
Out[5]: [array([[   3.,  600.]]), array([[   3.,  600.]]), array([[   3.,  600.]])]

bp[-1]
Out[6]:
array([[12.75984041, 12.66099175, 12.3648838 , 11.8901254 , 11.26525216,
        10.52549411,  9.70908883,  8.85372199,  7.99357387,  7.15726789,
         6.36681064,  5.63743591,  4.97814787,  4.39271   ,  3.88083652,
         3.43939073,  3.06345886,  2.74723014,  2.48466432,  2.26996141,
         2.09786724,  1.96385464,  1.86421826,  1.79611559,  1.75757877,
         1.74751482,  1.76570539,  1.81281135,  1.89038283,  2.0008703 ,
         2.14762717,  2.33488853,  2.56770382,  2.8517947 ,  3.19330285,
         3.59838966,  4.07265226,  4.62033312,  5.24332587,  5.94002191,
         6.70409796,  7.52340823,  8.37920208,  9.24591869, 10.09179315,
        10.8804261 , 11.57332021, 12.13319057, 12.52765553, 12.73276506,
        12.73577913, 12.53669695, 12.1482509 , 11.5943657 , 10.90737071,
        10.12446557,  9.2840283 ,  8.42230917,  7.57090429,  6.75520088,
         5.99378924,  5.29868652,  4.67613502,  4.12772036,  3.65158698,
         3.24358656,  2.89826014,  2.60961178,  2.37167381,  2.17888967,
         2.02635227,  1.90993753,  1.82636873,  1.77324025,  1.74902185,
         1.75305769,  1.78556805,  1.84765695,  1.94132355,  2.06947053,
         2.23589707,  2.44525776,  2.70296192,  3.01498112,  3.38752765,
         3.82656637,  4.33712908,  4.92241971,  5.5827317 ,  6.31424872,
         7.10786008,  7.94818529,  8.81304843,  9.67365278, 10.4956575 ,
        11.24124184, 11.87206572, 12.35283082, 12.65496371, 12.75984041]])

t
Out[7]:
array([[12.75984041, 12.66099175, 12.3648838 , 11.8901254 , 11.26525216,
        10.52549411,  9.70908883,  8.85372199,  7.99357387,  7.15726789,
         6.36681064,  5.63743591,  4.97814787,  4.39271   ,  3.88083652,
         3.43939073,  3.06345886,  2.74723014,  2.48466432,  2.26996141,
         2.09786724,  1.96385464,  1.86421826,  1.79611559,  1.75757877,
         1.74751482,  1.76570539,  1.81281135,  1.89038283,  2.0008703 ,
         2.14762717,  2.33488853,  2.56770382,  2.8517947 ,  3.19330285,
         3.59838966,  4.07265226,  4.62033312,  5.24332587,  5.94002191,
```

```
 6.70409796,  7.52340823,  8.37920208,  9.24591869, 10.09179315,
10.8804261 , 11.57332021, 12.13319057, 12.52765553, 12.73276506,
12.73577913, 12.53669695, 12.1482509 , 11.5943657 , 10.90737071,
10.12446557,  9.2840283 ,  8.42230917,  7.57090429,  6.75520088,
 5.99378924,  5.29868652,  4.67613502,  4.12772036,  3.65158698,
 3.24358656,  2.89826014,  2.60961178,  2.37167381,  2.17888967,
 2.02635227,  1.90993753,  1.82636873,  1.77324025,  1.74902185,
 1.75305769,  1.78556805,  1.84765695,  1.94132355,  2.06947053,
 2.23589707,  2.44525776,  2.70296192,  3.01498112,  3.38752765,
 3.82656637,  4.33712908,  4.92241971,  5.5827317 ,  6.31424872,
 7.10786008,  7.94818529,  8.81304843,  9.67365278, 10.4956575 ,
11.24124184, 11.87206572, 12.35283082, 12.65496371, 12.75984041]])

e[0:3]
Out[8]: [2556.5303742048686, 2545.8342462791343, 2535.187936743543]

e[-3:]
Out[9]: [2.041522524968879e-21, 2.0396010792550038e-21,
2.0376564356070962e-21]

s1=(thet[1000][0,0]*y3+thet[1000][0,1]*y4).flatten()
s2=(thet[3000][0,0]*y3+thet[3000][0,1]*y4).flatten()
s3=(thet[5000][0,0]*y3+thet[5000][0,1]*y4).flatten()
s4=(thet[7000][0,0]*y3+thet[7000][0,1]*y4).flatten()
s5=(thet[10000][0,0]*y3+thet[10000][0,1]*y4).flatten()
plt.plot(x1, s1),plt.plot(x1, s2),plt.plot(x1, s3),
plt.plot(x1, s4),plt.plot(x1, s5),plt.plot(x1, t.flatten())
```

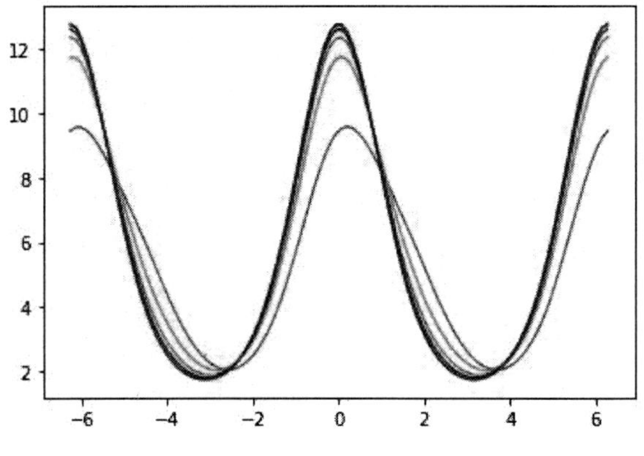

다음을 확인해보자

```
x1=np.linspace((-2)*pi,2*pi,7)
y1=list(map(lambda x1:np.sin(x1), x1))
y2=list(map(lambda x1:np.cos(x1), x1))
y3=softmax(np.array(y1).reshape(1,np.array(y1).size))
y4=softmax(np.array(y2).reshape(1,np.array(y2).size))
x=np.vstack((y3,y4))

t=3*y3+600*y4

theta=softmax(np.array([[0.1,33]]))

def forward(x):
    return np.dot(theta,x)

def error(x,t):
    return (1/2)*np.sum( ( forward(x)-t )**2 )

eta=0.1

x
Out[12]:
array([[0.11633148, 0.27657143, 0.04893135, 0.11633148, 0.27657143,
        0.04893135, 0.11633148],
       [0.25690294, 0.05732279, 0.05732279, 0.25690294, 0.05732279,
        0.05732279, 0.25690294]])

forward(x)
Out[13]:
array([[0.25690294, 0.05732279, 0.05732279, 0.25690294, 0.05732279,
        0.05732279, 0.25690294]])

theta-eta*np.dot (forward(x)-t, x.T )
Out[14]: array([[ 7.6653232, 13.6854369]])
```

```
theta=theta-eta*np.dot (forward(x)-t, x.T )
forward(x)
Out[15]:
array([[4.40754739, 2.90449687, 1.1595621 , 4.40754739, 2.90449687,
        1.1595621 , 4.40754739]])

theta-eta*np.dot (forward(x)-t, x.T )
Out[16]: array([[15.01751501, 26.00570168]])

theta=theta-eta*np.dot (forward(x)-t, x.T )
forward(x)
Out[17]:
array([[8.42795101, 5.64413506, 2.22554678, 8.42795101, 5.64413506,
        2.22554678, 8.42795101]])

theta-eta*np.dot (forward(x)-t, x.T )
Out[18]: array([[22.06742383, 37.97248062]])

x1=np.linspace((-2)*pi,2*pi,7)
y1=list(map(lambda x1:np.sin(x1), x1))
y2=list(map(lambda x1:np.cos(x1), x1))
y3=softmax(np.array(y1).reshape(1,np.array(y1).size))
y4=softmax(np.array(y2).reshape(1,np.array(y2).size))
x=np.vstack((y3,y4))

t=3*y3+600*y4

theta=softmax(np.array([[0.1,33]]))

def forward(x):
    return np.dot(theta,x)

def error(x,t):
    return (1/2)*np.sum( ( forward(x)-t )**2 )
```

```
eta=0.1
er=error(x,t)
k=0
thet,e,bp=[],[],[]
while True:
    k=k+1
    bp.append(forward(x))
    theta=theta-eta*np.dot (forward(x)-t, x.T )
    thet.append(theta)
    error_n=error(x,t)
    e.append(error_n)
    if np.max(np.abs(bp[-1]-t))<0.00000000001:
        break
    if k==3:
        break
print(k)
3

bp[0::]
Out[20]:
[array([[0.25690294, 0.05732279, 0.05732279, 0.25690294, 0.05732279,
         0.05732279, 0.25690294]]),
 array([[4.40754739, 2.90449687, 1.1595621 , 4.40754739, 2.90449687,
         1.1595621 , 4.40754739]]),
 array([[8.42795101, 5.64413506, 2.22554678, 8.42795101, 5.64413506,
         2.22554678, 8.42795101]])]
thet[0::]
Out[21]:
[array([[ 7.6653232, 13.6854369]]),
 array([[15.01751501, 26.00570168]]),
 array([[22.06742383, 37.97248062]])]
```

layer version으로 바꿔보자

```
import math
from math import *
import numpy as np
import matplotlib.pyplot as plt


class Affine:
    def __init__(self, W):
        self.W = W
    def forward(self, x):
        if 1 == x.ndim:
            x = x.reshape(1, x.size)
        self.x = x
        out = np.dot(self.W,x)
        return out
    def backward(self, dout):
        dx = np.dot(self.W.T, dout)
        self.dW = np.dot(dout,self.x.T)
        return dx

class SoftmaxLoss:
    def __init__(self):
        self.loss = None
    def softmax(self, a):
        exp_a = np.exp(a - np.max(a))
        sum_exp_a = np.sum(exp_a)
        return exp_a / sum_exp_a
    def error(self, x, t):
        if 1 == x.ndim:
            x = x.reshape(1, x.size)
            t = t.reshape(1, t.size)
        return  (1/2)*np.sum( ( x-t )**2 )
    def forward(self, x, t):
        self.t = t
        self.x = x
        self.loss = self.error(self.x,self.t)
```

```
        return self.loss
    def backward(self, dout=1):
        dx =self.x- self.t
        return dx

s=SoftmaxLoss()

class one_layer:
    def __init__(self):
        self.params = {
        'W':s.softmax(np.array([[0.1,33]]))
        }
        self.Affine=Affine(self.params['W'])
        self.last_layer = SoftmaxLoss()
    def predict(self, x):
        x=self.Affine.forward(x)
        return x
    def loss(self,x,t):
        y = self.predict(x)
        return self.last_layer.forward(y, t)
    def gradient(self, x, t):
        self.loss(x, t)
        dout = 1
        dout = self.last_layer.backward(dout)
        dout = self.Affine.backward(dout)
        grads = {
        'W': self.Affine.dW
        }
        return grads
    def dout(self, x, t):
        self.loss(x, t)
        dout = 1
        dout1 = self.last_layer.backward(dout)
        dout2 = self.Affine.backward(dout1)
        return [dout1,dout2]

a=one_layer()


x1=np.linspace((-2)*pi,2*pi,100)
```

```
y1=list(map(lambda x1:np.sin(x1), x1))
y2=list(map(lambda x1:np.cos(x1), x1))
y3=s.softmax(np.array(y1).reshape(1,np.array(y1).size))
y4=s.softmax(np.array(y2).reshape(1,np.array(y2).size))
x=np.vstack((y3,y4))

t=3*y3+6*y4

er=a.loss(x,t)

k=0
theta,e,bp=[],[],[]
while True:
    k=k+1
    bp.append(a.predict(x))
    grad = a.gradient(x,t)
    learning_rate = 0.1
    for key in ('W'):
        a.params[key] -= learning_rate * grad[key]
        m=(a.params[key]).tolist()
        theta.append(m)
    loss = a.loss(x,t)
    e.append(loss)
    if np.max(np.abs(bp[-1]-t))<0.00000000001:
        break
    if k==100000:
        break
print(k)
47373

e[-3:]
Out[23]: [2.0415791988328053e-21, 2.0397618255009793e-21,
2.0379457011811853e-21]

theta[-3:]
Out[24]:
[[[3.000000000677084, 5.9999999993233]],
 [[3.0000000006767826, 5.9999999993236015]],
 [[3.000000000676481, 5.999999999323903]]]
```

```
bp[-1]-t
Out[25]:
array([[-9.00096664e-12, -8.16302581e-12, -7.01871894e-12,
        -5.59713387e-12, -3.94531630e-12, -2.12552198e-12,
        -2.11164419e-13,  1.71790360e-12,  3.58083008e-12,
         5.30100963e-12,  6.81128765e-12,  8.05817912e-12,
         9.00550468e-12,  9.63609748e-12,  9.95217797e-12,
         9.97363303e-12,  9.73499059e-12,  9.28100652e-12,
         8.66172412e-12,  7.92785282e-12,  7.12668119e-12,
         6.29896829e-12,  5.47736162e-12,  4.68561995e-12,
         3.93906435e-12,  3.24542476e-12,  2.60622773e-12,
         2.01813566e-12,  1.47427903e-12,  9.65304225e-13,
         4.80317175e-13,  7.49400542e-15, -4.65384675e-13,
        -9.50475809e-13, -1.45949225e-12, -2.00314765e-12,
        -2.59044869e-12, -3.22788324e-12, -3.91821298e-12,
        -4.65924521e-12, -5.44241041e-12, -6.25159646e-12,
        -7.06212866e-12, -7.84070031e-12, -8.54595561e-12,
        -9.13057130e-12, -9.54417101e-12, -9.73757186e-12,
        -9.66746128e-12, -9.30130972e-12, -8.62132588e-12,
        -7.62778729e-12, -6.34003960e-12, -4.79644102e-12,
        -3.05203085e-12, -1.17525434e-12,  7.56616991e-13,
         2.66259237e-12,  4.46326309e-12,  6.08610384e-12,
         7.47034379e-12,  8.57083848e-12,  9.36070665e-12,
         9.83259307e-12,  9.99786365e-12,  9.88421844e-12,
         9.53184753e-12,  8.98882357e-12,  8.30605029e-12,
         7.53296037e-12,  6.71389333e-12,  5.88570165e-12,
         5.07660580e-12,  4.30604857e-12,  3.58540281e-12,
         2.91913715e-12,  2.30615527e-12,  1.74121828e-12,
         1.21608973e-12,  7.20541682e-13,  2.43138842e-13,
        -2.28164709e-13, -7.05657754e-13, -1.20128907e-12,
        -1.72637599e-12, -2.29086888e-12, -2.90263646e-12,
        -3.56643881e-12, -4.28275471e-12, -5.04636610e-12,
        -5.84508830e-12, -6.65859035e-12, -7.45782602e-12,
        -8.20533919e-12, -8.85648499e-12, -9.36192790e-12,
        -9.67129155e-12, -9.73779390e-12, -9.52291024e-12,
        -9.00096664e-12]])
```

```
s2=(theta[10][0][0]*y3+theta[10][0][1]*y4).flatten()
s3=(theta[100][0][0]*y3+theta[100][0][1]*y4).flatten()
s4=(theta[700][0][0]*y3+theta[700][0][1]*y4).flatten()
```

```
s5=(theta[1000][0][0]*y3+theta[1000][0][1]*y4).flatten()
s6=(theta[3000][0][0]*y3+theta[3000][0][1]*y4).flatten()
plt.plot(x1, s2),plt.plot(x1, s3),
plt.plot(x1, s4),plt.plot(x1, s5),plt.plot(x1, s6),plt.plot(x1, t.flatten())
```

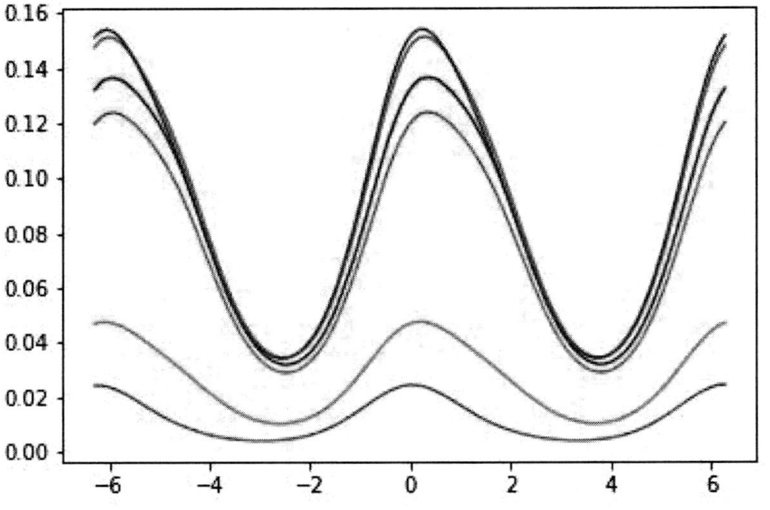

x1=np.linspace((-2)*pi,2*pi,35) 일 때 overflow가 발생하지 않는다.

```
def softmax(a):
    exp_a = np.exp(a - np.max(a))
    sum_exp_a = np.sum(exp_a)
    return exp_a / sum_exp_a


x1=np.linspace((-2)*pi,2*pi,35)
y1=list(map(lambda x1:np.sin(x1), x1))
y2=list(map(lambda x1:np.cos(x1), x1))
y3=np.array(y1).reshape(1,np.array(y1).size)
y4=np.array(y2).reshape(1,np.array(y2).size)
x=np.vstack((y3,y4))

t=3*y3+600*y4

theta=np.array([[0.1,33]])
```

```
def forward(x):
    return np.dot(theta,x)


def error(x,t):
    return (1/2)*np.sum( ( forward(x)-t )**2 )

eta=0.1
er=error(x,t)
k=0
thet,e,bp=[],[],[]
while True:
    k=k+1
    bp.append(forward(x))
    theta=theta-eta*np.dot (forward(x)-t, x.T )
    thet.append(theta)
    error_n=error(x,t)
    e.append(error_n)
    if np.max(np.abs(bp[-1]-t))<0.00000000001:
        break
    if k==100000:
        break
print(k)
143

thet[-3:]
Out[28]: [array([[   3.,  600.]]), array([[   3.,  600.]]), array([[   3.,  600.]])]

bp[-1]-t
Out[29]:
array([[-9.77706804e-12, -9.09494702e-12, -7.21911420e-12,
        -4.32009983e-12, -9.02389274e-13,  2.67164069e-12,
         5.85487214e-12,  8.29913915e-12,  9.54969437e-12,
         9.54969437e-12,  8.29913915e-12,  5.91171556e-12,
         2.67164069e-12, -9.02389274e-13, -4.32009983e-12,
```

```
-7.27595761e-12, -9.09494702e-12, -9.77706804e-12,
-9.09494702e-12, -7.16227078e-12, -4.37694325e-12,
-9.02389274e-13,  2.67164069e-12,  5.91171556e-12,
 8.35598257e-12,  9.66338121e-12,  9.54969437e-12,
 8.29913915e-12,  5.91171556e-12,  2.67164069e-12,
-8.95283847e-13, -4.37694325e-12, -7.27595761e-12,
-9.09494702e-12, -9.77706804e-12]])
```

딕션어리 만들기

```
import math
from math import *
import numpy as np
```

딕션어리는 key와 value로 구성되어있다. 즉 아래와 같이 value를 key로 불러올 수 있다.

```
def make_dic():
    dic = { }
    dic['t']=12
    dic['s']=34
    return dic

make_dic()
Out[2]: {'t': 12, 's': 34}
dic=make_dic()

dic.values()
Out[4]: dict_values([12, 34])
dic.keys()
Out[5]: dict_keys(['t', 's'])

dic['t']
Out[6]: 12
dic['s']
Out[7]: 34

def forward(dic, x):
    d1,d2=dic['t'], dic['s']
    x1=x+d1
    y=x1+d2
    return y

forward(dic, 100)
Out[9]: 146
```

• 계층을 통한 행렬의 곱

행렬을 연속해서 곱하는 방법

참고문헌 (Deep Learning with Python Jongwon Seok Changwon National University, google)

```
def dic():
    dic = { }
    dic['W1'] = np.array([[0.2, 0.3, 0.3], [0.2, 0.4, 0.6]])
    dic['b1'] = np.array([0.3, 0.2, 0.3])
    dic['W2'] = np.array([[0.1, 0.6], [0.3, 0.5], [0.3, 0.6]])
    dic['b2'] = np.array([0.0, 0.2])
    dic['W3'] = np.array([[0.4, 0.3], [0.2, 0.4]])
    dic['b3'] = np.array([0.1, 0.3])
    return dic

dic()
Out[11]:
{'W1': array([[0.2, 0.3, 0.3],
        [0.2, 0.4, 0.6]]),
 'b1': array([0.3, 0.2, 0.3]),
 'W2': array([[0.1, 0.6],
        [0.3, 0.5],
        [0.3, 0.6]]),
 'b2': array([0. , 0.2]),
 'W3': array([[0.4, 0.3],
        [0.2, 0.4]]),
 'b3': array([0.1, 0.3])}

dic=dic()

def forward(dic, x):
    if 1 == x.ndim:
        x = x.reshape(1, x.size)
```

```
    W1, W2, W3 = dic['W1'], dic['W2'], dic['W3']
    b1, b2, b3 = dic['b1'], dic['b2'], dic['b3']
    m1 = np.dot(x, W1) + b1
    m2 = np.dot(m1, W2) + b2
    m3 = np.dot(m2, W3) + b3
    return m3

x = np.array([1.1, 0.7])
forward(dic, x)
Out[14]: array([[0.6758, 1.1396]])

def dic():
    dic = { }
    dic['Affine1'] = {'W1': np.array([[0.2, 0.3, 0.3],[0.2, 0.4, 0.6]]), 'b1': np.array([0.3, 0.2, 0.3])}
    dic['Affine2'] = {'W2': np.array([[0.1, 0.1, 0.1],[0.2, 0.2, 0.0]]), 'b2': np.array([0.1, 0.2, 0.1])}
    return dic


dic=dic()

dic
Out[18]:
{'Affine1': {'W1': array([[0.2, 0.3, 0.3],
         [0.2, 0.4, 0.6]]), 'b1': array([0.3, 0.2, 0.3])},
 'Affine2': {'W2': array([[0.1, 0.1, 0.1],
         [0.2, 0.2, 0. ]]), 'b2': array([0.1, 0.2, 0.1])}}

dic.keys()
Out[19]: dict_keys(['Affine1', 'Affine2'])

dic.values()
Out[20]:
dict_values([{'W1': array([[0.2, 0.3, 0.3],
       [0.2, 0.4, 0.6]]), 'b1': array([0.3, 0.2, 0.3])}, {'W2': array([[0.1, 0.1, 0.1],
```

```
        [0.2, 0.2, 0. ]]), 'b2': array([0.1, 0.2, 0.1])}])

layers=list(dic.values())
layers.reverse()
layers
Out[21]:
[{'W2': array([[0.1, 0.1, 0.1],
         [0.2, 0.2, 0. ]]), 'b2': array([0.1, 0.2, 0.1])},
 {'W1': array([[0.2, 0.3, 0.3],
         [0.2, 0.4, 0.6]]), 'b1': array([0.3, 0.2, 0.3])}]
layers[0]
Out[22]:
{'W2': array([[0.1, 0.1, 0.1],
        [0.2, 0.2, 0. ]]), 'b2': array([0.1, 0.2, 0.1])}

layers[0]['W2']
Out[23]:
array([[0.1, 0.1, 0.1],
       [0.2, 0.2, 0. ]])

layers[0]['b2']
Out[24]: array([0.1, 0.2, 0.1])
```

```
class Affine:
    def __init__(self, W, b):
        self.W = W
        self.b = b
    def forward(self, x):
        if 1 == x.ndim:
            x = x.reshape(1, x.size)
        self.x = x
        out = np.dot(x, self.W) + self.b
        return out
```

```
    def backward(self, dout):
        dx = np.dot(dout, self.W.T)
        self.dW = np.dot(self.x.T, dout)
        self.db = np.sum(dout, axis=0)
        return dx
```

```
af=Affine(np.array([[0.2, 0.3, 0.3], [0.2, 0.4, 0.6]]),np.array([0.3, 0.2, 0.3]))
x = np.array([1.1, 0.7])
a1=af.forward(x)
af2=Affine(np.array([[0.1, 0.6], [0.3, 0.5], [0.3, 0.6]]),np.array([0.0, 0.2]))
a2=af2.forward(a1)
af3=Affine(np.array([[0.4, 0.3], [0.2, 0.4]]),np.array([0.1, 0.3]))
a3=af3.forward(a2)
a3
Out[23]: array([[0.6758, 1.1396]])
```

앞서의 결과와 같음을 확인 할 수 있다.

Softmax 함수

```
def softmax(a):
    exp_a = np.exp(a - np.max(a))
    sum_exp_a = np.sum(exp_a)
    return exp_a / sum_exp_a

a = np.array([0.3, 2.9, 4.0])
softmax(a)
Out[24]: array([0.01821127, 0.24519181, 0.73659691])

np.sum(softmax(a))
Out[25]: 1.0
```

```
exp_a = np.exp(a - np.max(a))
exp_a
Out[26]: array([0.02472353, 0.33287108, 1.        ])

sum_exp_a = np.sum(exp_a)
sum_exp_a
Out[27]: 1.3575946101684189

exp_a / sum_exp_a
Out[28]: array([0.01821127, 0.24519181, 0.73659691])

np.sum(exp_a / sum_exp_a)
Out[29]: 1.0
```

Sigmoid 함수

```
a = np.array([0.3, 2.9, 4.0])
def sigmoid(x):
    return 1 / (1 + np.exp(-x))

sigmoid(a)
Out[30]: array([0.57444252, 0.94784644, 0.98201379])

1 / (1 + np.exp(-(2.9)))
Out[31]: 0.9478464369215823
```

다음을 이해하자

```
params = {
        'W1':np.array([[0.2, 0.3, 0.3], [0.2, 0.4, 0.6]]),
        'b1':np.array([0.3, 0.2, 0.3]),
        'W2': np.array([[0.1, 0.6], [0.3, 0.5], [0.3, 0.6]]),
        'b2': np.array([0.0, 0.2])
        }

params
Out[32]:
```

```
{'W1': array([[0.2, 0.3, 0.3],
        [0.2, 0.4, 0.6]]),
 'b1': array([0.3, 0.2, 0.3]),
 'W2': array([[0.1, 0.6],
        [0.3, 0.5],
        [0.3, 0.6]]),
 'b2': array([0. , 0.2])}

x = np.array([1.1, 0.7])
af1=Affine(params['W1'], params['b1'])
af2=Affine(params['W2'], params['b2'])
x1=af1.forward(x)
x2=af2.forward(x1)
x2
Out[33]: array([[0.624, 1.631]])


x = np.array([1.1, 0.7])
af1=Affine(params['W1'], params['b1'])
af2=Affine(params['W2'], params['b2'])
x1=af1.forward(x)
z1 = sigmoid(x1)
x2=af2.forward(z1)
z2 = sigmoid(x2)
z2
Out[34]: array([[0.62146978, 0.79996505]])
```

- **오차 역전파**

평균제곱오차

(1/2)*np.sum((x-t)**2)

$$E = \frac{1}{2}\sum_{i=1}^{n}(x_i - t_i)^2 \qquad x = (x_1, x_2\ \dots\ ,x_n), \quad t = (t_1, t_2\ \dots\ ,t_n)$$

$$\frac{\partial E}{\partial x_i} = \sum_{i=1}^{n}(x_i - t_i)$$

cross entropy error [3] 참조

return - np.sum (np.log(y+delta) * t + np.log((1-y)+delta) * (1-t))

$$u_i = w_i x + b_i$$

$$y_i = f(u_i) = \frac{e^{y_i}}{\sum_{k=1}^{n} e^{y_k}}$$

$$\frac{\partial y_i}{\partial u_i} = \frac{e^{y_i}\sum_{k=1}^{n} e^{y_k} - e^{y_i}e^{y_i}}{(\sum_{k=1}^{n} e^{y_k})^2} = \frac{e^{y_i}}{\sum_{k=1}^{n} e^{y_k}} - \left(\frac{e^{y_i}}{\sum_{k=1}^{n} e^{y_k}}\right)^2 = y_i(1-y_i)$$

$$E = -\sum\left(t_i \log y_i + (1-t_i)(\log(1-y_i))\right)$$

$$\frac{\partial E}{\partial w_i} = -\frac{\partial E}{\partial y_i}\frac{\partial y_i}{\partial u_i}\frac{\partial u_i}{\partial w_i}$$

$$\frac{\partial E}{\partial w_i} = -\frac{\partial}{\partial w_i}\left(\sum t_i \log y_i + \sum(1-t_i)(\log(1-y_i))\right)$$

$$= -\left(\frac{t_i}{y_i} + \frac{-(1-t_i)}{(1-y_i)}\right)y_i(1-y_i)x_i$$

$$= (y_i - t_i)x_i$$

$$S_i = \frac{e^{y_i}}{\sum_{k=1}^{n} e^{y_k}} \qquad S_j = \frac{e^{y_j}}{\sum_{k=1}^{n} e^{y_k}}$$

$$\frac{\partial S_i}{\partial y_i} = \frac{e^{y_i}\sum_{k=1}^{n} e^{y_k} - e^{y_i}e^{y_i}}{(\sum_{k=1}^{n} e^{y_k})^2} = \frac{e^{y_i}}{\sum_{k=1}^{n} e^{y_k}} - \left(\frac{e^{y_i}}{\sum_{k=1}^{n} e^{y_k}}\right)^2 = S_i(1 - S_i)$$

$$\frac{\partial S_j}{\partial y_i} = \frac{-e^{y_j}e^{y_i}}{(\sum_{k=1}^{n} e^{y_k})^2} = -\frac{e^{y_j}}{\sum_{k=1}^{n} e^{y_k}}\frac{e^{y_i}}{\sum_{k=1}^{n} e^{y_k}} = -S_j S_i$$

$$L = -\sum_j (t_j \log S_j)$$

$$\frac{\partial L}{\partial y_i} = -\frac{\partial}{\partial y_i}\left(\sum_j t_j \log S_j\right)$$

$$= -\left(\sum_{j \neq i} t_j \frac{-S_j S_i}{S_j}\right) - t_i \frac{S_i(1 - S_i)}{S_i}$$

$$= \left(\sum_{j \neq i} t_j \frac{S_j S_i}{S_j}\right) - t_i(1 - S_i)$$

$$= (\sum_{j \neq i} t_j S_i) - t_i(1 - S_i)$$

$$= (\sum_j t_j S_i) - t_i = S_i(\sum_j t_j) - t_i = S_i - t_i$$

오차 역전파의

```
def backward(self, dout=1):
    dx =self.y- self.t
    return dx
```

에 해당한다.

layer 클래스 예 1

class one_layer:
parameter 행렬 W 하나로 해보자
계산 결과를 다음 리스트에 넣고 gr,loss_list, aa,bp,pp,d,kk= [], [],[],[],[],[],[] 확인해보자.

```
import math
from math import *
import numpy as np
import matplotlib.pyplot as plt


class Affine:
    def __init__(self, W):
        self.W = W
    def forward(self, x):
        if 1 == x.ndim:
            x = x.reshape(1, x.size)
        self.x = x
        out = np.dot(x, self.W)
        return out
    def backward(self, dout):
        dx = np.dot(dout, self.W.T)
        self.dW = np.dot(self.x.T, dout)
        return dx


class SoftmaxLoss:
    def __init__(self):
        self.loss = None
    def softmax(self, a):
        exp_a = np.exp(a - np.max(a))
        sum_exp_a = np.sum(exp_a)
        return exp_a / sum_exp_a
    def error(self, x, t):
```

```
        if 1 == x.ndim:
            x = x.reshape(1, x.size)
            t = t.reshape(1, t.size)
        return (1/2)*np.sum((x-t)**2)
    def forward(self, x, t):
        self.t = t
        self.y = self.softmax(x)
        self.loss = self.error(self.y,self.t)
        return self.loss
    def backward(self, dout=1):
        dx =self.y- self.t
        return dx

class one_layer:
    def __init__(self):
        self.params = {
        'W':np.array([[1.0,2.0],[0.5,1.0]])
        }
        self.Affine=Affine(self.params['W'])
        self.last_layer = SoftmaxLoss()
    def predict(self, x):
        x=self.Affine.forward(x)
        return x
    def loss(self,x,t):
        y = self.predict(x)
        return self.last_layer.forward(y, t)
    def gradient(self, x, t):
        self.loss(x, t)
        dout = 1
        dout = self.last_layer.backward(dout)
        dout = self.Affine.backward(dout)
        grads = {
        'W': self.Affine.dW
        }
        return grads
    def dout(self, x, t):
```

```
        self.loss(x, t)
        dout = 1
        dout1 = self.last_layer.backward(dout)
        dout2 = self.Affine.backward(dout1)
        return [dout1,dout2]

a=one_layer()
s=SoftmaxLoss()
x=s.softmax(np.array([[1,3]]))
t=s.softmax(np.array([[0,1]]))
gr,loss_list, aa,bp,pp,d= [], [],[],[],[],[]
k=1
while True:
    ap=a.predict(x)
    bp.append(ap)
    sp=s.softmax(ap)
    aa.append(sp)
    loss = a.loss(x,t)
    loss_list.append(loss)
    grad = a.gradient(x,t)
    gr.append(grad)
    dd=a.dout(x, t)
    d.append(dd)
    k=k+1
    learning_rate = 0.1
    for key in ('W'):
        a.params[key] -= learning_rate * grad[key]
        m=(a.params[key]).tolist()
        pp.append(m)
    if np.max(np.abs(sp-t))<0.0001:
        break
print(k)
214

aa[0:3]
Out[32]:
```

```
[array([[0.36363968, 0.63636032]]),
 array([[0.36018437, 0.63981563]]),
 array([[0.35686878, 0.64313122]])]

aa[-3:]
Out[33]:
[array([[0.26904552, 0.73095448]]),
 array([[0.26904229, 0.73095771]]),
 array([[0.26903915, 0.73096085]])]

aa[-1]-t
Out[34]: array([[ 9.77324106e-05, -9.77324106e-05]])

loss_list[-3:]
Out[35]:           [1.08370778196889e-08,           1.0174067224613555e-08,
9.551624088270831e-09]

d[-3:]
Out[36]:
[[array([[ 0.0001041, -0.0001041]]), array([[-0.00011101, -0.0001031 ]])],
 [array([[ 0.00010087, -0.00010087]]),
  array([[-1.07561415e-04, -9.99017909e-05]])],
 [array([[ 9.77324106e-05, -9.77324106e-05]]),
  array([[-1.04219454e-04, -9.67993352e-05]])]]

d[0:3]
Out[37]:
[[array([[ 0.09469826, -0.09469826]]), array([[-0.09469826, -0.04734913]])],
 [array([[ 0.09124295, -0.09124295]]), array([[-0.09144894, -0.04714359]])],
 [array([[ 0.08792735, -0.08792735]]), array([[-0.08831713, -0.04684376]])]]

gr[0:3]
Out[38]:
[{'W': array([[ 0.01128831, -0.01128831],
        [ 0.08340995, -0.08340995]])},
 {'W': array([[ 0.01087643, -0.01087643],
```

```
        [ 0.08036652, -0.08036652]])},
 {'W': array([[ 0.0104812 , -0.0104812 ],
        [ 0.07744616, -0.07744616]])}]

gr[-3:]
Out[39]:
[{'W': array([[ 1.24091775e-05, -1.24091775e-05],
        [ 9.16921088e-05, -9.16921088e-05]])},
 {'W': array([[ 1.20235912e-05, -1.20235912e-05],
        [ 8.88429901e-05, -8.88429901e-05]])},
 {'W': array([[ 1.16499889e-05, -1.16499889e-05],
        [ 8.60824217e-05, -8.60824217e-05]])}]

pp[0:3]
Out[40]:
[[[0.998871169098437, 2.0011288830901563],
  [0.49165900514214445, 1.0083409948578557]],
 [[0.9977835265201589, 2.0022164734798413],
  [0.48362235311566204, 1.0163776468843382]],
 [[0.9967354067712705, 2.00326459322873],
  [0.47587773749272855, 1.0241222625072717]]]

pp[-3:]
Out[41]:
[[[0.9668134211958325, 2.0331865788041665],
  [0.2547825074844236, 1.2452174925155763]],
 [[0.9668122188367099, 2.033187781163289],
  [0.2547736231854155, 1.2452263768145844]],
 [[0.9668110538378175, 2.0331889461621815],
  [0.25476501494324455, 1.2452349850567555]]]

x2=np.arange(2)
y1=(aa[1]).flatten()
y2=(aa[6]).flatten()
y3=(aa[10]).flatten()
y4=(aa[30]).flatten()
```

```
plt.plot(x2, y1,label='aa[1]'),plt.legend(loc='lower right',fontsize='large'),
plt.plot(x2, y2,label='aa[6]'),plt.legend(loc='lower right',fontsize='large'),
plt.plot(x2, y3,label='aa[10]'),plt.legend(loc='lower right',fontsize='large'),
plt.plot(x2, y4,label='aa[30]'),plt.legend(loc='lower right',fontsize='large'),
plt.plot(x2, t.flatten(),label='t'),plt.legend(loc='lower right',fontsize='large')
```

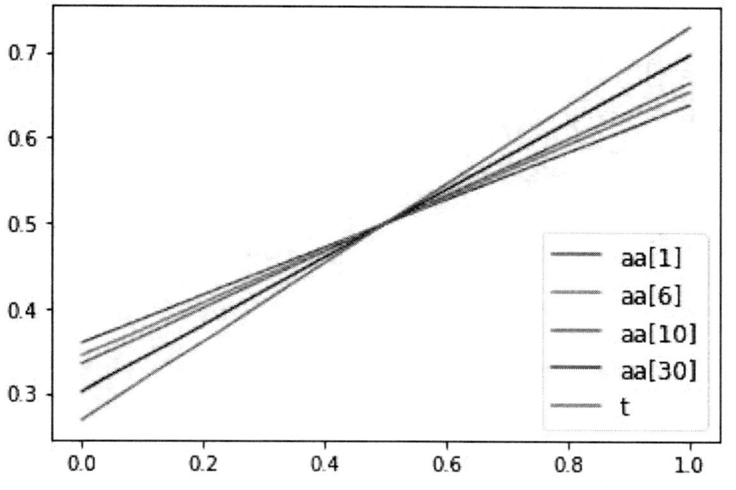

layer 클래스 예 2

class one_layer:
parameter 행렬 W1, W2 두 개로 해보자
계산 결과를 다음 리스트에 넣고 gr,loss_list, aa,bp,pp,d,kk= [], [],[],[],[],[],[]
확인해보자.

```
class Affine:
    def __init__(self, W):
        self.W = W
    def forward(self, x):
        if 1 == x.ndim:
            x = x.reshape(1, x.size)
        self.x = x
        out = np.dot(x, self.W)
        return out
    def backward(self, dout):
        dx = np.dot(dout, self.W.T)
        self.dW = np.dot(self.x.T, dout)
        return dx

class SoftmaxWithLoss:
    def __init__(self):
        self.loss = None
    def softmax(self, a):
        exp_a = np.exp(a - np.max(a))
        sum_exp_a = np.sum(exp_a)
        return exp_a / sum_exp_a
    def cross_entropy_error(self, x, t):
        if 1 == x.ndim:
            x = x.reshape(1, x.size)
            t = t.reshape(1, t.size)
        return  (1/2)*np.sum((x-t)**2)
    def forward(self, x, t):
        self.t = t
```

```
        self.y = self.softmax(x)
        self.loss = self.cross_entropy_error(self.y,self.t)
        return self.loss
    def backward(self, dout=1):
        dx =self.y- self.t
        return dx

class two_layer:
    def __init__(self):
        self.params = {
        'W1':np.array([[0.1, 0.3, 0.5], [0.2, 0.4, 0.6]]),
        'W2': np.array([[0.1, 0.4], [0.2, 0.5], [0.3, 0.6]])
        }
        self.Affine1=Affine(self.params['W1'])
        self.Affine2=Affine(self.params['W2'])
        self.last_layer = SoftmaxWithLoss()
    def predict(self, x):
        x=self.Affine1.forward(x)
        x=self.Affine2.forward(x)
        return x
    def loss(self,x,t):
        y = self.predict(x)
        return self.last_layer.forward(y, t)
    def gradient(self, x, t):
        self.loss(x, t)
        dout = 1
        dout = self.last_layer.backward(dout)
        dout1 = self.Affine2.backward(dout)
        dout2 = self.Affine1.backward(dout1)
        grads = {
        'W1': self.Affine1.dW,
        'W2': self.Affine2.dW
        }
        return grads
    def dout(self, x, t):
        self.loss(x, t)
```

```
        dout = 1
        dout = self.last_layer.backward(dout)
        dout1 = self.Affine2.backward(dout)
        dout2 = self.Affine1.backward(dout1)
        return [dout,dout1,dout2]


a=two_layer()
s=SoftmaxWithLoss()
x=s.softmax(np.array([[1,3],[1,3]]))
t=s.softmax(np.array([[0,1],[0,1]]))

gr,loss_list, aa,bp,pp,d= [], [],[],[],[],[]
k=1
while True:
    ap=a.predict(x)
    bp.append(ap)
    sp=s.softmax(ap)
    aa.append(sp)
    loss = a.loss(x,t)
    loss_list.append(loss)
    grad = a.gradient(x,t)
    gr.append(grad)
    dd=a.dout(x, t)
    d.append(dd)
    k=k+1
    learning_rate = 0.1
    for key in ('W1','W2'):
        a.params[key] -= learning_rate * grad[key]
        m=(a.params[key]).tolist()
        pp.append(m)
    if np.max(np.abs(sp-t))<0.0001:
        break
print(k)
313
```

```
aa[-1]-t
Out[47]:
array([[ 9.97729509e-05, -9.97729509e-05],
       [ 9.97729509e-05, -9.97729509e-05]])

aa[-1]
Out[48]:
array([[0.13457048, 0.36542952],
       [0.13457048, 0.36542952]])

t
Out[49]:
array([[0.13447071, 0.36552929],
       [0.13447071, 0.36552929]])

loss_list[-3:]
Out[50]: [2.204133606004262e-08, 2.094821028725298e-08,
1.9909283455297187e-08]

gr[-3:]
Out[51]:
[{'W1': array([[-8.13108104e-06, -1.15344261e-05, -1.49377712e-05],
        [-6.00810139e-05, -8.52285218e-05, -1.10376030e-04]]),
  'W2': array([[ 4.28484047e-05, -4.28484047e-05],
        [ 7.04236811e-05, -7.04236811e-05],
        [ 9.79989575e-05, -9.79989575e-05]])},
 {'W1': array([[-7.92699386e-06, -1.12449397e-05, -1.45628856e-05],
        [-5.85730023e-05, -8.30894906e-05, -1.07605979e-04]]),
  'W2': array([[ 4.17729259e-05, -4.17729259e-05],
        [ 6.86559491e-05, -6.86559491e-05],
        [ 9.55389724e-05, -9.55389724e-05]])},
 {'W1': array([[-7.72802393e-06, -1.09627107e-05, -1.41973975e-05],
        [-5.71028023e-05, -8.10040846e-05, -1.04905367e-04]]),
  'W2': array([[ 4.07244134e-05, -4.07244134e-05],
        [ 6.69325472e-05, -6.69325472e-05],
        [ 9.31406809e-05, -9.31406809e-05]])}]
```

```
d[0:3]
Out[52]:
[[array([[ 0.09375512, -0.09375512],
         [ 0.09375512, -0.09375512]]),
  array([[-0.02812653, -0.02812653, -0.02812653],
         [-0.02812653, -0.02812653, -0.02812653]]),
  array([[-0.02531388, -0.03375184],
         [-0.02531388, -0.03375184]])],
 [array([[ 0.09300973, -0.09300973],
         [ 0.09300973, -0.09300973]]),
  array([[-0.02823094, -0.02857974, -0.02892855],
         [-0.02823094, -0.02857974, -0.02892855]]),
  array([[-0.02589004, -0.03464762],
         [-0.02589004, -0.03464762]])],
 [array([[ 0.09225857, -0.09225857],
         [ 0.09225857, -0.09225857]]),
  array([[-0.02832953, -0.02901876, -0.02970798],
         [-0.02832953, -0.02901876, -0.02970798]]),
  array([[-0.02645142, -0.03553306],
         [-0.02645142, -0.03553306]])]]
```

```
x2=np.arange(4)
y1=(aa[1]).flatten()
y2=(aa[50]).flatten()
y3=(aa[100]).flatten()
y4=(aa[150]).flatten()
plt.plot(x2, y1,label='aa[1]'),plt.legend(loc='lower right',fontsize='large'),
plt.plot(x2, y2,label='aa[50]'),plt.legend(loc='lower right',fontsize='large'),
plt.plot(x2, y3,label='aa[100]'),plt.legend(loc='lower right',fontsize='large'),
plt.plot(x2, y4,label='aa[150]'),plt.legend(loc='lower right',fontsize='large'),
plt.plot(x2, t.flatten(),label='t'),plt.legend(loc='lower right',fontsize='large')
```

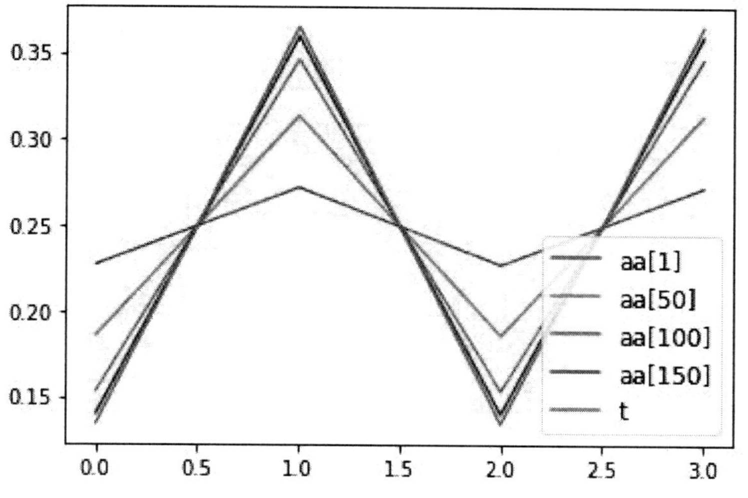
0.35
0.30
0.25
0.20
0.15
0.0
0.5
1.0
1.5
2.0
2.5
3.0
aa[1]
aa[50]
aa[100]
aa[150]
t

layer 클래스 예 3

cross_entropy_error를
-np.sum(np.log(y+delta) * t+np.log((1-y)+delta) * (1-t))

```
class Affine:
    def __init__(self, W):
        self.W = W
    def forward(self, x):
        if 1 == x.ndim:
            x = x.reshape(1, x.size)
        self.x = x
        out = np.dot(x, self.W)
        return out
    def backward(self, dout):
        dx = np.dot(dout, self.W.T)
        self.dW = np.dot(self.x.T, dout)
        return dx

class SoftmaxWithLoss:
    def __init__(self):
        self.loss = None
    def softmax(self, a):
        exp_a = np.exp(a - np.max(a))
        sum_exp_a = np.sum(exp_a)
        return exp_a / sum_exp_a
    def cross_entropy_error(self, y, t):
        if 1 == y.ndim:
            y = y.reshape(1, y.size)
            t = t.reshape(1, t.size)
        delta = 1e-7
        return -np.sum(np.log(y+delta) * t+np.log((1-y)+delta) * (1-t))
    def forward(self, x, t):
        self.t = t
        self.y = self.softmax(x)
        self.loss = self.cross_entropy_error(self.y,self.t)
```

```
        return self.loss
    def backward(self, dout=1):
        dx =(self.y- self.t )
        return dx

class two_layer:
    def __init__(self):
        self.params = {
        'W1':np.random.randn(15,1),
        'W2':np.random.randn(1,15)
        }
        self.Affine1=Affine(self.params['W1'])
        self.Affine2=Affine(self.params['W2'])
        self.last_layer = SoftmaxWithLoss()
    def predict(self, x):
        x=self.Affine1.forward(x)
        x=self.Affine2.forward(x)
        return x
    def loss(self,x,t):
        y = self.predict(x)
        return self.last_layer.forward(y, t)
    def gradient(self, x, t):
        self.loss(x, t)
        dout = 1
        dout = self.last_layer.backward(dout)
        dout1 = self.Affine2.backward(dout)
        dout2 = self.Affine1.backward(dout1)
        grads = {
        'W1': self.Affine1.dW,
        'W2': self.Affine2.dW
        }
        return grads
a=two_layer()
s=SoftmaxWithLoss()

t=np.array([[1,0,0,0,0,0,0,0,0,1,1,0,0,1,1],[1,0,0,0,0,0,0,0,0,1,1,0,0,1,1],[1,0,0,0,
```

```
0,0,0,0,0,1,1,0,0,1,1],[1,0,0,0,0,0,0,0,0,1,1,0,0,1,1],[1,0,0,0,0,0,0,0,0,1,1,0,0,1,1],
[1,0,0,0,0,0,0,0,0,1,1,0,0,1,1]])
t=s.softmax(t)
x=np.random.randn(6,15)

gr,loss_list, aa,bp,pp= [], [],[],[],[]
k=1
while True:
    ap=a.predict(x)
    bp.append(ap)
    sp=s.softmax(ap)
    aa.append(sp)
    loss = a.loss(x,t)
    loss_list.append(loss)
    grad = a.gradient(x,t)
    gr.append(grad)
    k=k+1
    learning_rate = 0.1
    for key in ('W1','W2'):
        a.params[key] -= learning_rate * grad[key]
        m=(a.params[key]).tolist()
        pp.append(m)
    if np.max(np.abs(sp-t))<0.0001:
        break
print(k)
4809

np.max(aa[-1]-t)
Out[55]: 9.99554522833606e-05


aa[-1]-t
Out[63]:
array([[-7.64345364e-07, -2.65969746e-05,  5.59975507e-05,
        -1.90287819e-05,  2.74205025e-05,  7.19508406e-05,
        -6.47116268e-05,  9.99552445e-05, -7.35299880e-05,
```

```
 -1.37161552e-06, -1.30541595e-06,  1.86672939e-05,
 -8.48613179e-05, -1.78598546e-06, -3.46516211e-08],
[-7.65478362e-07, -2.65967593e-05,  5.59977611e-05,
 -1.90285670e-05,  2.74207146e-05,  7.19510501e-05,
 -6.47114092e-05,  9.99554523e-05, -7.35297699e-05,
 -1.37274842e-06, -1.30654886e-06,  1.86675065e-05,
 -8.48610992e-05, -1.78711831e-06, -3.57847278e-08],
[-7.64156167e-07, -2.65970106e-05,  5.59975156e-05,
 -1.90288178e-05,  2.74204671e-05,  7.19508056e-05,
 -6.47116631e-05,  9.99552098e-05, -7.35300244e-05,
 -1.37142633e-06, -1.30522676e-06,  1.86672584e-05,
 -8.48613544e-05, -1.78579629e-06, -3.44624064e-08],
[-7.65137236e-07, -2.65968241e-05,  5.59976978e-05,
 -1.90286317e-05,  2.74206508e-05,  7.19509870e-05,
 -6.47114747e-05,  9.99553897e-05, -7.35298356e-05,
 -1.37240732e-06, -1.30620776e-06,  1.86674425e-05,
 -8.48611650e-05, -1.78677723e-06, -3.54435687e-08],
[-7.64490870e-07, -2.65969470e-05,  5.59975777e-05,
 -1.90287543e-05,  2.74205297e-05,  7.19508675e-05,
 -6.47115988e-05,  9.99552712e-05, -7.35299600e-05,
 -1.37176101e-06, -1.30556144e-06,  1.86673212e-05,
 -8.48612898e-05, -1.78613095e-06, -3.47971416e-08],
[-7.63869050e-07, -2.65970652e-05,  5.59974622e-05,
 -1.90288722e-05,  2.74204133e-05,  7.19507525e-05,
 -6.47117182e-05,  9.99551571e-05, -7.35300797e-05,
 -1.37113924e-06, -1.30493967e-06,  1.86672045e-05,
 -8.48614098e-05, -1.78550921e-06, -3.41752621e-08]])
```

layer 클래스 예 4

평균제곱오차 (1/2)*np.sum((x-t)**2)를 사용하여
class one_layer 이름의 클래스를 만들어보자.

아래의 a.params[key] -= learning_rate * grad[key] 명령어가 오차를 줄여준다.
주요 계산 결과를 aa, bp, gr, pp, d 이름의 리스트에 append 하여 직접 일일이 계산한 결과와 같은지 확인해보자

```
import math
from math import *
import matplotlib.pyplot as plt
import numpy as np

class Affine:
    def __init__(self, W, b):
        self.W = W
        self.b = b
    def forward(self, x):
        if 1 == x.ndim:
            x = x.reshape(1, x.size)
        self.x = x
        out = np.dot(x, self.W) + self.b
        return out
    def backward(self, dout):
        dx = np.dot(dout, self.W.T)
        self.dW = np.dot(self.x.T, dout)
        self.db = np.sum(dout, axis=0)
        return dx

class SoftmaxLoss:
    def __init__(self):
        self.loss = None
    def softmax(self, a):
        exp_a = np.exp(a - np.max(a))
```

```
        sum_exp_a = np.sum(exp_a)
        return exp_a / sum_exp_a
    def error(self, x, t):
        if 1 == x.ndim:
            x = x.reshape(1, x.size)
            t = t.reshape(1, t.size)
        return (1/2)*np.sum((x-t)**2)
    def forward(self, x, t):
        self.t = t
        self.y = self.softmax(x)
        self.loss = self.error(self.y,self.t)
        return self.loss
    def backward(self, dout=1):
        dx =self.y- self.t
        return dx

class one_layer:
    def __init__(self):
        self.params = {
        'W':np.array([[1.0,2.0],[0.5,1.0]]),
        'b':np.zeros(2)
        }
        self.Affine=Affine(self.params['W'],self.params['b'])
        self.last_layer = SoftmaxLoss()
    def predict(self, x):
        x=self.Affine.forward(x)
        return x
    def loss(self,x,t):
        y = self.predict(x)
        return self.last_layer.forward(y, t)
    def gradient(self, x, t):
        self.loss(x, t)
        dout = 1
        dout = self.last_layer.backward(dout)
        dout = self.Affine.backward(dout)
        grads = {
```

```
        'W': self.Affine.dW, 'b': self.Affine.db
        }
        return grads
    def dout(self, x, t):
        self.loss(x, t)
        dout = 1
        dout1 = self.last_layer.backward(dout)
        dout2 = self.Affine.backward(dout1)
        return [dout1,dout2]

a=one_layer()
s=SoftmaxLoss()
x=s.softmax(np.array([[1,3]]))
t=s.softmax(np.array([[0,1]]))

iters_num =3
learning_rate = 0.1
gr,aa,bp,pp,d, loss_list= [], [], [], [], [], []
for k in range(1, iters_num+1):
    ap=a.predict(x)
    bp.append(ap)
    sp=s.softmax(ap)
    aa.append(sp)
    loss = a.loss(x,t)
    loss_list.append(loss)
    grad = a.gradient(x,t)
    gr.append(grad)
    dd=a.dout(x, t)
    d.append(dd)
    for key in ('W', 'b'):
        a.params[key] -= learning_rate * grad[key]
        m=(a.params[key]).tolist()
        pp.append(m)
```

```
aa
Out[3]:
[array([[0.36363968, 0.63636032]]),
 array([[0.35583135, 0.64416865]]),
 array([[0.34873359, 0.65126641]])]

bp
Out[28]:
[array([[0.55960146, 1.11920292]]),
 array([[0.54265035, 1.13615403]]),
 array([[0.52709694, 1.15170744]])]

gr
Out[4]:
[{'W': array([[ 0.01128831, -0.01128831],
        [ 0.08340995, -0.08340995]]), 'b': array([ 0.09469826, -0.09469826])},
 {'W': array([[ 0.01035753, -0.01035753],
        [ 0.0765324 , -0.0765324 ]]), 'b': array([ 0.08688993, -0.08688993])},
 {'W': array([[ 0.00951146, -0.00951146],
        [ 0.07028071, -0.07028071]]), 'b': array([ 0.07979217, -0.07979217])}]

pp
Out[5]:
[[[0.998871169098437, 2.001128830901563],
  [0.49165900514214445, 1.0083409948578557]],
 [-0.009469825759418599, 0.009469825759418593],
 [[0.9978354157383079, 2.002164584261692],
  [0.4840057654594951, 1.015994234540505]],
 [-0.018158818802196986, 0.018158818802196986],
 [[0.9968842697350694, 2.0031157302649305],
  [0.47697769428329173, 1.0230223057167085]],
 [-0.02613803598163892, 0.02613803598163892]]

d
Out[6]:
[[array([[ 0.09469826, -0.09469826]]), array([[-0.09469826, -0.04734913]])],
```

```
[array([[ 0.08688993, -0.08688993]]), array([[-0.0870861 , -0.04489446]])],
[array([[ 0.07979217, -0.07979217]]), array([[-0.08013761, -0.04244852]])]]

s.softmax(np.dot(x, np.array([[1.0,2.0],[0.5,1.0]]) ) +np.zeros(2))-t
Out[7]: array([[ 0.09469826, -0.09469826]])

s.softmax(np.dot(x, np.array(pp[0])+np.array(pp[1])))-t
Out[8]: array([[ 0.08688993, -0.08688993]])

s.softmax(np.dot(x, np.array(pp[2])+np.array(pp[3])))-t
Out[9]: array([[ 0.07979217, -0.07979217]])

x
Out[10]: array([[0.11920292, 0.88079708]])

dout1=d[0][0]

dout1
Out[12]: array([[ 0.09469826, -0.09469826]])

np.dot(dout1,np.array([[1.0,2.0],[0.5,1.0]]).T)
Out[13]: array([[-0.09469826, -0.04734913]])

np.dot(d[1][0], np.array(pp[0]).T)
Out[14]: array([[-0.0870861 , -0.04489446]])

np.dot(d[2][0], np.array(pp[2]).T)
Out[15]: array([[-0.08013761, -0.04244852]])

np.dot(x.T,dout1)
Out[16]:
array([[ 0.01128831, -0.01128831],
       [ 0.08340995, -0.08340995]])

np.dot(x.T,d[1][0])
Out[18]:
```

```
array([[ 0.01035753, -0.01035753],
       [ 0.0765324 , -0.0765324 ]])

np.dot(x.T,d[2][0])
Out[19]:
array([[ 0.00951146, -0.00951146],
       [ 0.07028071, -0.07028071]])
```

a.params['W1'] 가 변하였으므로 다시 class one_layer:을 실행하고 확인하자.

```
runfile('C:/Users/kjr/onelayer.py', wdir='C:/Users/kjr')


a=one_layer()
s=SoftmaxLoss()
x=s.softmax(np.array([[1,3]]))
t=s.softmax(np.array([[0,1]]))

a.params['W']=a.params['W']-(0.1)*gr[0]['W']
a.params['W']==pp[0]
Out[7]:
array([[ True,  True],
       [ True,  True]])

a.params['W']
Out[8]:
array([[0.99887117, 2.00112883],
       [0.49165901, 1.00834099]])

a.params['b']=a.params['b']-(0.1)*gr[0]['b']
a.params['b']==pp[1]
Out[9]: array([ True,  True])
```

```
a.params['b']
Out[10]: array([-0.00946983,  0.00946983])

a.params['W']=a.params['W']-(0.1)*gr[1]['W']
a.params['W']==pp[2]
Out[11]:
array([[ True,  True],
       [ True,  True]])

a.params['W']
Out[12]:
array([[0.99783542, 2.00216458],
       [0.48400577, 1.01599423]])

a.params['b']=a.params['b']-(0.1)*gr[1]['b']
a.params['b']==pp[3]
Out[13]: array([ True,  True])

a.params['b']
Out[14]: array([-0.01815882,  0.01815882])

a.params['W']=a.params['W']-(0.1)*gr[2]['W']
a.params['W']==pp[4]
Out[15]:
array([[ True,  True],
       [ True,  True]])

a.params['W']
Out[16]:
array([[0.99688427, 2.00311573],
       [0.47697769, 1.02302231]])

a.params['b']=a.params['b']-(0.1)*gr[2]['b']
a.params['b']==pp[5]
Out[17]: array([ True,  True])
```

```
a.params['b']
Out[18]: array([-0.02613804,  0.02613804])

x
Out[19]: array([[0.11920292, 0.88079708]])

np.dot(x,pp[0])+pp[1]
Out[20]: array([[0.54265035, 1.13615403]])

np.dot(x,pp[2])+pp[3]
Out[21]: array([[0.52709694, 1.15170744]])

(np.dot(x,pp[0])+pp[1])==bp[1]
Out[22]: array([[ True,  True]])


(np.dot(x,pp[2])+pp[3])==bp[2]
Out[23]: array([[ True,  True]])
```

결과를 그림으로 확인하자.

```
a=one_layer()
s=SoftmaxLoss()
x=s.softmax(np.array([[1,3]]))
t=s.softmax(np.array([[0,1]]))
gr,loss_list, aa,bp,pp= [], [],[],[],[]
k=1
while True:
    ap=a.predict(x)
    bp.append(ap)
    sp=s.softmax(ap)
    aa.append(sp)
    loss = a.loss(x,t)
```

```
    loss_list.append(loss)
    grad = a.gradient(x,t)
    gr.append(grad)
    k=k+1
    learning_rate = 0.1
    for key in ('W', 'b'):
        a.params[key] -= learning_rate * grad[key]
        m=(a.params[key]).tolist()
        pp.append(m)
    if np.max(np.abs(sp-t))<0.0001:
        break
print(k)
94

x2=np.arange(2)
y1=(aa[1]).flatten()
y2=(aa[6]).flatten()
y3=(aa[10]).flatten()
y4=(aa[30]).flatten()
plt.plot(x2, y1,label='aa[1]'),plt.legend(loc='lower right',fontsize='large'),
plt.plot(x2, y2,label='aa[6]'),plt.legend(loc='lower right',fontsize='large'),
plt.plot(x2, y3,label='aa[10]'),plt.legend(loc='lower right',fontsize='large'),
plt.plot(x2, y4,label='aa[30]'),plt.legend(loc='lower right',fontsize='large'),
plt.plot(x2, t.flatten(),label='t'),plt.legend(loc='lower right',fontsize='large')
```

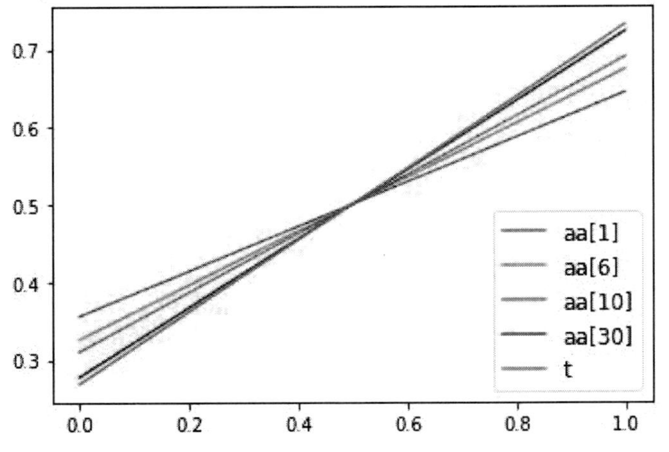

layer 클래스 예 5

x=s.softmax(np.array([[1,3],[1,3]]))
t=s.softmax(np.array([[0,1],[0,1]])) 로 바꿔보자

```
import math
from math import *
import numpy as np
import matplotlib.pyplot as plt
```

클래스 Affine의 두 번 반복 forward backward 계산 결과를 확인해 보자.

```
class Affine:
    def __init__(self, W, b):
        self.W = W
        self.b = b
    def forward(self, x):
        if 1 == x.ndim:
            x = x.reshape(1, x.size)
        self.x = x
        out = np.dot(x, self.W) + self.b
        return out
    def backward(self, dout):
        dx = np.dot(dout, self.W.T)
        self.dW = np.dot(self.x.T, dout)
        self.db = np.sum(dout, axis=0)
        return dx

class SoftmaxLoss:
    def __init__(self):
        self.d = None
    def softmax(self, a):
        exp_a = np.exp(a - np.max(a))
        sum_exp_a = np.sum(exp_a)
```

```
        return exp_a / sum_exp_a
    def error(self, x, t):
        if 1 == x.ndim:
            x = x.reshape(1, x.size)
            t = t.reshape(1, t.size)
        return (1/2)*np.sum((x-t)**2)
    def forward(self, x, t):
        self.t = t
        self.y = self.softmax(x)
        self.loss = self.error(self.y,self.t)
        return self.loss
    def backward(self, dout=1):
        dx =self.y- self.t
        return dx

class two_layer:
    def __init__(self):
        self.params = {
        'W1':np.array([[0.1, 0.3, 0.5], [0.2, 0.4, 0.6]]),
        'b1':np.array([0.1, 0.2, 0.3]),
        'W2': np.array([[0.1, 0.4], [0.2, 0.5], [0.3, 0.6]]),
        'b2': np.array([0.1, 0.2])
        }
        self.Affine1=Affine(self.params['W1'],self.params['b1'])
        self.Affine2=Affine(self.params['W2'],self.params['b2'])
        self.last_layer = SoftmaxLoss()
    def pre(self, x):
        x_1=self.Affine1.forward(x)
        x_2=self.Affine2.forward(x_1)
        return [x_1,x_2]
    def predict(self, x):
        x_1=self.Affine1.forward(x)
        x_2=self.Affine2.forward(x_1)
        return x_2
    def loss(self,x,t):
        y = self.predict(x)
```

```
        return self.last_layer.forward(y, t)
    def gradient(self, x, t):
        self.loss(x, t)
        dout = 1
        dout = self.last_layer.backward(dout)
        dout1 = self.Affine2.backward(dout)
        dout2 = self.Affine1.backward(dout1)
        grads = {
        'W1': self.Affine1.dW, 'b1': self.Affine1.db,
        'W2': self.Affine2.dW, 'b2': self.Affine2.db
        }
        return grads
    def dout(self, x, t):
        self.loss(x, t)
        dout = 1
        dout = self.last_layer.backward(dout)
        dout1 = self.Affine2.backward(dout)
        dout2 = self.Affine1.backward(dout1)
        return [dout,dout1,dout2]


a=two_layer()
s=SoftmaxLoss()

x=s.softmax(np.array([[1,3],[1,3]]))
t=s.softmax(np.array([[0,1],[0,1]]))

x_1=np.dot(x,a.params['W1'])+a.params['b1']
x_1
Out[3]:
array([[0.19403985, 0.39403985, 0.59403985],
       [0.19403985, 0.39403985, 0.59403985]])

x_2=np.dot(x_1,a.params['W2'])+a.params['b2']
x_2
Out[5]:
```

```
array([[0.37642391, 0.83105978],
       [0.37642391, 0.83105978]])

a=two_layer()
s=SoftmaxLoss()
x=s.softmax(np.array([[1,3],[1,3]]))
t=s.softmax(np.array([[0,1],[0,1]]))
po,gr,loss_list, aa,bp,pp,kk,d= [], [],[],[],[],[],[],[]
k=1
while True:
    pre=a.pre(x)
    po.append(pre)
    ap=a.predict(x)
    bp.append(ap)
    sp=s.softmax(ap)
    aa.append(sp)
    loss = a.loss(x,t)
    loss_list.append(loss)
    grad = a.gradient(x,t)
    gr.append(grad)
    dd=a.dout(x, t)
    d.append(dd)
    k=k+1
    learning_rate = 0.1
    for key in ('W1', 'b1','W2', 'b2'):
        a.params[key] -= learning_rate * grad[key]
        m=(a.params[key]).tolist()
        pp.append(m)
    if k==3:
        break


po
Out[7]:
[[array([[0.19403985, 0.39403985, 0.59403985],
         [0.19403985, 0.39403985, 0.59403985]]),
```

```
  array([[0.37642391, 0.83105978],
         [0.37642391, 0.83105978]])],
 [array([[0.19832635, 0.39832635, 0.59832635],
         [0.19832635, 0.39832635, 0.59832635]]),
  array([[0.3604912 , 0.85599415],
         [0.3604912 , 0.85599415]])]]

x_1==po[0][0]
Out[8]:
array([[ True,  True,  True],
       [ True,  True,  True]])

x_2==po[0][1]
Out[9]:
array([[ True,  True],
       [ True,  True]])


x_1=po[0][0]
x_2=po[0][1]
x_3=po[1][0]
x_4=po[1][1]

pp
Out[13]:
[[[0.10021334526379189, 0.30021334526379184, 0.5002133452637919],
  [0.20157642012259933, 0.40157642012259936, 0.6015764201225993]],
 [0.10357953077278241, 0.2035795307727824, 0.3035795307727824],
 [[0.09768476123940903, 0.402315238760591],
  [0.19529840739088744, 0.5047015926091126],
  [0.2929120535423658, 0.6070879464576342]],
 [0.088068230757392, 0.211931769242608],
 [[0.10041244250280267, 0.30041556179977125, 0.5004186810967399],
  [0.20304756079079217, 0.4030706094510827, 0.603093658111373]],
 [0.10692000658718964, 0.2069723425017079, 0.30702467841622616],
 [[0.09550998085449762, 0.4044900191455024],
```

```
  [0.1909304939737272, 0.5090695060262729],
  [0.2863510070929567, 0.6136489929070433]],
 [0.07710256559614774, 0.22289743440385226]]

x_3==np.dot(x,np.array(pp[0]))+np.array(pp[1])
Out[14]:
array([[ True,  True,  True],
       [ True,  True,  True]])

x_4==np.dot(x_3,np.array(pp[2]))+np.array(pp[3])
Out[15]:
array([[ True,  True],
       [ True,  True]])

d
Out[16]:
[[array([[ 0.05965885, -0.05965885],
         [ 0.05965885, -0.05965885]]),
  array([[-0.01789765, -0.01789765, -0.01789765],
         [-0.01789765, -0.01789765, -0.01789765]]),
  array([[-0.01610789, -0.02147718],
         [-0.01610789, -0.02147718]])],
 [array([[ 0.05482833, -0.05482833],
         [ 0.05482833, -0.05482833]]),
  array([[-0.01670238, -0.01696406, -0.01722574],
         [-0.01670238, -0.01696406, -0.01722574]]),
  array([[-0.01538318, -0.02054177],
         [-0.01538318, -0.02054177]])]]

gr
Out[17]:
[{'W1': array([[-0.00213345, -0.00213345, -0.00213345],
         [-0.0157642 , -0.0157642 , -0.0157642 ]]),
  'b1': array([-0.03579531, -0.03579531, -0.03579531]),
  'W2': array([[ 0.02315239, -0.02315239],
         [ 0.04701593, -0.04701593],
```

```
          [ 0.07087946, -0.07087946]]),
  'b2': array([ 0.11931769, -0.11931769])},
 {'W1': array([[-0.00199097, -0.00202217, -0.00205336],
          [-0.01471141, -0.01494189, -0.01517238]]),
  'b1': array([-0.03340476, -0.03392812, -0.03445148]),
  'W2': array([[ 0.0217478 , -0.0217478 ],
          [ 0.04367913, -0.04367913],
          [ 0.06561046, -0.06561046]]),
  'b2': array([ 0.10965665, -0.10965665])}]

np.dot(x_1.T, d[0][0])
Out[18]:
array([[ 0.02315239, -0.02315239],
       [ 0.04701593, -0.04701593],
       [ 0.07087946, -0.07087946]])

gr[0]['W2']
Out[19]:
array([[ 0.02315239, -0.02315239],
       [ 0.04701593, -0.04701593],
       [ 0.07087946, -0.07087946]])

np.dot(x.T, d[0][1])
Out[20]:
array([[-0.00213345, -0.00213345, -0.00213345],
       [-0.0157642 , -0.0157642 , -0.0157642 ]])

gr[0]['W1']
Out[21]:
array([[-0.00213345, -0.00213345, -0.00213345],
       [-0.0157642 , -0.0157642 , -0.0157642 ]])

np.dot(x_3.T, d[1][0])
Out[22]:
array([[ 0.0217478 , -0.0217478 ],
       [ 0.04367913, -0.04367913],
```

```
        [ 0.06561046, -0.06561046]])


gr[1]['W2']
Out[24]:
array([[ 0.0217478 , -0.0217478 ],
        [ 0.04367913, -0.04367913],
        [ 0.06561046, -0.06561046]])

np.dot(x.T, d[1][1])
Out[25]:
array([[-0.00199097, -0.00202217, -0.00205336],
        [-0.01471141, -0.01494189, -0.01517238]])

gr[1]['W1']
Out[26]:
array([[-0.00199097, -0.00202217, -0.00205336],
        [-0.01471141, -0.01494189, -0.01517238]])
```

그림으로 확인해 보자.

```
a=two_layer()
s=SoftmaxLoss()
x=s.softmax(np.array([[1,3],[1,3]]))
t=s.softmax(np.array([[0,1],[0,1]]))
po,gr,loss_list, aa,bp,pp,kk,d= [], [],[],[],[],[],[],[]
k=1
while True:
    ap=a.predict(x)
    bp.append(ap)
    sp=s.softmax(ap)
    aa.append(sp)
    loss = a.loss(x,t)
    loss_list.append(loss)
    grad = a.gradient(x,t)
    gr.append(grad)
    dd=a.dout(x, t)
```

```
    d.append(dd)
    k=k+1
    learning_rate = 0.1
    for key in ('W1', 'b1','W2', 'b2'):
        a.params[key] -= learning_rate * grad[key]
        m=(a.params[key]).tolist()
        pp.append(m)
    if np.max(sp-t)<0.000001:
        kk.append(k)
        break
print(k)
134

x2=np.arange(4)
y1=(aa[1]).flatten()
y2=(aa[6]).flatten()
y3=(aa[10]).flatten()
y4=(aa[30]).flatten()
plt.plot(x2, y1,label='aa[1]'),plt.legend(loc='lower right',fontsize='large'),
plt.plot(x2, y2,label='aa[6]'),plt.legend(loc='lower right',fontsize='large'),
plt.plot(x2, y3,label='aa[10]'),plt.legend(loc='lower right',fontsize='large'),
plt.plot(x2, y4,label='aa[30]'),plt.legend(loc='lower right',fontsize='large'),
plt.plot(x2, t.flatten(),label='t'),plt.legend(loc='lower right',fontsize='large')
```

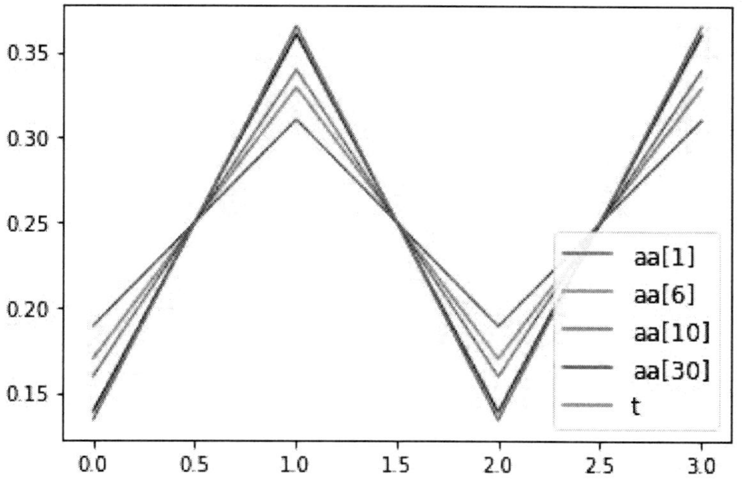

layer 클래스 예 6

오차 -np.sum(np.log(x+delta) * t+np.log((1-x)+delta) * (1-t)) 로 바꿔보자.

```
class Affine:
    def __init__(self, W, b):
        self.W = W
        self.b = b
    def forward(self, x):
        if 1 == x.ndim:
            x = x.reshape(1, x.size)
        self.x = x
        out = np.dot(x, self.W) + self.b
        return out
    def backward(self, dout):
        dx = np.dot(dout, self.W.T)
        self.dW = np.dot(self.x.T, dout)
        self.db = np.sum(dout, axis=0)
        return dx

class SoftmaxLoss:
    def __init__(self):
        self.loss = None
    def softmax(self, a):
        exp_a = np.exp(a - np.max(a))
        sum_exp_a = np.sum(exp_a)
        return exp_a / sum_exp_a
    def error(self, x, t):
        if 1 == x.ndim:
            x = x.reshape(1, x.size)
            t = t.reshape(1, t.size)
        delta = 1e-7
        return -np.sum(np.log(x+delta) * t+np.log((1-x)+delta) * (1-t))
```

```
    def forward(self, x, t):
        self.t = t
        self.y = self.softmax(x)
        self.loss = self.error(self.y,self.t)
        return self.loss
    def backward(self, dout=1):
        dx =self.y- self.t
        return dx
class one_layer:
    def __init__(self):
        self.params = {
        'W':np.random.randn(5,5),
        'b':np.zeros(5)
        }
        self.Affine=Affine(self.params['W'],self.params['b'])
        self.last_layer = SoftmaxLoss()
    def predict(self, x):
        x=self.Affine.forward(x)
        return x
    def loss(self,x,t):
        y = self.predict(x)
        return self.last_layer.forward(y, t)
    def gradient(self, x, t):
        self.loss(x, t)
        dout = 1
        dout1 = self.last_layer.backward(dout)
        dout2 = self.Affine.backward(dout1)
        grads = {
        'W': self.Affine.dW, 'b': self.Affine.db
        }
        return grads
    def dout(self, x, t):
        self.loss(x, t)
        dout = 1
        dout1 = self.last_layer.backward(dout)
        dout2 = self.Affine.backward(dout1)
```

```
        return [dout1,dout2]


a=one_layer()
s=SoftmaxLoss()
x=s.softmax(np.array([1,1,2,1,1]))
t=s.softmax(np.array([1,1,0,0,1]))

gr,loss_list, aa,bp,pp= [], [],[],[],[]
k=1
while True:
    ap=a.predict(x)
    bp.append(ap)
    sp=s.softmax(ap)
    aa.append(sp)
    loss = a.loss(x,t)
    loss_list.append(loss)
    grad = a.gradient(x,t)
    gr.append(grad)
    k=k+1
    learning_rate = 0.1
    for key in ('W', 'b'):
        a.params[key] -= learning_rate * grad[key]
        m=(a.params[key]).tolist()
        pp.append(m)
    if np.max(np.abs(sp-t))<0.0001:
        break
print(k)
400

x2=np.arange(5)
y2=(aa[50]).flatten()
y3=(aa[100]).flatten()
y4=(aa[200]).flatten()
plt.plot(x2, y2,label='aa[50]'),plt.legend(loc='lower right',fontsize='large'),
plt.plot(x2, y3,label='aa[100]'),plt.legend(loc='lower right',fontsize='large'),
```

```
plt.plot(x2, y4,label='aa[200]'),plt.legend(loc='lower right',fontsize='large'),
plt.plot(x2, t.flatten(),label='t'),plt.legend(loc='lower right',fontsize='large')
```

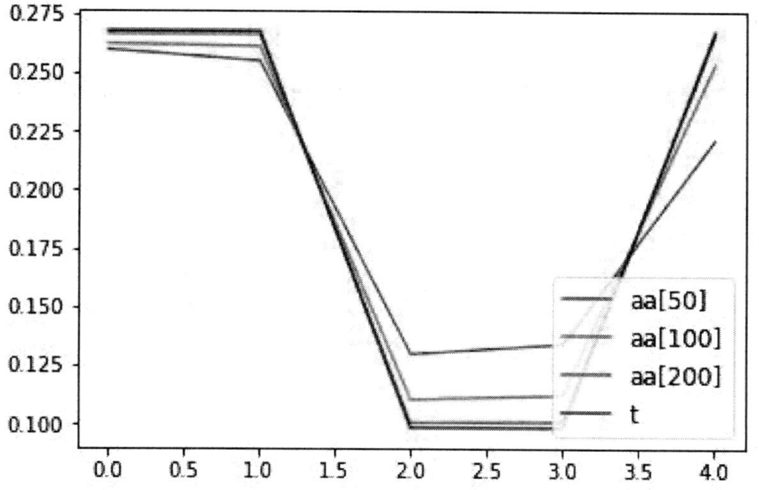

layer 클래스 예 7

구체적 행렬로 예를 들어 다음 TwoLayerNet 행렬의 forward backward 계산결과를 확인 해보자.

from collections import OrderedDict
순서가 정해진 딕션어리 OrderedDictf를 불러온다

```
from collections import OrderedDict
class two_layer:
    def __init__(self):
        self.x=x
        self.params = {
        'W1':np.array([[0.1, 0.3, 0.5], [0.2, 0.4, 0.6]]),
        'b1':np.array([0.1, 0.2, 0.3]),
        'W2': np.array([[0.1, 0.4], [0.2, 0.5], [0.3, 0.6]]),
        'b2': np.array([0.1, 0.2])
        }
        self.layers = OrderedDict({
        'Affine1': Affine(self.params['W1'], self.params['b1']),
        'Affine2': Affine(self.params['W2'], self.params['b2'])})
    def predict(self, x):
        for layer in self.layers.values():
            x = layer.forward(x)
        return x

x=np.array([[2,2]])
a=two_layer()

a.predict(x)
Out[17]: array([[1.24, 2.78]])

x1=np.dot(x, a.params['W1']) + a.params['b1']
x2=np.dot(x1, a.params['W2']) + a.params['b2']
```

```
x2
Out[18]: array([1.24, 2.78])
```

self.layers.values() 는 Affine(self.params['W1'], self.params['b1']) 과 Affine(self.params['W2'], self.params['b2']) 이다. 그러므로 for 문은
Affine1(keys) 의 forward
out = np.dot(x, self.W1) + self.b1을 출력하고
Affine2(keys)의 forward
out = np.dot(out, self.W2) + self.b2를 출력한다. 즉 위의 계산과 같다.

```
class Affine:
    def __init__(self, W, b):
```
은 두 개의 변수 W,b를 갖는다.

```
import math
from math import *
import numpy as np
import matplotlib.pyplot as plt

class Affine:
    def __init__(self, W, b):
        self.W = W
        self.b = b
    def forward(self, x):
        if 1 == x.ndim:
            x = x.reshape(1, x.size)
        self.x = x
        out = np.dot(x, self.W) + self.b
        return out
    def backward(self, dout):
        dx = np.dot(dout, self.W.T)
        self.dW = np.dot(self.x.T, dout)
        self.db = np.sum(dout, axis=0)
        return dx
```

```
class SoftmaxLoss:
    def __init__(self):
        self.d = None
    def softmax(self, a):
        exp_a = np.exp(a - np.max(a))
        sum_exp_a = np.sum(exp_a)
        return exp_a / sum_exp_a
    def cross_entropy_error(self, x, t):
        if 1 == x.ndim:
            x = x.reshape(1, x.size)
            t = t.reshape(1, t.size)
        return  (1/2)*np.sum((x-t)**2)
    def forward(self, x, t):
        self.t = t
        self.y = self.softmax(x)
        self.loss = self.cross_entropy_error(self.y,self.t)
        return self.loss
    def backward(self, dout=1):
        dx =self.y- self.t
        return dx


class two_layer:
    def __init__(self):
        self.params = {
        'W1':np.array([[0.1, 0.3, 0.5], [0.2, 0.4, 0.6]]),
        'b1':np.array([0.1, 0.2, 0.3]),
        'W2': np.array([[0.1, 0.4], [0.2, 0.5], [0.3, 0.6]]),
        'b2': np.array([0.1, 0.2])
        }
        self.Affine1=Affine(self.params['W1'],self.params['b1'])
        self.Affine2=Affine(self.params['W2'],self.params['b2'])
        self.last_layer = SoftmaxLoss()
    def pre(self, x):
        x_1=self.Affine1.forward(x)
```

```
        x_2=self.Affine2.forward(x_1)
        return [x_1,x_2]
    def predict(self, x):
        x_1=self.Affine1.forward(x)
        x_2=self.Affine2.forward(x_1)
        return x_2
    def loss(self,x,t):
        y = self.predict(x)
        return self.last_layer.forward(y, t)
    def gradient(self, x, t):
        self.loss(x, t)
        dout = 1
        dout = self.last_layer.backward(dout)
        dout1 = self.Affine2.backward(dout)
        dout2 = self.Affine1.backward(dout1)
        grads = {
        'W1': self.Affine1.dW, 'b1': self.Affine1.db,
        'W2': self.Affine2.dW, 'b2': self.Affine2.db
        }
        return grads
    def dout(self, x, t):
        self.loss(x, t)
        dout = 1
        dout = self.last_layer.backward(dout)
        dout1 = self.Affine2.backward(dout)
        dout2 = self.Affine1.backward(dout1)
        return [dout,dout1,dout2]


a=two_layer()
s=SoftmaxLoss()
x=s.softmax(np.array([[1,2]]))
t=s.softmax(np.array([[1,0]]))

x_1=np.dot(x,a.params['W1'])+a.params['b1']
x_1
```

```
Out[2]: array([[0.27310586, 0.57310586, 0.87310586]])

x_2=np.dot(x_1,a.params['W2'])+a.params['b2']
x_2
Out[3]: array([[0.50386351, 1.11965879]])

a=two_layer()
s=SoftmaxLoss()
x=s.softmax(np.array([[1,2]]))
t=s.softmax(np.array([[1,0]]))
po,gr,loss_list, aa,bp,pp,kk,d= [], [],[],[],[],[],[],[]
k=1
while True:
    pre=a.pre(x)
    po.append(pre)
    ap=a.predict(x)
    bp.append(ap)
    sp=s.softmax(ap)
    aa.append(sp)
    loss = a.loss(x,t)
    loss_list.append(loss)
    grad = a.gradient(x,t)
    gr.append(grad)
    dd=a.dout(x, t)
    d.append(dd)
    k=k+1
    learning_rate = 0.1
    for key in ('W1', 'b1','W2', 'b2'):
        a.params[key] -= learning_rate * grad[key]
        m=(a.params[key]).tolist()
        pp.append(m)
    if k==3:
        break


po
```

```
Out[5]:
[[array([[0.27310586, 0.57310586, 0.87310586]]),
  array([[0.50386351, 1.11965879]])],
 [array([[0.25477317, 0.55477317, 0.85477317]]),
  array([[0.57401782, 1.01100584]])]]

x_1==po[0][0]
Out[6]: array([[ True,  True,  True]])

x_2==po[0][1]
Out[7]: array([[ True,  True]])

x_1=po[0][0]
x_2=po[0][1]
x_3=po[1][0]
x_4=po[1][1]

pp
Out[9]:
[[[0.0969314841475258, 0.2969314841475258, 0.4969314841475258],
  [0.19165890911788083, 0.39165890911788087, 0.5916589091178808]],
 [0.08859039326540662, 0.1885903932654066, 0.2885903932654066],
 [[0.11038676811710199, 0.38961323188289804],
  [0.2217963748516954, 0.4782036251483046],
  [0.3332059815862888, 0.5667940184137112]],
 [0.13803202244864465, 0.1619679775513554],
 [[0.09438875081118622, 0.29459655050901795, 0.49480435020684965],
  [0.18474704329509195, 0.3853119014376672, 0.5858767595802423]],
 [0.07913579410627816, 0.1799084519466851, 0.280681109787092],
 [[0.11901337966686551, 0.3809866203331345],
  [0.2405809768350504, 0.4594190231649496],
  [0.36214857400323525, 0.5378514259967647]],
 [0.17189199056061627, 0.12810800943938377]]

x_3==np.dot(x,np.array(pp[0]))+np.array(pp[1])
Out[10]: array([[ True,  True,  True]])
```

```
x_4==np.dot(x_3,np.array(pp[2]))+np.array(pp[3])
Out[11]: array([[ True,  True]])

d
Out[12]:
[[array([[-0.38032022,  0.38032022]]),
  array([[0.11409607, 0.11409607, 0.11409607]]),
  array([[0.10268646, 0.13691528]])],
 [array([[-0.33859968,  0.33859968]]),
  array([[0.09454599, 0.08681941, 0.07909283]]),
  array([[0.07424762, 0.09892016]])]]

gr
Out[13]:
[{'W1': array([[0.03068516, 0.03068516, 0.03068516],
          [0.08341091, 0.08341091, 0.08341091]]),
  'b1': array([0.11409607, 0.11409607, 0.11409607]),
  'W2': array([[-0.10386768,  0.10386768],
          [-0.21796375,  0.21796375],
          [-0.33205982,  0.33205982]]),
  'b2': array([-0.38032022,  0.38032022])},
 {'W1': array([[0.02542733, 0.02334934, 0.02127134],
          [0.06911866, 0.06347008, 0.0578215 ]]),
  'b1': array([0.09454599, 0.08681941, 0.07909283]),
  'W2': array([[-0.08626612,  0.08626612],
          [-0.18784602,  0.18784602],
          [-0.28942592,  0.28942592]]),
  'b2': array([-0.33859968,  0.33859968])}]

np.dot(x_1.T, d[0][0])==gr[0]['W2']
Out[14]:
array([[ True,  True],
       [ True,  True],
       [ True,  True]])
```

```
np.dot(x.T, d[0][1])==gr[0]['W1']
Out[15]:
array([[ True,  True,  True],
       [ True,  True,  True]])

np.dot(x_3.T, d[1][0])==gr[1]['W2']
Out[16]:
array([[ True,  True],
       [ True,  True],
       [ True,  True]])

np.dot(x.T, d[1][1])==gr[1]['W1']
Out[17]:
array([[ True,  True,  True],
       [ True,  True,  True]])



d[0][0]
Out[18]: array([[-0.38032022,  0.38032022]])

W1=np.array([[0.1, 0.3, 0.5], [0.2, 0.4, 0.6]])
W2=np.array([[0.1, 0.4], [0.2, 0.5], [0.3, 0.6]])
np.dot(d[0][0], W2.T)
Out[36]: array([[0.11409607, 0.11409607, 0.11409607]])
np.dot(np.dot(d[0][0], W2.T),W1.T)
Out[37]: array([[0.10268646, 0.13691528]])

d[1][0]
Out[38]: array([[-0.33859968,  0.33859968]])

pp
Out[39]:
[[[0.0969314841475258, 0.2969314841475258, 0.4969314841475258],
  [0.19165890911788083, 0.39165890911788087, 0.5916589091178808]],
 [0.08859039326540662, 0.1885903932654066, 0.2885903932654066],
```

```
[[0.11038676811710199, 0.38961323188289804],
 [0.2217963748516954, 0.4782036251483046],
 [0.3332059815862888, 0.5667940184137112]],
[0.13803202244864465, 0.1619679775513554],
[[0.09438875081118622, 0.29459655050901795, 0.49480435020684965],
 [0.18474704329509195, 0.3853119014376672, 0.5858767595802423]],
[0.07913579410627816, 0.1799084519466851, 0.280681109787092],
[[0.11901337966686551, 0.3809866203331345],
 [0.2405809768350504, 0.4594190231649496],
 [0.36214857400323525, 0.5378514259967647]],
[0.17189199056061627, 0.12810800943938377]]
```

```
pp[0]
Out[41]:
[[0.0969314841475258, 0.2969314841475258, 0.4969314841475258],
 [0.19165890911788083, 0.39165890911788087, 0.5916589091178808]]

pp[1]
Out[42]: [0.08859039326540662, 0.1885903932654066, 0.2885903932654066]

pp[2]
Out[43]:
[[0.11038676811710199, 0.38961323188289804],
 [0.2217963748516954, 0.4782036251483046],
 [0.3332059815862888, 0.5667940184137112]]

pp[3]
Out[44]: [0.13803202244864465, 0.1619679775513554]

np.dot(d[1][0], np.array(pp[2]).T)
Out[45]: array([[0.09454599, 0.08681941, 0.07909283]])
np.dot(np.dot(d[1][0], np.array(pp[2]).T),np.array(pp[0]).T)
Out[47]: array([[0.07424762, 0.09892016]])
```

그림으로 확인하자.

```
a=two_layer()
s=SoftmaxLoss()
x=s.softmax(np.array([[1,2]]))
t=s.softmax(np.array([[1,0]]))

a=two_layer()
s=SoftmaxLoss()
x=s.softmax(np.array([[1,2]]))
t=s.softmax(np.array([[1,0]]))
po,gr,loss_list, aa,bp,pp,kk,d= [], [],[],[],[],[],[],[]
k=1

while True:
    ap=a.predict(x)
    bp.append(ap)
    sp=s.softmax(ap)
    aa.append(sp)
    loss = a.loss(x,t)
    loss_list.append(loss)
    grad = a.gradient(x,t)
    gr.append(grad)
    dd=a.dout(x, t)
    d.append(dd)
    k=k+1
    learning_rate = 0.1
    for key in ('W1', 'b1','W2', 'b2'):
        a.params[key] -= learning_rate * grad[key]
        m=(a.params[key]).tolist()
        pp.append(m)
    if np.max(sp-t)<0.000001:
        kk.append(k)
        break
```

```
x2=np.arange(2)
y1=(aa[1]).flatten()
y2=(aa[6]).flatten()
y3=(aa[10]).flatten()
y4=(aa[30]).flatten()
plt.plot(x2, y1,label='aa[1]'),plt.legend(loc='lower right',fontsize='large'),
plt.plot(x2, y2,label='aa[6]'),plt.legend(loc='lower right',fontsize='large'),
plt.plot(x2, y3,label='aa[10]'),plt.legend(loc='lower right',fontsize='large'),
plt.plot(x2, y4,label='aa[30]'),plt.legend(loc='lower right',fontsize='large'),
plt.plot(x2, t.flatten(),label='t'),plt.legend(loc='lower right',fontsize='large')
```

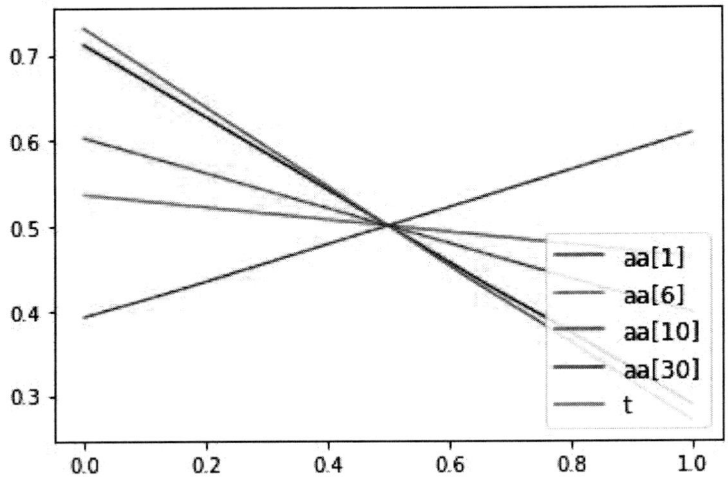

layer 클래스 예 8

오차 (-np.sum(np.log(x+delta) * t+np.log((1-x)+delta) * (1-t)))
를 사용하여
class oneLayerNet 클래스를 위와 같이 해보자.

```
import math
from math import *
import numpy as np
import matplotlib.pyplot as plt

class Affine:
    def __init__(self, W, b):
        self.W = W
        self.b = b
    def forward(self, x):
        if 1 == x.ndim:
            x = x.reshape(1, x.size)
        self.x = x
        out = np.dot(x, self.W) + self.b
        return out
    def backward(self, dout):
        dx = np.dot(dout, self.W.T)
        self.dW = np.dot(self.x.T, dout)
        self.db = np.sum(dout, axis=0)

class SoftmaxLoss:
    def __init__(self):
        self.d = None
    def softmax(self, a):
        exp_a = np.exp(a - np.max(a))
        sum_exp_a = np.sum(exp_a)
        return exp_a / sum_exp_a
    def error(self, x, t):
```

```
        if 1 == x.ndim:
            x = x.reshape(1, x.size)
            t = t.reshape(1, t.size)
        delta = 1e-7
        return -np.sum(np.log(x+delta) * t+np.log((1-x)+delta) * (1-t))
    def forward(self, x, t):
        self.t = t
        self.y = self.softmax(x)
        self.loss = self.error(self.y,self.t)
        return self.loss
    def backward(self, dout=1):
        dx =self.y- self.t
        return dx

from collections import OrderedDict
class oneLayerNet:
    def __init__(self):
        self.params = {
        'W1':np.random.randn(50,50),
        'b1':np.zeros(50)
        }
        self.layers = OrderedDict({
        'Affine1': Affine(self.params['W1'], self.params['b1'])
        })
        self.last_layer = SoftmaxLoss()
    def predict(self, x):
        for layer in self.layers.values():
            x = layer.forward(x)
        return x
    def loss(self,x,t):
        y = self.predict(x)
        return self.last_layer.forward(y, t)
    def gradient(self, x, t):
        self.loss(x, t)
        dout = 1
        dout = self.last_layer.backward(dout)
```

```
        layers = list(self.layers.values())
        layers.reverse()
        for layer in layers:
            dout = layer.backward(dout)
        grads = {
        'W1': self.layers['Affine1'].dW, 'b1': self.layers['Affine1'].db
        }
        return grads
a=oneLayerNet()
s=SoftmaxLoss()
x=np.random.randn(50)
t=s.softmax(np.random.randn(50))

gr,loss_list, aa,bp,pp= [], [],[],[],[]
k=1
while True:
    ap=a.predict(x)
    bp.append(ap)
    sp=s.softmax(ap)
    aa.append(sp)
    loss = a.loss(x,t)
    loss_list.append(loss)
    grad = a.gradient(x,t)
    gr.append(grad)
    k=k+1
    learning_rate = 0.1
    for key in ('W1', 'b1'):
        a.params[key] -= learning_rate * grad[key]
        m=(a.params[key]).tolist()
        pp.append(m)
    if np.max(np.abs(sp-t))<0.0001:
        break
print(k)
x2=np.arange(50)
y1=(aa[1]).flatten()
y2=(aa[10]).flatten()
```

```
y3=(aa[100]).flatten()
y4=(aa[500]).flatten()
plt.plot(x2, y1),plt.plot(x2, y2),
plt.plot(x2, y3),plt.plot(x2, y4),plt.plot(x2, t.flatten())
```

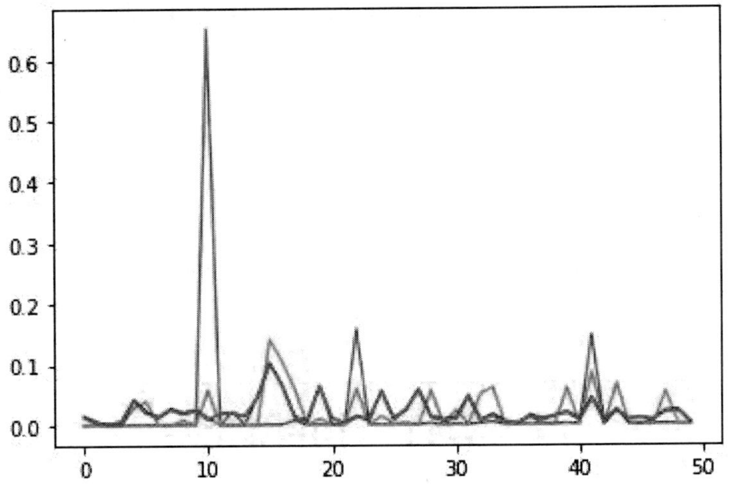

layer 클래스 예 9

```
import math
from math import *
import numpy as np
import matplotlib.pyplot as plt

class Affine:
    def __init__(self, W, b):
        self.W = W
        self.b = b
    def forward(self, x):
        if 1 == x.ndim:
            x = x.reshape(1, x.size)
        self.x = x
        out = np.dot(x, self.W) + self.b
        return out
    def backward(self, dout):
        dx = np.dot(dout, self.W.T)
        self.dW = np.dot(self.x.T, dout)
        self.db = np.sum(dout, axis=0)
        return dx

from collections import OrderedDict
class SoftmaxLoss:
    def __init__(self):
        self.loss = None
    def softmax(self, a):
        exp_a = np.exp(a - np.max(a))
        sum_exp_a = np.sum(exp_a)
        return exp_a / sum_exp_a
    def error(self, x, t):
        if 1 == x.ndim:
            x = x.reshape(1, x.size)
            t = t.reshape(1, t.size)
```

```
        delta = 1e-7
        return -np.sum(np.log(x+delta) * t+np.log((1-x)+delta) * (1-t))
    def forward(self, x, t):
        self.t = t
        self.y = self.softmax(x)
        self.loss = self.error(self.y,self.t)
        return self.loss
    def backward(self, dout=1):
        dx =self.y- self.t
        return dx

class two_layer:
    def __init__(self):
        self.params = {
        'W1':np.random.randn(100,1),
        'b1':np.zeros(1),
        'W2':np.random.randn(1,100),
        'b2':np.zeros(100)
        }
        self.layers = OrderedDict({
        'Affine1': Affine(self.params['W1'], self.params['b1']),
        'Affine2': Affine(self.params['W2'], self.params['b2'])})
        self.last_layer = SoftmaxLoss()
    def predict(self, x):
        for layer in self.layers.values():
            x = layer.forward(x)
        return x
    def loss(self,x,t):
        y = self.predict(x)
        return self.last_layer.forward(y, t)
    def gradient(self, x, t):
        self.loss(x, t)
        dout = 1
        dout = self.last_layer.backward(dout)
        layers = list(self.layers.values())
        layers.reverse()
```

```
        for layer in layers:
            dout = layer.backward(dout)
        grads = {
        'W1': self.layers['Affine1'].dW, 'b1': self.layers['Affine1'].db,
        'W2': self.layers['Affine2'].dW, 'b2': self.layers['Affine2'].db
        }
        return grads


a=two_layer()
s=SoftmaxLoss()

x1=np.linspace((-2)*pi,2*pi,100)
y=list(map(lambda x1:np.sin(x1), x1))
tt=np.array(y)
t=s.softmax(tt.reshape(1,tt.size))

xx=np.array(list(map(lambda x1:(1/2)*np.sin(x1), x1)))
x=s.softmax(xx.reshape(1,xx.size))

gr,loss_list, aa,bp,pp= [], [],[],[],[]
k=0
while True:
    ap=a.predict(x)
    bp.append(ap)
    sp=s.softmax(ap)
    aa.append(sp)
    loss = a.loss(x,t)
    loss_list.append(loss)
    grad = a.gradient(x,t)
    gr.append(grad)
    k=k+1
    learning_rate = 0.1
    for key in ('W1', 'b1','W2', 'b2'):
        a.params[key] -= learning_rate * grad[key]
        m=(a.params[key]).tolist()
```

```
        pp.append(m)
    if np.max(np.abs(sp-t))<0.00001:
        break
print(k)

y1=(aa[1000]).flatten()
y2=(aa[2000]).flatten()
y3=(aa[4000]).flatten()
y4=(aa[9000]).flatten()
plt.plot(x1, x.flatten()),plt.plot(x1, y1),
plt.plot(x1, y2),plt.plot(x1, y3),plt.plot(x1, y4),plt.plot(x1, t.flatten())
15848
```

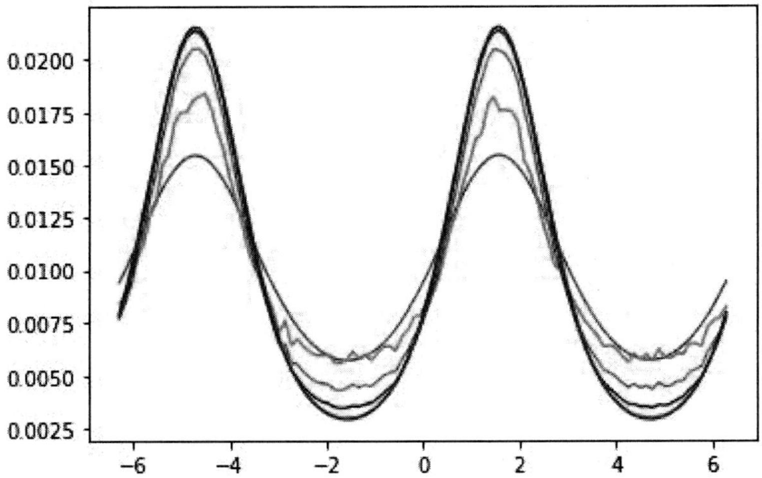

```
a=two_layer()
s=SoftmaxLoss()

x1=np.linspace((-2)*pi,2*pi,100)
y=list(map(lambda x1:np.sin(x1)-1*np.cos(x1), x1))
tt=np.array(y)
t=s.softmax(tt.reshape(1,tt.size))

xx=np.array(list(map(lambda x1:np.sin(x1), x1)))
x=s.softmax(xx.reshape(1,xx.size))


gr,loss_list, aa,bp,pp= [], [],[],[],[]
k=1
while True:
    ap=a.predict(x)
    bp.append(ap)
    sp=s.softmax(ap)
    aa.append(sp)
    loss = a.loss(x,t)
    loss_list.append(loss)
    grad = a.gradient(x,t)
    gr.append(grad)
    k=k+1
    learning_rate = 0.1
    for key in ('W1', 'b1','W2', 'b2'):
        a.params[key] -= learning_rate * grad[key]
        m=(a.params[key]).tolist()
        pp.append(m)
    if np.max(np.abs(sp-t))<0.0001:
        break
print(k)
13366

y1=(aa[1000]).flatten()
```

```
y2=(aa[2000]).flatten()
y3=(aa[4000]).flatten()
y4=(aa[9000]).flatten()
plt.plot(x1, x.flatten()),plt.plot(x1, y1),
plt.plot(x1, y2),plt.plot(x1, y3),plt.plot(x1, y4),plt.plot(x1, t.flatten())
```

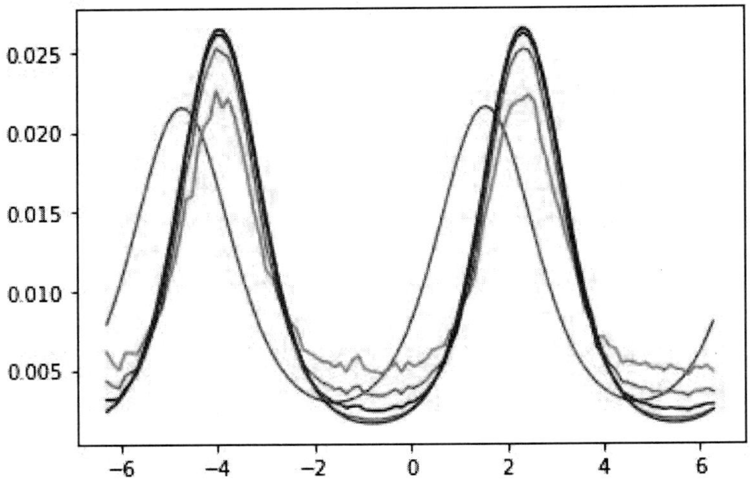

layer 클래스 예 10

```
from collections import OrderedDict
class Affine:
    def __init__(self, W, b):
        self.W = W
        self.b = b
    def forward(self, x):
        if 1 == x.ndim:
            x = x.reshape(1, x.size)
        self.x = x
        out = np.dot(x, self.W) + self.b
        return out
    def backward(self, dout):
        dx = np.dot(dout, self.W.T)
        self.dW = np.dot(self.x.T, dout)
        self.db = np.sum(dout, axis=0)
        return dx

class SoftmaxWithLoss:
    def __init__(self):
        self.loss = None
    def softmax(self, a):
        exp_a = np.exp(a - np.max(a))
        sum_exp_a = np.sum(exp_a)
        return exp_a / sum_exp_a
    def cross_entropy_error(self, y, t):
        if 1 == y.ndim:
            y = y.reshape(1, y.size)
            t = t.reshape(1, t.size)
        delta = 1e-7
        return -np.sum(np.log(y+delta) * t+np.log((1-y)+delta) * (1-t))
    def forward(self, x, t):
        self.t = t
        self.y = self.softmax(x)
```

```
        self.loss = self.cross_entropy_error(self.y,self.t)
        return self.loss
    def backward(self, dout=1):
        dx =(self.y- self.t )
        return dx

class two_layer:
    def __init__(self):
        self.params = {
        'W1':np.random.randn(15,1),
        'b1':np.zeros(1),
        'W2':np.random.randn(1,15),
        'b2':np.zeros(15)
        }
        self.layers = OrderedDict({
        'Affine1': Affine(self.params['W1'], self.params['b1']),
        'Affine2': Affine(self.params['W2'], self.params['b2'])})
        self.last_layer = SoftmaxWithLoss()
    def predict(self, x):
        for layer in self.layers.values():
            x = layer.forward(x)
        return x
    def loss(self,x,t):
        y = self.predict(x)
        return self.last_layer.forward(y, t)
    def gradient(self, x, t):
        self.loss(x, t)
        dout = 1
        dout = self.last_layer.backward(dout)
        layers = list(self.layers.values())
        layers.reverse()
        for layer in layers:
            dout = layer.backward(dout)
        grads = {
        'W1': self.layers['Affine1'].dW, 'b1': self.layers['Affine1'].db,
        'W2': self.layers['Affine2'].dW, 'b2': self.layers['Affine2'].db
```

```
        }
        return grads
a=two_layer()
s=SoftmaxWithLoss()

t=np.array([1,0,0,0,0,0,0,0,0,1,1,0,0,1,1])
t=s.softmax(t.reshape(1,t.size))
x=np.random.randn(15)
x=s.softmax(x.reshape(1,x.size))
gr,loss_list, aa,bp,pp= [], [],[],[],[]
k=1
while True:
    ap=a.predict(x)
    bp.append(ap)
    sp=s.softmax(ap)
    aa.append(sp)
    loss = a.loss(x,t)
    loss_list.append(loss)
    grad = a.gradient(x,t)
    gr.append(grad)
    k=k+1
    learning_rate = 0.1
    for key in ('W1', 'b1','W2', 'b2'):
        a.params[key] -= learning_rate * grad[key]
        m=(a.params[key]).tolist()
        pp.append(m)
    if np.max(np.abs(sp-t))<0.0000001:
        break
print(k)
2081

x1=np.arange(15)
y1=(aa[50]).flatten()
y2=(aa[100]).flatten()
y3=(aa[200]).flatten()
y4=(aa[600]).flatten()
```

```
plt.plot(x1, y1),plt.plot(x1, y2),plt.plot(x1, y3),plt.plot(x1, y4),plt.plot(x1, t.flatten())
```

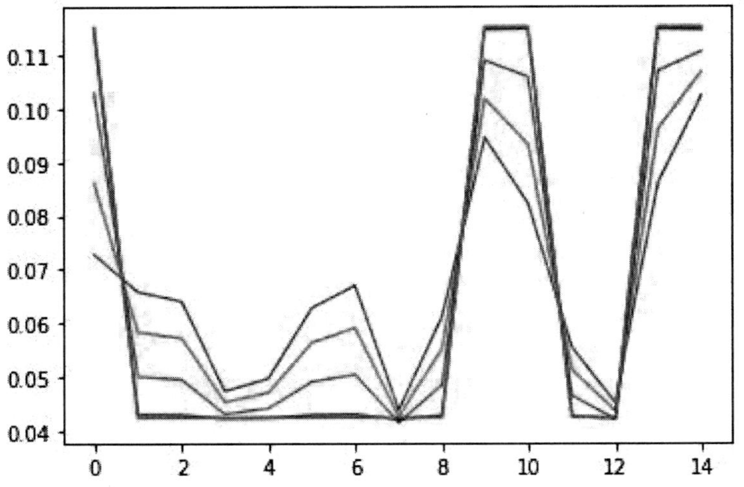

layer 클래스 예 11

```
from collections import OrderedDict
class Affine:
    def __init__(self, W, b):
        self.W = W
        self.b = b
    def forward(self, x):
        if 1 == x.ndim:
            x = x.reshape(1, x.size)
        self.x = x
        out = np.dot(x, self.W) + self.b
        return out
    def backward(self, dout):
```

```
        dx = np.dot(dout, self.W.T)
        self.dW = np.dot(self.x.T, dout)
        self.db = np.sum(dout, axis=0)
        return dx

class SoftmaxWithLoss:
    def __init__(self):
        self.loss = None
    def softmax(self, a):
        exp_a = np.exp(a - np.max(a))
        sum_exp_a = np.sum(exp_a)
        return exp_a / sum_exp_a
    def cross_entropy_error(self, y, t):
        if 1 == y.ndim:
            y = y.reshape(1, y.size)
            t = t.reshape(1, t.size)
        delta = 1e-7
        return -np.sum(np.log(y+delta) * t)
    def forward(self, x, t):
        self.t = t
        self.y = self.softmax(x)
        self.loss = self.cross_entropy_error(self.y,self.t)
        return self.loss
    def backward(self, dout=1):
        dx =(self.y- self.t )
        return dx

class TwoLayerNet:
    def __init__(self):
        self.params = {
        'W1':np.random.randn(15,5),
        'b1':np.zeros(5),
        'W2':np.random.randn(5,15),
        'b2':np.zeros(15)
        }
        self.layers = OrderedDict({
```

```
            'Affine1': Affine(self.params['W1'], self.params['b1']),
            'Affine2': Affine(self.params['W2'], self.params['b2'])})
            self.last_layer = SoftmaxWithLoss()
    def predict(self, x):
        for layer in self.layers.values():
            x = layer.forward(x)
        return x
    def loss(self,x,t):
        y = self.predict(x)
        return self.last_layer.forward(y, t)
    def gradient(self, x, t):
        self.loss(x, t)
        dout = 1
        dout = self.last_layer.backward(dout)
        layers = list(self.layers.values())
        layers.reverse()
        for layer in layers:
            dout = layer.backward(dout)
        grads = {
        'W1': self.layers['Affine1'].dW, 'b1': self.layers['Affine1'].db,
        'W2': self.layers['Affine2'].dW, 'b2': self.layers['Affine2'].db
        }
        return grads

a=TwoLayerNet()
s=SoftmaxWithLoss()
t=np.array([1,0,0,0,0,0,0,0,0,0,0,0,0,0,0])
t=s.softmax(t.reshape(1,t.size))
x=np.random.randn(15)
x=s.softmax(x.reshape(1,x.size))
gr,loss_list, aa,bp,pp= [], [],[],[],[]
k=1
while True:
    ap=a.predict(x)
    bp.append(ap)
    sp=s.softmax(ap)
```

```
    aa.append(sp)
    loss = a.loss(x,t)
    loss_list.append(loss)
    grad = a.gradient(x,t)
    gr.append(grad)
    k=k+1
    learning_rate = 0.1
    for key in ('W1', 'b1','W2', 'b2'):
        a.params[key] -= learning_rate * grad[key]
        m=(a.params[key]).tolist()
        pp.append(m)
    if np.max(np.abs(sp-t))<0.000000001:
        break
print(k)
2163

x1=np.arange(15)
y1=(aa[10]).flatten()
y2=(aa[20]).flatten()
y3=(aa[50]).flatten()
y4=(aa[200]).flatten()
plt.plot(x1, y1),plt.plot(x1, y2),plt.plot(x1, y3),plt.plot(x1, y4),plt.plot(x1,
t.flatten())
```

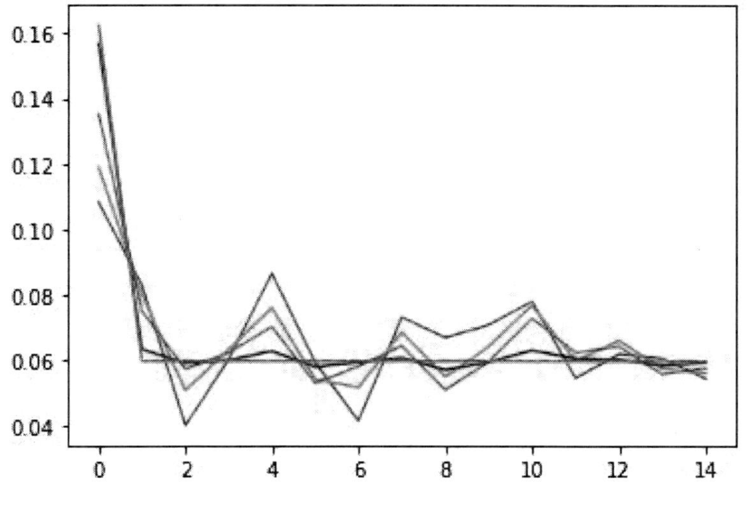

참고문헌

1. Numerical Analysis, Ninth Edition, Richard L. Burden and J. Douglas Faires

2. Deep Learning with Python, Jongwon Seok, Changwon National University, google

3. (기초 수학으로 이해하는) 머신러닝 알고리즘 :수학으로 풀어보는 머신러닝 알고리즘과 파이썬 머신러닝 프로그래밍 /타테이시 켄고 지음; 김범준 옮김; 이대엽 엮음 파주 :위키북스, 2018

4. 파이썬: for Beginner /우재남 지음 파주: 한빛아카데미: 한빛미디어, 2017

5. 모두의 파이썬=Python for everyone :20일 만에 배우는 프로그래밍 기초 / 이승찬 지음 서울 :길벗, 2016

6. 김도형의 데이터 사이언스 스쿨 수학 편, 김도형 저, 한빛미디어, 2019년 11월 20일

7. 밑바닥부터 시작하는 딥러닝, 사이토 고키, 번역:개앞맵시(이복연),한빛미디어

■ 김종률
군산대 수학과
빅데이터수리전산공학 공유전공

파이썬 데이터계산 행렬수학

지은이 김종률
펴낸이 조경희
펴낸곳 경문사
펴낸날 2020년 12월 20일 1판 1쇄
등 록 1979년 11월 9일 제1979-000023호
주 소 04057, 서울특별시 마포구 와우산로 174
전 화 (02)332-2004 팩스 (02)336-5193
이메일 kyungmoon@kyungmoon.com

값 29,000원

ISBN 979-11-6073-441-6